変わりゆく日本漁業

その可能性と持続性を求めて

多田 稔／婁 小波／有路 昌彦／松井 隆宏／原田 幸子 編著

北斗書房

はじめに

　本書は小野征一郎先生（東京海洋大学名誉教授）の近畿大学農学部からのご退職を記念し、小野先生から薫陶を受けてきた水産経済分野の研究者が集まり、今後の日本漁業の新たな展開を論じたものです。小野先生は、養殖業の経営的問題から国際漁業問題に至るまで幅広い分野を熱い情熱と鋭い切り口で分析し、その核心を突いた課題提起と提言には定評があり、水産政策審議会会長として水産政策の形成にも大きく寄与されてきました。

　日本の漁業は戦後高度成長期に大きく発展し、遠洋漁業における外延的拡大のみならず養殖業の発展もあり、漁業者の所得は向上しました。1964年（昭和39年）には水産物の自給率は113％を達成し、漁業は比較優位産業としてのスタートをきったのです。その後の経済成長の持続による国民所得の増大は水産物への需要を拡大させ、漁業にとって追い風となるはずでした。

　ところが、国連海洋法条約等による排他的経済水域200海里体制への移行、円高や開発輸入等による海外からの水産物輸入の増加、および、我が国周辺海域における水産資源の限界によって、漁獲量が停滞したまま水産物価格が下落するという難局に直面します。頼みの養殖業も、過剰生産や海外への養殖技術の流出もあって、同様の課題に直面しています。

　このような漁業・養殖業の直面する課題に対して、水産物ブランド化戦略に関する研究が進められてきました。水産物ブランド化戦略は、それに適した魚種を有する地域においてはある程度の成果を収め、現段階ではそれをさらにレベルアップさせ、水産加工やサービス業とのリンケージを明確に意識した「6次産業化戦略」として推し進められようとしています。この方向での水産業のウェイトの高い沿岸地域経済の活性化を図ろうとする戦略を論じたのが本書の第1部「日本の漁業と地域経済」です。

　次に、国際化とグローバリゼーションの影響について、今まではその負の側面への議論に終始してきました。日本の水産物自給率が低下傾向をたどりはじめて40年が過ぎ、誰しも水産業の国際競争力の無さを所与として受け入れてきた感があります。ところが、国内の景気低迷や食生活習慣

の変化によって国内需要が減少傾向に転換し、視野を海外に向けざるを得なくなっています。ちょうどこの時、海外市場では日本食ブームによって水産物需要が増加するとともに、我が国の製造業の競争力に翳りが見え始めたことやエネルギー問題によって円高傾向にストップがかかりました。以上のような内外の経済動向の新たな局面を積極的にチャンスととらえるのが第2部「漁業のグローバル化と日本の水産物市場」となります。

　最後に、水産資源の管理が非常に困難な課題として残っています。クロマグロのように完全養殖技術の開発に成功し、資源に対する負荷の低下が見込まれている魚種も存在しますが、そのような魚種はわずかであり、ウナギのように非常に深刻な資源枯渇に直面する魚種もあります。さらに、人間による漁獲のみならず、温暖化のような地球環境の変動も資源問題を複雑化させています。第1部や第2部で論じた地域漁業の活性化や国際化にうまく取り組めたとしても、その根幹となる水産資源が枯渇してしまえば、その努力は水泡に帰してしまいます。そこで、資源問題における課題を整理し、新たな制度的あるいは自発的な取り組みから今後のあるべき姿を示したのが第3部「合理的な漁業管理の実現に向けて」です。

　本書の著者一同も、小野先生と同じ問題意識を抱き、漁業問題に挑戦しようとしているが、まだその水準を超えるには至っていません。「魚離れ」によって水産物の消費量が減少しているとはいえ、水産物は日本国民の食生活を支える非常に重要な品目です。水産業の関係者や行政担当者、消費者、今後の日本を支える学生の皆様には、ぜひ本書を一読いただき、我々の至らない部分にフィードバックいただくとともに、そこから我が国の水産業を変革してゆくアイデアが生まれることを願う次第です。

多田　稔

目　次

はじめに　多田　稔・・・・・・・・・・・・・・・・・・・・・・・ ii

第1部　日本の漁業と地域経済

第1章　海外まき網漁業の現状と展望・・・・・・・・・・・・・・・・・ 2
　　　　　　　　　　　　　　　　　　　　　　　山下　東子
　1．はじめに／2．世界漁業におけるまき網漁業の位置づけ／3．日本の海外まき網漁業／4．海外まき網漁業の操業と労働／5．漁獲物の加工と流通／6．海外漁場の確保／7．海外まき網漁業の課題

第2章　漁業・養殖業の現状と新経営政策の意義・・・・・・・・・・・ 17
　　　　　―資源管理・漁業経営安定対策を中心に―
　　　　　　　　　　　　　　　　　　　　　　　小野　征一郎
　1．はじめに／2．漁家／3．企業／4．新経営政策の意義／5．結語

第3章　国内におけるマグロ養殖業と組織形態・・・・・・・・・・・・ 54
　　　　　　　　　　　　　　　　　　　　　　　中原　尚知
　1．はじめに／2．国内クロマグロ養殖生産をめぐる状況／3．担い手像の多様化／4．国内マグロ養殖の組織形態と事業の特徴／5．おわりに

第4章　海洋環境変化に伴う定置網漁業の漁獲組成の変動と経営問題・・ 69
　　　　　―京都府大型定置網漁業の事例から―
　　　　　　　　　　　　　　　　　　　　　　　望月　政志
　1．はじめに／2．分析方法／3．クラスター分析の結果と考察／4．長期における経営依存魚種の変化／5．各経営体の重要銘柄別平均価格／6．まとめ

第5章　「由比桜えび」ブランド化戦略の実態と課題・・・・・・・・・ 81
　　　　　―静岡県由比地区を事例に―
　　　　　　　　　　　　　　　　　　　　　　　李　銀姫

1．はじめに／2．地域の概要／3．ブランド化取組みの概要／4．ブランド化戦略の実態／5．おわりに―効果と課題―

第6章　魚類養殖業の新たな販売戦略・・・・・・・・・・・・・・・・・・・・・・・・　95
　　　―養殖魚種の多様化から6次産業化へ向けた愛媛県の取り組み―
　　　　　　　　　　　　　　　　　　　　　　　　　前潟　光弘

　　　1．はじめに／2．全国に占める愛媛県の位置づけ―マダイ・トラフグ養殖を中心に―／3．養殖業者の販売事例―加工販売を行っている業者の事例を中心に―／4．新たな販売戦略の動き―6次産業化の動きを中心に―

第7章　水産業を基軸とした6次産業化の意義と課題・・・・・・・・・・・・・・　105
　　　　　　　　　　　　　　　　　　　　　　　　　宮田　　勉

　　　1．はじめに／2．6次産業化の目的と役割／3．水産業を基軸とした6次産業化の事例詳解／4．水産業を基軸とした6次産業化の課題／5．おわりに　～6次産業化の課題解決を意識して～

第8章　沿岸域のレクリエーション管理における漁業者の適性・・・・・　116
　　　　　　　　　　　　　　　　　　　　　　　　　浪川　珠乃

　　　1．沿岸域のレクリエーションの管理という課題／2．誰が沿岸海域を管理してきたのか？／3．ローカルコモンズとしての沿岸域／4．なぜルールが成立するのか？～初島におけるダイビング利用ルールを踏まえて～／5．漁業者は沿岸域管理主体として機能し得るか？

第9章　地域経済の発展と地域資源の利用・・・・・・・・・・・・・・・・・・・・・・・　133
　　　―沖縄県八重山圏域のケーススタディ―
　　　　　　　　　　　　　　　　　　　　　　　　　婁　　小波

　　　1．問題意識―地域経済活性化と地域資源の価値創造／2．八重山圏域の地域経済／3．八重山圏域の地域経済構造の変化／4．観光業の成長と地域資源の利用／5．地域資源の利用と管理をめぐって／6．地域資源の管理に向けて

第2部　漁業のグローバル化と日本の水産物市場

第10章　国内市場の縮小と国際戦略 …………………… 150
有路　昌彦

1．はじめに／2．分析対象と方法／3．分析の結果／4．考察と得られる戦略

第11章　世界の水産貿易と日本―ズワイガニを事例として― …… 162
東村　玲子

1．はじめに／2．現在のズワイガニの貿易実態／3．ズワイガニの世界市場の特徴／4．日本のズワイガニ世界市場における地位／5．ズワイガニ世界市場の仕掛け人は日本／6．おわりに

第12章　水産物需要増大に向けた取組の方向性 …………… 172
　　　　　―「鱧料理」用食材ハモの事例―
津國　実

1．水産物ハモの特徴／2．日本でのハモの生産・流通・消費の現状／3．国外でのハモの生産と消費の状況／4．ハモの需要増大に向けた取組の方向性

第13章　漁協と大手量販店の直接取引が
　　　　　水産物流通に何を問いかけているか ……………… 183
日高　健

1．問題提起と分析視点／2．大手量販店と漁協との直接取引の概要／3．JFしまねの事例／4．JFいしかわの事例／5．直接取引の特徴と問題点／6．水産物流通に投げかけるもの

第14章　国内水産業におけるHACCP普及の可能性 ………… 203
大南　絢一

1．はじめに／2．HACCPとは／3．安全性に対する消費者のニーズ／4．おわりに

第 15 章　我が国のクロマグロ需給動向と国際競争力・・・・・・・・・・・・・ 214
　　　　　　　　　　　　　　　　　　　　　　　　多田　　稔
　1．はじめに／2．クロマグロの資源変動と漁獲規制／3．日本市場におけるクロマグロ需給動向／4．クロマグロ養殖のコスト比較／5．クロマグロ輸出に向けた考察

第3部　合理的な漁業管理の実現に向けて

第 16 章　漁業資源の推定における
　　　　　余剰生産モデルとその応用・・・・・・・・・・・・・・・・・・・・・・・ 224
　　　　　　　　　　　　　　　　　　　　　　　　大石　太郎
　1．はじめに／2．余剰生産モデル／3．シミュレーション分析／4．漁業データへの適用と資源量の推定／5．まとめ

第 17 章　生態系保全と漁業に関する一考察・・・・・・・・・・・・・・・ 232
　　　　　　　　　　　　　　　　　　　　　　　　牧野　光琢
　1．はじめに／2．生態系保全と漁業／3．生態系保全と両立する漁業操業とは／4．地球温暖化と漁業：知床の場合

第 18 章　漁業と環境問題・・・・・・・・・・・・・・・・・・・・・・・・・・・・ 241
　　　　　　　　　　　　　　　　　　　　　　　　伊澤　あらた
　1．環境保護団体の漁業への関わり／2．漁業と他の一次産業との比較／3．環境保護団体のテーマの変遷：「絶滅の回避」から「持続可能性の確保」へ／4．マグロ漁業にみる環境保護団体の関わり／5．環境保護団体の社会的役割と今後の展望

第 19 章　責任ある漁業について
　　　　　―「FAO 責任ある漁業のための行動規範」の経緯と現状―・・・ 253
　　　　　　　　　　　　　　　　　　　　　　　　渡邊　浩幹
　1．「行動規範」策定の経緯／2．「行動規範」の基本理念／3．「行動規範」の実施に向けた取り組み／4．「行動規範」の将来展望：FAO における内部評価の結果を踏まえて

第 20 章　漁業管理制度としての ITQ・・・・・・・・・・・・・・・266
　　　　　　　　　　　　　　　　　　　　　　八木　信行
　1．ITQ とは何か／2．理論上 ITQ がもたらすとされるメリットとデメリット／3．世界各国における ITQ の導入状況／4．ITQ をどう評価すべきか

第 21 章　効率性分析から考える漁業管理の方向性・・・・・・・・279
　　　　　　　　　　　　　　　　　　　　　　阪井　裕太郎
　1．はじめに／2．技術効率性の概念と分析手法／3．北海道沖合底曳網漁業／4．データと計測モデル／5．計測結果／6．考察

第 22 章　「小間問題」と漁業権管理・・・・・・・・・・・・・・288
　　　　　　　　　　　　　　　　原田　幸子・日高　健・婁　小波
　1．はじめに／2．福岡県有明海区におけるノリ養殖業の展開／3．ノリ養殖区画漁業権の配分と「小間」の賃貸借／4．「小間問題」の発生メカニズム／5．おわりに

第 23 章　日本型漁業管理の意義と可能性・・・・・・・・・・・・299
　　　　　　―プール制における水揚量調整に注目して―
　　　　　　　　　　　　　　　　　　　　　　松井　隆宏
　1．はじめに／2．水揚量調整の定量分析－駿河湾サクラエビ漁業を事例に－／3．TAC 制度と水揚量調整－室蘭地区スケソウダラ漁業を事例に－／4．日本型漁業管理の意義と可能性

総括―日本の漁業の持続性を求めて・・・・・・・・・・・・・・・311

小野征一郎先生の近畿大学での研究業績　榎彰徳・・・・・・・・・319

小野征一郎先生略歴・・・・・・・・・・・・・・・・・・・・・・321

小野征一郎先生著作目録・・・・・・・・・・・・・・・・・・・・322

著者紹介・・・・・・・・・・・・・・・・・・・・・・・・・・・329

第1部　日本の漁業と地域経済

第1章　海外まき網漁業の現状と展望

第2章　漁業・養殖業の現状と新経営政策の意義
　　　　―資源管理・漁業経営安定対策を中心に―

第3章　国内におけるマグロ養殖業と組織形態

第4章　海洋環境変化に伴う定置網漁業の漁獲組成の変動と経営問題
　　　　―京都府大型定置網漁業の事例から―

第5章　「由比桜海老」ブランド化戦略の実態と課題
　　　　―静岡県由比地区を事例に―

第6章　魚類養殖業の新たな販売戦略
　　　　―養殖魚種の多様化から6次産業化へ向けた愛媛県の取り組み―

第7章　水産業を基軸とした6次産業化の意義と課題

第8章　沿岸域のレクリエーション管理における漁業者の適性

第9章　地域経済の発展と地域資源の利用
　　　　－沖縄県八重山圏域のケーススタディ－

第1章　海外まき網漁業の現状と展望

山下　東子

1. はじめに

　海外まき網漁業はカツオ・マグロ漁業のなかで比較的漁獲量と経営が安定しており、かつ収益力もある漁業です。主な漁獲対象はマグロではなく、加工原料用のカツオです。まき網でカツオとともに漁獲される小型のキハダ、メバチ、クロマグロは加工用のみならず生食用にも利用されていますが、一方でそれらマグロ類の漁獲が資源問題を引き起こしているという側面もあります。

　本章では海外まき網漁業の漁獲、漁場、流通について概観し、まき網漁業と漁獲物の市場が変貌するなかで直面する課題を抽出します。以下、2. では世界のまき網漁業におけるカツオ・マグロの生産構造について、3. では日本の海外まき網漁業の生産、海域、水揚港について、4. では日本の海外まき網漁業の操業・労働形態について述べ、5. では近年台頭する生食用マグロの生産と流通について、6. では海外漁場確保の実情について述べます。最後にまとめとして、海外まき網漁業が直面する諸課題を挙げます。

2. 世界漁業におけるまき網漁業の位置づけ

　世界のカツオ・マグロ生産量は436万トン（2010年）で、生産量の58.7％をカツオが占め、キハダ（26.7％）、メバチ（8.2％）、ビンナガ（5.9％）、クロマグロ・ミナミマグロ（0.5％）などマグロ類全体の生産量を上回っています。その生産量は永年にわたって増加を続け、1983年に200万トン台に、1991年に300万トン台になり、2000年代は400万トン台でなお微増のトレンドにあります。カツオ・マグロ生産量のなかにカツオが占める割合も、1970年の36.7％から次第に上昇し、2006年以降は60％に近接しています。また生産量を漁法別に見ると、まき網が2009年の生産量（約440万トン）の約65％、290万トンであり、これは、はえ縄（約60万トン）、さお釣り（約40万トン）、その他（約50万トン）を大きく上回っています[1]。

日本においてもカツオ生産量の約7割を大中型まき網が占め、残りのほとんどを一本釣りが占めています。マグロについてもまき網による生産量は多く、マグロ生産量（22万トン）の約2割が大中型まき網による漁獲です。これは、はえ縄（約6割）に次ぎ、一本釣り（約1割）を上回っています。海外まき網漁業は大中型まき網漁業の一部に定義され、カツオ、マグロの生産量については海外まき網による漁獲が大中型まき網の7割を越えます。日本のカツオ・マグロ漁業の太宗を海外まき網漁業が担っています（水産新潮社 (2010)、p.272) [2]。

近年の日本のカツオ生産量は変動があるものの30万トンから40万トンの間で推移しており、マグロ生産量は30万トンから20万トンへと減少傾向にあります。一方、世界のカツオ・マグロ生産量は長期にわたって増加し続けましたが、400万トン台に入ってからその伸びは緩まっています。世界生産量の伸びの背景には、主要な漁獲対象資源であるカツオ資源が豊富に存在していたことに加え、世界の国々でまき網船の建造、操業が増加していることがあります。川本 (2007)、p.24 によるとまき網船は世界に1000隻登録されています [3]。

表1には、網羅的ではないものの、各国の大型まき網漁船に関するデータを集約しています。まき網船は先進国から途上国へと移転の流れがあります。すなわち米国、スペイン、日本などのまき網会社が新船を建造する際、それま

表1　世界のカツオ・マグロまき網漁船数の推移

	1980年*	1987年*	1992年*	世界全体 2000年	2009年**	企業数 2000年	船舶トン数 2000年	備考 2000年
台湾		13	44	58	33	18	700~1500	
スペイン				50	5	2グループ		漁場は全域
フィリピン				38	17	8	400~1200	米国、韓国、台湾、日本の中古船
米国		35	43	27	39		1200~2000	140隻以上保有していたが漸次減少
韓国		16	36	27	27	6	400~1200	
フランス				36		6社以上	450~1200	漁場は主としてインド洋
日本	18	37	32	35	35	24	1000~1800	国際トン数で約1000 t
インドネシア				5			845	1982年、87年にフランス借款で3隻建造
その他***					19			
計	19	114	200	276	216			

注：*西部太平洋、**中西部太平洋。***その他の内訳はバヌアツ（19隻）、中国（11隻）、EC(7隻)、マーシャル（5隻）、ミクロネシア(5隻)、ニュージーランド(4隻)、パプアニューギニア(3隻)、キリバス(3隻)エルサルバドル(2隻)となっています。なお、ジョイントベンチャーが進んでいるため、直近では漁場、国の保有隻数はより多い。

出所：西部太平洋は島（2010）、海外まき網漁業協会（2004)、p.170。原典は海外漁業協力財団『世界の漁業管理（上）』。世界全体、企業数、船舶トン数、備考は海外まき網漁業協会（2004）、pp109-121。中西部太平洋は水産新潮社（2010）、p.281、原典はFFA（フォーラム漁業機関）。日本の船舶トン数と備考は川本（2007）p.6。

第 1 章　海外まき網漁業の現状と展望

で使用していた船を中古船としてその他の国の漁業会社へ売却するという構造になっています。そのため、年を追うごとに世界全体での隻数は増加していきます。漁船隻数は同表に示したように増加しています[4]。同表に示した日本の35隻が、日本の海外まき網漁業船です。

地域漁業管理機関においては、常にまき網船数の過剰（over capacity）が問題として取り上げられます。キャパシティの増加は隻数の増加に加えて、1隻

表2　海外まき網漁業会社の概要

整理番号	会 社 名	住所	漁船数	船名	漁船トン数	A3+K1	A4+K1	K3
1	極洋水産㈱	焼津	4	わかば丸	349		2	2
2	大慶漁業㈱	石巻	1	大慶丸	349	1		
3	大洋A＆F㈱	東京	3	はやぶさ丸	349	1	2	
4	福一漁業㈱	焼津	4	福一丸	349	1	2	1
5	大倉漁業㈱	新潟	3	常磐丸	349	1		2
6	㈱永盛丸	新潟	1	永盛丸	349		1	
7	海外まき網漁業㈱	東京	1	日本丸	760			1
8	兼井物産	長崎	2	源福丸	349			2
9	共和水産㈱	境港	1	光洋丸	349			
10	太神漁業㈱	焼津	1	未定	349			
11	大祐漁業㈱	愛媛	1	天王丸	349			1
12	金井遠洋㈱	釧路	1	富丸	349			
13	音代漁業㈱	三重	2	盛秋丸	349			2
14	岬洋水産㈱	三浦	1	岬洋丸	349			
15	㈱いちまる	焼津	1	松友丸	349			
16	宮丸漁業㈱	宮城	1	宮丸	349			
17	㈹ニュー恵久漁業	石巻、根室	2	恵久丸	349			2
18	八興漁業㈱	石巻	2	八興丸	349			2
19	中村将照(海王丸漁業㈱)	伊勢	1	海王丸	349			1
20	南洋水産㈱	三浦	1	岬洋丸	349			
21	㈱酢屋商店	いわき	1	光洋丸	349			1
22	東海漁業㈱	境港						
23	㈱マルハニチロ食品	東京						
24	水産総合研究センター	横浜	1	太神丸	349			1
			36		8089	4	7	25

注：整理番号は執筆者による付番。会社名大洋A＆Fの正式名は大洋エーアンドエフです。掲載は漁船の許可番号順。住所は原則として市を記載し、例外として県を記載、船名は番号（第十八など）を省略しています。記号の意味は以下のとおりです。
　A3=北部太平洋12海里内操縦禁止
　A4=北部太平洋200海里内操縦禁止
　K1=太平洋中央海区
　K3=東経180°以遠操縦禁止
　I=インド洋
出所：海外まき網漁業協会(2004)、pp.71、353-356、海外まき網漁業協会パンフレット（平成22年1月15日付け）から作成。

あたりのトン数の増加、すなわち大型化によっても相乗的にもたらされています。たとえば台湾船の場合、1990年前後に建造された船は700トン級が主でしたが2000年前後には950トン級が、2003年には1500トン級の船が建造されています（海外まき網協会(2004)、pp.115-116）。また米国船、韓国船には2000トン級のものがあり、その船上には魚群探索のためのヘリポートまで設置されています（川本(2007)、p.20）。これに対して、日本の船舶は国内規制により349トンが標準型になっています。国際トン数換算では1000トンに匹敵するものの、2000トン級の外国船に比べると、船の全長が60mで外国船の3／4、魚槽が800トンで外国船の2／1と小型であり、川本(2007)、p.24は漁場における国際競争力が十分ではないと指摘しています。そこで2012年から760トン（国際トン数換算で1800トン）の海外まき網漁船に正式な許可が下りました（中前(2013)、p.41）。

3. 日本の海外まき網漁業

海外まき網漁業は、日本の制度の下では大中型まき網漁業のうち太平洋中央海区、インド洋海区を操業区域とし、200トン以上の船舶を使用し、周年カツオ・マグロを漁獲対象として操業するものを言います（海外まき網協会(2004)、p.2-3[5]）。「海まき（かいまき）」と通称されるため、以下本章でも海まきと呼ぶこととします。大臣許可漁業であり、海区別にトン数と隻数の上限が定められています。トン数は先の3つの例外のほかは200トン以上351トン未満、隻数は①太平洋中央海区（表

I	備　考
1	
	マリンサポート㈱と共同保有×2
1	太神漁業㈱と共同保有×2
1	A3+K1に記した1隻の許可はA3+K3
	新船
1	新船×1、大洋A&F㈱と共同保有×1
	新船
1	
1	I許可は住吉漁業㈱が保有
1	I許可は㈹㈱焼津冷凍と共同保有
1	大洋A&F㈱と共同保有×1
1	1隻は384トン
1	
	海外まき網漁業㈱の日本丸を用船
10	

2のK3に該当)が25隻、②太平洋中央海区および北部太平洋海区(表2のA+Kに該当)が11隻、③インド洋海区(表2のIに該当)が10隻です。インド洋の許可は①と②に重複して与えられているため、2012年末現在、隻数は許可数上限にほぼ一致し、35隻となっています[6][7]。

　稼動の状況としては、①の太平洋中央海区では24隻の船が稼働中で、北緯20度以南の太平洋と南方漁場において周年操業を行っています。②の太平洋中央海区および北部太平洋海区は日本の200カイリEEZの内外での操業を許可されている船で、11隻の船は、5月～10月は三陸沖の漁場で、いわゆる初鰹から戻り鰹のシーズンに漁獲をします。カツオ・マグロ漁業を行わない時期にはサバやイワシを漁獲します。③のインド洋海区では操業していた時期もありましたが、2012年現在は試験操業船である日本丸が操業するのみとなっています。

　海まきの漁船隻数(35隻)は1996年以来固定されています。海まき経営体は24社あり、単船経営体と複船経営体があります。また海まきを専業で行うものと他の事業を兼業するものとがあります。経営形態についても、株式会社が大半ですが、個人経営のところもあり、1隻を2社で共同保有しているケースも少なくありません。それらの経営体の概要は表2に示しました。なお、同表の7に掲げた日本丸のみは他の船と目的を異にしています。主として(独)水産総合研究センター海洋水産資源開発センターが用船し、漁場探査や漁獲技術改善のための諸実験を行うことを目的としているからです。

　表中、A、K、Iなどの記号は操業が認められた海域を示しています。表には(独)水産総合研究センターと海外まき網漁業(株)を除くと漁業会社は22社しかありませんが、備考に記した2社を加えて24経営体となります。これらの経営体は漁場においては漁獲物を先占するライバルですが、対外的には諸外国の船との競争を戦う同士であり、国内的には同一の許可を受ける同業者でもあります。そこで協会を作ったり、国内外における漁業調整や交渉に共同で取り組んだりしています。そうした団体のなかでも代表的な組織が社団法人海外まき網漁業協会です。1966年に結成された「海外まき網漁業者協議会」を母体とし、1971年に社団法人となりました。会員は海まき漁業を営む24社で構成されています(2010年9月現在)。

　既に述べたように、日本のカツオ・マグロまき網漁業における漁獲物の主体はカツオです。2009年の生産量はカツオが16.5万トンで、海まきが生産量の80％、生産金額の72％を占めます。水揚港別の特徴は後述します。

4. 海外まき網漁業の操業と労働

　日本の海まき漁業の操業形態や労働について見ていくこととします。

　海まき漁業の標準的な操業形態については川本 (2007)、pp.6-7 によれば以下のとおりです。主要な漁場は太平洋中央海区（南方漁場と呼ばれます）と北部太平洋です。349 トン型の船の場合、20 － 23 名の乗組員が乗船し、漁獲物の積載能力は 700 － 800 トンです。主としてカツオの群れを探索して漁獲し、出港から帰港までの航海日数は南方漁場の場合 45 日間、北部太平洋の場合は 2 週間です。

　若林 (2004)、pp.12-14 によると、カツオの群れは①島付き、②瀬付き、③野天（通りカツオ）に大別されます。北部太平洋での操業は③の群れを対象としています。また、若林 (2004)、p.15 によると、カツオの群れにはアスナムラ（素群れ）とイツキムラ（付き群れ）があります。さらにイツキムラには、島に付くもの、クジラに付くもの、サメに付くもののほか、木に付くものがあります。木付きは少量の投餌で多数の漁獲ができる特徴を有しており、メバチ、キハダも併遊していると言われています。

　そこでキハダの漁獲を意図する場合にはアスナムラやイツキムラの木付きが漁獲対象となります。しかし木付きは、漂流する木を見つけるという洋上での困難な探索作業を伴います。そこでその代替策として FADs (Fish Aggregating Devices: 人工浮漁礁) が用いられるようになりました。フィリピンで用い始めた当初は木製いかだをロープで海底に設置した錘とつなぐという素朴なしかけでしたが、1990 年代には各国がラジオブイをつけた新鋭の FADs を競って海に投入したため、漁獲圧が増大し、とりわけメバチの稚魚が混獲されたことによってメバチ資源の減少が深刻化するに至りました。そのため地域漁業管理機関が FADs の使用を制限し始めています。

　海まき漁業の特徴は、漁獲量と魚価が比較的安定していることです。日本の場合、2000 年以降の生産量は 15 万トンから 20 万トンの間にあり、同時期の魚価は冷凍カツオで 1kg 当たり 103 円～ 201 円、冷凍キハダで 394 円から 585 円の範囲にあります[8]。結果として海まき漁業の経営は他のマグロ漁業経営に比べると良好で、漁船員の給与水準も高いです。海外まき網漁業協会 (2004)、pp.200-206 によると、日本人船員の場合、漁労長の年収が 2000 万円以上、甲板員・機関員の年収が 700 万円以上です。給与は基本給と漁獲に応じた歩合給からなっており、その配分は会社によって最低保障付きオール歩

合制のケースも固定給と歩合制の組み合わせのケースもありますが、結果的な支給額はおおむね同水準に保たれていると言われています。その理由の1つは、船型も漁場も同じである結果、漁獲成績が大きくは変わらないため、もう1つは船員の出身地が東北地方、特に宮城県

表3 海外まき網漁業船の収支内訳（2002年）

費目	金額（千円）	構成比（%）
水揚金額	756,113	100.0
労務費	217,086	28.7
燃料費	87,969	11.6
材料費	68,871	9.1
減価償却費	93,047	12.3
諸経費	166,446	22.0
粗利益	122,694	16.2

注：データは出所に示されている3社の年間1隻当たりの平均値です。
出所：海外まき網漁業協会（2004）、P219から作成。

に集中しており、地縁・血縁者も多く、船員間で労働条件等について情報交換が行われるので、たとえ会社が異なるからと言って待遇面の大差をつけにくいためです。給与水準が高いため、日本人船員の確保が困難な状況ではないものの、日本人船員は徐々に高齢化しています。コスト削減のためもあり、マルシップ制度[9]のもとでインドネシア人などの外国人船員も雇用されています。

このようなコスト削減努力をした後でさえ、海まき漁業の最大の支出は労務費です。表3には2002年の海まき漁業船の一年間の収支内訳モデルを掲載しました。これは同年に操業した3社3船の平均値です。主な支出項目は労務費、諸経費、燃油費、減価償却費です。ただし利益も出ており、粗利益率は16%にものぼります。このデータは入手し得た最新のデータではありますが、過去にさかのぼって見ても、1997年から2002年の間の20データ中、経常利益が赤字に転じたのは3データのみで、昨今の厳しい漁業経営のなかにあって海まき漁業は非常に良好な経営が続けられていると言えます。

5. 漁獲物の加工と流通

海まき漁業の漁獲物の大半はカツオであり、それらは主として鰹節加工に向けられ、一部は缶詰原料となります。鰹節加工が存在し、それが主要な用途となっていることが日本の特徴です。なお、キハダは「ライトミート」として、缶詰原料に向けられます。北方漁場ではクロマグロも漁獲されます。これだけは別扱いで、刺身用となります。さらに近年は「PSカツオ」、「PSマグロ」という新商品も生産されるようになってきました。PSとはPurse-seiner'S Special（まき網特製品）の略であり、生食向けとして特別に凍結されたカツオ・マグロを指します。以下ではマグロの流通を中心に据えてより詳細に流通経路を見ていくこととします。

海まきの主要な水揚げ地を 2009 年の水揚量の多い順に上げると焼津 (60.1％)、枕崎（18.5％)、山川（17.1％)、石巻（3.6％）となり、女川、気仙沼にも若干量の水揚げがあります[10]。焼津に揚げられるカツオ、マグロの用途は広範で、川本 (2007) によるとカツオについては 67％がカツオ節、10％が輸出、他数％ずつがなまり節、佃煮、缶詰、および生食原料となります（川本 (2007)、p.35）[11]。また、海外まき網漁業協会 (2004)、p.235 によると、用途は漁場によっても規定され、脂の乗っていない南方漁場のものはカツオ節に向き、脂の乗っている東沖（東部太平洋）のものは生食用に向きます。

　マグロについても漁場は用途に影響を及ぼします。キハダの場合、まき網はもともとライトミート（缶詰）用の原料となっていましたが、次に述べる PS 化によって生食シフトが急速に進んでいます。PS キハダはネギトロに、カツオはたたきに加工されます。東部太平洋で漁獲されるクロマグロだけは別格で、凍結せず、塩釜に水揚されます。これは、他のまき網がすべて凍結されるのとは対照的です。石巻で水揚されたクロマグロ以外のカツオ・マグロは焼津へ陸送されます。流通経路は製品によって異なり、ブライン凍結品は市場経由が主流であるのに対し、PS 製品は相対取引によって切り身加工業者へ搬入されます[12]。

　ここで PS マグロの生産方法について若干解説しておきます。海まきの漁獲物は巻き取ったあと魚層に入れられますが、このとき 2 段階の冷却プロセスを経ます。まず、－20℃に冷却されたブライン水（塩分濃度の高い塩水）に浸し、魚体を－16℃まで冷やします。次に－50℃に冷却した魚層で空冷します。これは一般に海まき船の漁獲物が船内でたどるプロセスですが、PS マグロとはこのプロセスを優先的に、ていねいに行った製品を言います。網のなかにいる時点でまだ生きており、そのために海面表層を泳いでいるカツオ・マグロが PS 製品の対象となります。それらを先に船内に取り込み、ブライン水に浸します。このときも一度に浸す魚の数を絞り込むことで魚体が迅速に冷却されるようにします。空冷倉庫に移す場合も魚体どうしがぶつからないようにていねいに取り扱います。空冷用魚層は当然ながら他の一般カツオ・マグロと区別されます。こうして PS マグロは完成します。巻き取った時点で生存している魚体数に限りがあり、ブライン容量にも限りがあるため、漁獲物の 20％を越えて PS マグロを生産することはできないと言われています[13]。

　この生産方法を開始した 2002 年当初は B1（ビーワン：ブライン凍結の No.1）という呼称が使われていましたが、釣り漁業者からの「B1 は釣り漁業

の商品名であるから使わないで欲しい」との要請を受け、PS という名称を使うようになりました（海外まき網漁業協会 (2004)、p.246）。なお、PS でない、通常のブライン凍結品であっても生食用に向けられることはあり、ブライン凍結のカツオの一部はたたきの材料に向けられています（川本 (2007)、p.36）。

6. 海外漁場の確保

2012 年現在、海まき漁業の漁場は南方漁場と北部太平洋漁場の 2 箇所あり、いずれも WCPFC 条約（中西部太平洋マグロ類委員会条約) の管理水域内です。漁場の確保には歴史があり、また現在でも激しい競争や政治的交渉、強化されつつある地域漁業管理機関の規制など種々の制約に直面しています。

日本の海まき漁業へは、戦後大手漁業会社が相次いで参入していきましたが、1940～60 年代は十分な漁獲成績が得られないまま試行錯誤が続いていました。1970 年に日本丸と海洋水産資源開発センターが漁場の目途をつけ、1972 年から本格化していきました[14]。

海まき漁業の漁場確保は十分とはいえない状況にあります。漁場ごとにその経緯と現状を確認していきます。カツオ・マグロの好漁場としては、南方、北部太平洋のほかにも、インド洋、大西洋、地中海、カリブ海などがあります。日本の海まき船も、1960 年から大西洋東部のアフリカ西海岸の沖合で試験操業していましたが、ヨーロッパ勢との入漁交渉合戦に敵わず、2002 年に撤退しました。太平洋東部漁場でも 1968 年から操業と調査を行っていましたが、イルカ巻き漁法の禁止とともに 1970 年に撤退しました。インド洋でも 1987 年から試験操業で FADs 操業をしていましたが、FADs の盗難が相次ぎ、2000 年撤退しました[15][16]。

このようななか、北部太平洋は北転船の代替漁場として開かれました。11 隻にのみ許可が与えられているのは、その出自によるのです。しかし、2004 年発効した WCPFC 条約に日本も翌年批准したことから日本の 200 カイリ内外にまたがるこの漁場も同条約の漁業規制を受けることとなりました。そこで日本のイニシアチブのもとに北委員会を立ち上げ、太平洋クロマグロを中心とした管理を行っています。WCPFC としては 2013 年の漁獲努力量を 2002-2004 年より小さくすることを決議しており[17]、養殖用のクロマグロ幼魚の漁獲を中心に今後もより規制が強化される可能性があります。

一方、南方漁場は図 1 に示すように島嶼国の EEZ とその隙間にあるポケット公海からなっています。パプアニューギニア（人口 560 万、国土面積 46

万 km²）を除けば約 30 の国と地域は、人口 90 万人未満、陸地面積 3 万 km² 以下の小国です。その約半数が 1970 年以降に独立した国々、他は米国、フランス、ニュージーランド、英国の領土、自治領、保護領、自由連合となっています[18]。

このような事情から、南方漁場はカツオ・マグロの有望な漁場ではありますが入漁は容易ではありません。この漁場へ進出した 1970 年代末には各国それぞれとまず政府レベルで、次いで民間レベルで入漁の交渉をし、合意を取り付けなければなりませんでした。日本は 1978 年にパプアニューギニア、ミクロネシア、ソロモン諸島との間で入漁協定を結びました。その後もパラオ（1979 年）、ツバル（1986 年）、ナウル（1994 年）、フィジー（1998 年）との間で入漁協定を結び、その後は延長されています。

しかしこの間、島嶼国は SPF（南太平洋フォーラム）の下部組織として 1979 年 FFA(フォーラム漁業機関) を設立し、協調行動を取るようになりました。さらにカツオ漁場に恵まれている 8 カ国は 1982 年にナウル協定を締結しました[19]。これらの協定は太平洋島嶼国同士のみならず、この地域に入漁する先進漁業国も参加した形でも結ばれています。太平洋島嶼国の現・旧宗主国は島嶼国の活動を陰になり日向になり支えており、それが入漁交渉を有利に進める機動力にもなっています[20]。2000 年には新しい地域漁業管理機関である WCPFC の条約が採択されたため、種々の協定が重畳的に組織され、漁場や漁業、資源管理に関する取り決めを行っています。

このような政治的利害と商業的利害が交錯する状況のもと、日本の海まき船が入漁する場合には概ね漁獲高の 5％を入漁料として支払ってきました[21]。入漁先はかろうじて安定しているものの、入漁条件が変更されることもままあり、安定的に漁場が確保できているわけではありません。たとえば島嶼国は 2007 年から新しい入漁料の徴収方法として VDS（Vessel Days Scheme, 隻日数制限）の導入を提案しています。これは当該国の EEZ に入漁した日数に応じて入漁料を徴収する方式です。島嶼国が漁獲量や魚価の変動の影響を受けなくて済むだけでなく、衛星による監視やオブザーバ乗船と組み合わせることによって入漁料の取りこぼしがなくなるというメリットがあります。逆に漁業国にとっては収益に結びつかなかった入漁にも費用が発生することになります。中前 (2013)、p.28 によると日本船の入漁料負担は従前の 1.6 倍に上昇しました。

入漁策の島嶼国との対応上も、またライバルの欧米漁業国・漁業会社との対抗上も有利な立場にあるとはいえない日本のまき網業界は官民一体となった漁

11

場確保の可能性を模索したこともありました[22]。川本 (2007) によると、近年漁場確保のトレンドは島嶼国への船の現地化やジョイントベンチャーです。南方漁場はこうして島嶼国と漁業国双方の競争と協調の場となっており、いかに安定的に漁場を確保できるかが懸案となっています。

7. 海外まき網漁業の課題

　海まき漁業は漁獲が安定し利益の上がっている数少ない漁業ですが、この状態がいつまでも続くという保証はありません。海まき漁業が直面する5つの課題を挙げ、本節の結びとします。

　第1は漁場確保です。6.で述べたように、海まき漁業がアクセスでき

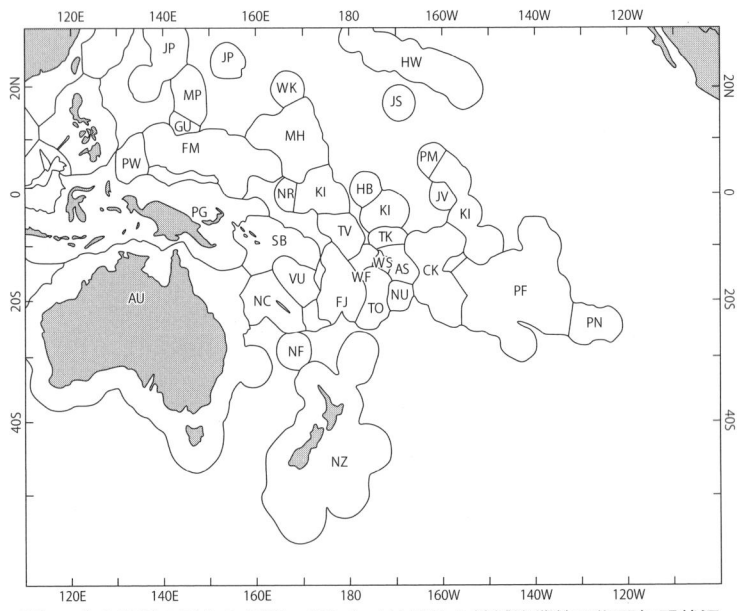

図1　南方漁場の国々の位置・200カイリEEZと地域漁業管理期間加盟状況

注：地図中のアルファベット表記は右表に記載した国・地域名の本地図上での略称です。右表の表頭の略称は下記の通りです。SPF(PIF): South Pacific Forum（南太平洋フォーラム）の略称です。2000年10月にPacific Islands Forum（太平洋諸島フォーラム）と改称しました。
FFA: Forum Fishery Association（フォーラム漁業会議）
PNA: the Parties to the Nauru Agreement（ナウル協定締結国）
WCPFC: Western and Central Pacific Fisheries Commission（中西部太平洋まぐろ類委員会）
出所：地図はWCPFC"Tuna Fishery Yearbook 2010", p.4 より抜粋のうえ、国・地域名を表示。表の加盟状況は外務省公式ウェブサイト、WCPFC公式サイト、島 (2010) による。

第1部　日本の漁業と地域経済

る漁場では他の漁業国や沿岸国との競争や交渉に直面しています。海外漁場の安定的な確保は海まき漁業の存続や発展の前提です。

第2は地域漁業管理機関への対応です。地域漁業管理機関はいずれも漁獲努力量を絞り込む傾向にあり、すでにアクセスできている漁場においてさえ、規制の動向によって今後操業を継続できるかどうかが決まります。特にメバチ混獲問題の解決は喫緊の課題であり、刺身用メバチの主要な消費国である日本はその需要と責任において、地域漁業管理機関に率先してメバチ混獲を回避する技術を開発し、また混獲回避措置に協力をしていくべきでしょう[23]。

第3は、漁獲能力の向上です。日本国内の規制を緩和して外国並みの大型船に切り替えることは、国内のはえ縄、一本釣り漁業者の反対もあって実現困難でした。2012年現在、極洋水産、大洋A&F、福一漁業がそれぞれ従来の1.5倍以上の能力を持った船で操業を行っています。この点で国内漁業者との協調にも目配りが必要です。海まき漁業者にとっての競争相手は世界の巻き網漁業者ですが、一方で国内他漁業から見ると、海まきは新船を建造し、船を大型化するひとり勝ちの業界にも見えます。とりわけ、今後PS製品が台頭するようになると、刺身・生食市場という流通段階にまで漁法間競争が持ち込まれるようになるでしょう。

略称	国・地域名	SPF (PIF), FFA	PNA	WCPFC
PG	パプアニューギニア	✓	✓	✓
SB	ソロモン諸島	✓	✓	✓
TV	ツバル	✓	✓	✓
NR	ナウル	✓	✓	✓
KI	キリバス	✓	✓	✓
FM	ミクロネシア	✓	✓	✓
PW	パラオ	✓	✓	✓
MH	マーシャル諸島	✓	✓	✓
FJ	フィジー	✓		✓
WS	サモア独立国	✓		✓
TO	トンガ	✓		✓
CK	クック諸島	✓		✓
VU	バヌアツ	✓		✓
NU	ニウエ	✓		✓
NZ	ニュージーランド	✓		✓
AU	オーストラリア	✓		✓
JP	日本			✓
PH	フィリピン			✓
PF	フレンチポリネシア(仏)			
AS	アメリカンサモア(米)			
NC	ニューカレドニア(仏)			
GU	グアム(米)			
MP	北マリアナ諸島(米)			
HW	ハワイ州(米)			
WK	ウェイク島(米)			
JS	ジョンストン環礁(米)			
HB	ハワード・ベーカー(米)			
TK	トケラウ諸島(NZ)			
WF	ウォリス・フツナ諸島(仏)			
PM	パルミラ環礁(米)			
JV	ジャビス島(米)			
PN	ピトケアン諸島(英)			
NF	ノーフォーク島(豪)			
地図外	韓国、中国、台湾、EU、仏、カナダ、米国			✓

第4はカツオ資源の維持との調和です。黒潮の蛇行やエルニーニョ現象に加え、世界的なカツオ生産量の増加によって、カツオ資源ももはや減少局面に入ったのではないかと懸念されています[24]。近い将来、カツオ資源問題は世界的には最も重要な課題となるでしょう。

第5として、生食用マグロにおけるPS間、およびPSとその他との間の競争をあげておきます。対外的には、たとえば韓国の巻き網船もPSマグロを生産しており、

13

プサンで刺身用にパック加工してから日本に輸出するようになっています[25]。こうして海まきのPS製品は輸入PSマグロと競争しています。海まきの漁獲物は、加工向けカツオに特化して生産することも、生食用PSを組み合わせて生産することもでき、その意味で経営上のフレキシビリティは高いです。今後この強みをどう生かしていくかが流通・消費上の課題です。

注

(1) 漁法別データは水産庁・水産総合研究センター『平成23年度国際漁業資源の現況』（まぐろ・かつお類の漁業と資源調査総説）(http://kokusai.job.affrc.go.jp/H23/H23.03pdf)（世界の主要まぐろ類の漁法別漁獲量）によります。なお漁法別データは、マグロ関係の漁業委員会（IATTC、SPC、ISC、IOTC、ICCAT）の数値を合計したものです。

(2) 大中型まき網遠洋かつお・まぐろ1そうまきと大中型まき網近海かつお・マグロ1そうまきの生産量合計に占める前者（遠洋）の割合をもって海外まき網の割合としました。原典は『漁業・養殖業生産統計年報』。漁法別の生産量については2006年のデータに基づきます。

(3) 原典は海外まき網漁業協会の集計。川本氏（2009年6月ヒヤリング）によると実際に稼動している船はこれより少ないですが、その正確な数は不明です。

(4) 濱田(2011)によるとより直近では中西部太平洋で2010年に223隻、2011年に254隻と、中前(2013)によると2012年に271隻とさらに増え続けています。

(5) 原典は『水産年鑑』平成15年版。

(6) ①〜③の符号は本節を見やすくするために便宜的につけた番号です。

(7) 日本のまき網漁業は船団で行われるため、通常「カ統」で表記されますが、海外では米国式単船まき網が主流でもあることから本稿では外国船（隻数で表示）に倣って隻数で表示します。隻数は網船の数を示しますが、このほかに運搬船、探索船などを持つ場合もあります。

(8) 農林水産省「水産物流通統計年報（関係各年）」によります。価格は日本の203漁港水揚の平均値。

(9) マルシップ制度とは日本の法律基準で建造した漁船を日本船籍のまま他国のペーパーカンパニーに用船に出し、船会社は用船先国の基準で雇った外国人漁船員を乗せ、日本の漁業会社が再びチャーター・バックする制度を言います。三輪(2008)、p.102より。

(10) データの出所は海外まき網漁業協会パンフレット、2010年1月15日付け。

(11) 原典は 1998 年〜 2003 年焼津魚市場市場統計によります。
(12) 本段落の記述については、海外まき網漁業協会 (2004)、p.235、川本 (2007)、pp.11-13、36 を参照しました。
(13) 本段落の記述については、川本 (2007)、pp.31-38、津谷 (2000)、p.3 を参照しました。
(14) 本段落の記述は海外まき網漁業協会 (2004)、pp.2、124、北部太平洋まき網漁業協同組合連合会 (1991)、pp.139-143 を参照しました。
(15) 本段落の記述は海外まき網漁業協会 (2004)、pp.73-93、130 を参照しました。
(16) 2010 年現在、試験操業船が 1 隻のみ試験操業を行っています。(独) 水産総合研究センター開発調査センターは日本丸を用船し、インド洋において小型魚混獲回避やブイライン操業法による省エネ・省力化操業の可能性を試験操業によって検証しています。(独) 水産総合研究センター開発調査センター (2009)、(独) 水産総合研究センター開発調査センター (2010) 参照。
(17) WCPFC NC8 Summary Report, 2012 年 9 月によります。(http://www.wcpfc.int/node/6373)。
(18) 外務省ウェブサイト、2010 年 4 月、島一雄氏提供資料。原典は外務省、SPC 他。
(19) ナウル協定加盟国 (PNA と呼ばれます) は、2010 年、FADs (人工集魚装置) を使用せず自然魚群で漁獲されたカツオに対して海のエコラベルである MSC の認証を取得することを目指しました。実現すれば約 56 万トンのカツオが MSC 認証の付加価値を得ます。2010 年 4 月 27 日付け MSC プレスリリース。
(20) 本段落の記述は、川本 (2007)、pp.25-28、海外まき網漁業協会 (2004)、pp.53-60、島 (2010) を参照しました。
(21) 中前 (2013)、p.28 によると、その金額は 1 隻あたり年間 5 千万円程度です。
(22) 社団法人海外まき網漁業協会は 2010 年 2 月、「南太平洋漁場確保機構 (仮称)」の設立趣意書 (案) を作成しました。ここには民間資金を集めると同時に国には漁場の確保と ODA をリンクさせた長期包括協定を締結させ、米国 -FFA 協定に対抗したいという意図が述べられています。同設立趣意書 (案) より。
(23) (独) 水産総合研究センター海洋水産資源開発センターはこうした取り組みを行っています。注 16 参照。
(24) たとえば OPRT ニュースレター No.37 (2009 年 9 月) のインタビュー記事において、水産庁の神谷崇漁業交渉官は、「カツオについても日本周辺で獲れなくなってきていることから、熱帯水域でのまき網船の増加などがカツオ資源にも影響しているのではと言われるようになってきている」と説明しています。
(25) 2008 年 1 月、韓国ヒヤリングより。

第 1 章　海外まき網漁業の現状と展望

参考文献

[1]　海外まき網漁業協会 (2004)『海外まき網漁業史』。
[2]　川本太郎 (2007)『海外まき網漁業とかつおまぐろ市場』(冊子)、極洋水産株式会社。
[3]　島一雄 (2010)「中西部太平洋のかつおまぐろを巡る最近の動き」、2010 年 4 月 21 日付 (未定稿)。
[4]　水産新潮社 (2010)『かつお・まぐろ年鑑 '10 年版』。
[5]　津谷俊人 (2000)『図説　魚の生産から消費』、成山堂書店。
[6]　(独) 水産総合研究センター (2009)『平成 19 年海洋水産資源開発事業報告書 (資源対応型：海外まき網〈熱帯インド洋海域〉』報告書番号 19 年度№ 2。
[7]　(独) 水産総合研究センター (2010)『平成 20 年海洋水産資源開発事業報告書 (資源対応型：海外まき網〈熱帯インド洋海域〉』報告書番号 20 年度№ 2。
[8]　中前明 (2013)「海外まき網漁業―現状と可能性」、『水産振興』543。
[9]　濱田武士 (2011)「まぐろ漁業の危機と存続の検証」、『水産振興』第 519。
[10]　北部太平洋まき網漁業協同組合連合会 (2009)『平成 21 年　北部太平洋海区まき網漁業各市場別水揚量及び水揚高』。
[11]　三輪千年 (2008)「水産業における外国人漁業就業問題」、廣吉勝治・佐野雅昭編著『ポイント整理で学ぶ水産経済』、第 4 章 7、北斗書房、pp.100-103。
[12]　若林良和 (2004)『カツオ産業と文化（ペルソーブックス 018)』、成山堂書店。

[付記 (謝辞)] 本稿は小野征一郎教授が 2008 年〜 2010 年に主宰された「まぐろ漁業研究会」に 2010 年 11 月提出した原稿に、加筆修正したものです。研究の機会を与えていただいた小野先生はじめ研究会の皆様に感謝申し上げます。執筆にあたっては、今村博展氏（故人）、川本太郎氏、島一雄氏、安部敏男氏よりヒヤリング調査への協力と多くの資料提供をいただきました。ここに記して感謝の意を表します。

第2章　漁業・養殖業の現状と新経営政策の意義
―資源管理・漁業経営安定対策を中心に―

小野　征一郎

1．はじめに

　水産物の安定供給と水産業の健全な発展を基本理念に掲げて、2001年水産基本法が制定されましたが、供給＝生産サイドにおいては、漁業者の高齢化と主要な生産手段である漁船の高船齢化がすすみ、需要＝消費サイドにおいては、魚の摂取量の肉に対する優位が2006年から崩れ、水産業の健全な発展とはむしろ逆行する様相が強まっています。国際的には水産物貿易における日本の地位が低下し―買い負け―、人口100万人以上の国のなかで長年トップを続けてきた、食用魚介類の1人当り年間供給量が、2009年にはポルトガル・韓国につぎ第3位に低下しました（水産庁(2013)、p.20）。2011年3月11日の東日本大震災が、わが国漁業の有力な生産拠点である東北3県にとりわけ、大被害を与えたことは記憶に新しく、水産業には難題が山積していると言えます。

　日本近海が世界3大漁場の一つであり、排他的経済水域面積（約450万km^2）および海岸線延長（約3万km）がともに世界第6位、農業・林業とは異なり、漁業は自然条件に恵まれています。南北に長く中緯度に位置し、暖流系・寒流系の生物が生息し、多種多様な水産物を多種多様な漁法により漁獲します。日本の200海里内でおおむね操業する沿岸・沖合漁業は錯雑した漁業構成をもち、沿岸部門では海面養殖業が多様に展開します。「他国の沿岸」を主漁場とする遠洋漁業は、200海里体制以前、日本漁業躍進の波頭にたち、現在でも有数の遠洋漁業国ですが、退勢がおおい難いと言えます。遠洋漁業を中心とする日本漁業・養殖業の生産縮小が、小幅だがなお続いています。

　以下、本論の構成と視点を予め述べておきます。小は採貝・採藻の高齢単身漁家から、大は漁業・養殖業を一部門として抱える大手水産会社に至るまで、様々な内容・規模・企業形態を内包する水産業の全体像を、第2・3節におい

第2章 漁業・養殖業の現状と新経営政策の意義

て2008年センサスをベースに、経営指標をかみあわせて素描します。ヒト＝就業者、モノ＝生産動向、カネ＝金額のうち、金額→経営が分析の中心になりますが、その際、漁家、企業、共同経営の経営形態の相違[1]に注意を払いたいと思います。

海面養殖業は従来、沿岸漁船漁業（10トン未満）とともに、沿岸部門[2]において専ら漁家として把握されてきましたが、近年、急激に勃興したマグロ養殖業が物語るように、魚類養殖業の経済的基軸は、漁家ではなく企業経営にあります。魚類＝給餌養殖業に対して、草類・貝類＝無給餌養殖業の基軸が漁家にあることは確かですが、大型定置・サケ定置を持ち出すまでもなく、沿岸部門を漁家のみによって認識することには基本的に疑問があります[3]。従って第2節漁家においては、10トン未満の漁船漁業・小型定置の採捕漁業および、海面養殖業の漁家経営を一括して検討します。

第3節企業は10トン以上の漁船漁業および大型定置・サケ定置の採捕漁業と、海面養殖業の企業経営を対象とします。漁船漁業を沿岸は漁家に、沖合・遠洋は企業に従来通り区分しますが、沿岸の海面養殖業・定置漁業を漁家と企業に分離します。重層的構成をもつ日本漁業・養殖業の現状を、漁家と企業に視点をおいて大観します。

水産政策は近年、画期的変化をとげました。2012年策定された第3次水産基本計画は、「平成23年度に開始した資源管理・漁業所得補償対策を中核施策とし、漁業発展の足場となる資源管理の一層の推進と漁業経営の安定を図る」（まえがき、p.2）と宣言しています。資源管理・漁業経営安定対策―資源管理・漁業所得補償対策から2013年1月より名称変更―が、とくに農業との対比において、所得政策・経営政策に相応しいかどうかについては議論があります（上田(2008)、pp.30-31）。しかしこれという価格政策を経験したことのなかった水産政策が、一挙に、個別経営の経営安定対策に踏みこんだのです。

それと同時に、経営安定対策に先行する、2007年度スタートの漁業構造改革総合対策事業に注目したいと思います。それは省エネ・省人・省力型の改革型漁船の建造を軸に、財政支援により漁業者と流通・加工業者等が一体化し、漁獲から出荷に至る地域計画を策定し、収益性を重視した「もうかる漁業」を企図するのです。家族経営を主体とする農業に対して、むしろ企業経営が中心である漁業・養殖業には、イノベーションを目指す投資行動が不可欠です。とりわけ漁船漁業において代船建造が焦点となる理由であり[4]、「もうかる漁業」の帰趨が見逃せません。

資源・自然変動にさらされる漁業・養殖業はもともと好不漁の波が大きく、また業種によっては生産期間が長期—遠洋マグロ・魚類養殖—にわたり、固定資本のみならず流動資本においても金融依存度の大きい産業です。しかしグローバルスタンダードに基づく金融政策の改変・強行—1980年代後半からの「金融自由化」に起源をもつ—は、事実上、「財政の金融化」に基づく政策資金の投入を不可能にしました。構造改革事業が直接的な財政支出により、漁船投資に新たな突破口を切り開くことができるかどうかに注目したいと思います。従来の金融支援から、財政をテコにして金融を動かす直接的財政支援へと、ここでも画期的な政策転換が見られるのです。

経営安定対策と構造改革事業が政策的にどういう関係にあり、水産政策全般のなかでいかに結びついているかは不明です。むしろ相互にバラバラに実施されているように思われますが、両者は漁業・養殖業の個別経営全般を背後から支え—前者—、また特定経営を積極的に後押し・推進する—後者—、相関連する「車の両輪」として位置づけることができます。この意味において、あわせて両者を新経営政策として把握します。

第2・第3節の錯雑した漁業・養殖業の全体像に対して、第4節は新経営政策がどのような意義・役割をもちうるかを試論として検討します。未確定部分を含み、なお現在進行形ですが、産業規模が縮小し漁村地域が弱体化している水産業の現状に対して、それがいかに応じようとしているか、あるいはどのような影響をもちうるかを考察します。それは始まったばかりであり、政策評価には時間が必要ですけれども、新経営政策が緒についた現時点において、漁家・企業に視点をすえ検討の第一歩を踏み出したいと思います。

もっとも小論では予算規模・政策のプライオリティから、前者の経営安定対策に重点をおきました。後者の構造改革事業、とりわけそれに後押しされている漁船投資は、漁業・養殖業の今後を占なう決定的に重要な契機ですが、第5節結語において論点の指摘にとどめざるをえませんでした。

2. 漁家

2-1. 漁船漁業および小型定置

表1は2008年センサスから沿岸部門のうち、漁船トン数別・養殖種類別を表側に、金額階層・主要業種を表頭におき、企業経営主体の大型定置・サケ定置を除き整理しました。10トン未満の漁船漁業では個人経営体が大多数をしめ（86,900）、会社はごくわずか（219）、共同経営（1,101）も、小型定置で

第2章　漁業・養殖業の現状と新経営政策の意義

も合計の11.9％（426）にとどまります。以下、沿岸漁船漁業を階層性に留意し、漁業種類に立ちいり検討しましょう。

さて金額構成を検討すると、漁船漁家の6割以上が300万円未満、500万円未満に拡げると8割になんなんとします。船外機等と0～3トンをあわせた経営体は沿岸漁船漁業の56.1％に達しますが、実にそのうちの8割以上が300万円未満、9割以上が500万円未満に属します。所得率を考えれば、沿岸漁船漁業の過半が「年金プラスα」の低所得層に集積し、文字通り「生業」として漁業を営んでいます。3～5トン層になると300万円未満の割合が一挙に4割台に激減し、沿岸漁船漁業といっても、3～5トン層を境界線として上下に分かれ、位置づけが異なります。

小型定置の300万円未満・500万円未満の割合は、3～5トンと5～10

表1　沿岸部門の金額階層別経営体数（2008）

	合計	～300万円	～500	～1000	～2000	～5000
沿岸漁業層	109,022	57,711	16,678	17,426	9,549	4,924
漁船漁業	88,290	54,104	14,182	12,973	4,930	1,758
船外機等	28,012	22,383	3,240	1,930	377	71
0～3トン	21,525	17,263	2,789	1,264	179	15
3～5トン	25,628	10,996	5,789	6,261	2,019	537
5～10トン	9,550	2,173	1,689	2,692	1,905	899
小型定置	3,575	1,289	1,238	263	455	236
大型定置	454・155・106	19・0・1	8・1・0	10・0・0	24・2・2	74・21・17
サケ定置	632・146・278	29・0・12	35・0・9	55・2・17	85・1・33	122・13・69
海面養殖業	19,646	3,559	2,453	4,388	4,505	2,970
魚類養殖業	2,191	121	75	433	219	489
ブリ類	839・318	14・4	12・3	24・3	53・6	125・13
マダイ類	753・154	39・4	23・1	45・5	98・7	235・17
藻類・貝類・養殖業	17,455	3,438	2,378	4,255	4,286	2,501
ホタテガイ	3,411・36	342	372	929	1,099	523
カキ	2,879・118	813	467	742	461	270
ワカメ	2,356・16	939	496	641	239	38
ノリ	4,868・67	334	264	846	1,759	1,452
真珠	971・115	195	164	247	199	123

注 (1) 金額階層：単位→万円、5000～→5000万円以上の経営体数合計
　　(2) 主要魚種：漁船漁業→トン数階層別に経営体数の多い順に1～5位の魚種を掲げています。定置漁業および海面養殖
　　(3) 主要魚種の記号は表4を参照してください。
　　(4) 船外機等：漁船非使用（3,694経営体）、無動力船のみを含みます。
　　(5) 大型定置、サケ定置：左から経営体数合計・会社・共同経営の順です。
　　　　ブリ類、マダイおよびホタテガイ・カキ・ワカメ・ノリ・真珠の合計：左から経営体数合計・会社の順です。
　　(6) 真珠：真珠母貝を含みます。
出所：『2008年漁業センサス』第1・6巻

トン層の中間にあります。沿岸漁船漁業では小型定置を含め、経営体数が最も多いのは5〜10トンを除き300万円未満であり、500万円未満の割合が、3〜5トン・5〜10トン・小型定置において4〜6割に達します。これは採捕漁業が少なからず、地域産業における生業＝雇用の場としての役割が大きいことを物語っています。

従来、金額1,000万円以上の経営体数が、3〜5トン・5〜10トン層において1993年まで増加し、上昇的経営として注目されてきましたが、1998・2003年には縮小しました（宮澤(2007)）。ところが2008年においては、両階層の経営体数合計は2003年より減少しましたが、そのうち1,000万円以上の経営体数は増加に転じ、―5〜10トン層はごくわずか―当然ながら構成比も高まりました。「発展性」ある上層経営体として、今後を見守りたいと思

	主要業種（金額階層）					比率（％）	
5000〜計	第1位 5000〜	第2位 〜2億	第3位 〜5億	第4位 〜10億	第5位 10億〜	300万円未満	500万円未満
2,734	A・19,771	D・17,819	B・15,652	C・8,651	F・8,422	52.9	68.2
338	A・19,771	D・17,819	B・15,652	C・8,651	F・8,422	61.2	77.3
11	A・15,312	B・4,161	C・3,854	D2,893	H・622	79.9	91.4
5	D・7,986	B・5,147	A・2,693	C・2,131	G・805	80.1	93.2
36	E・5,906	D・5,559	B・4,493	F・1,877	C・1,843	42.9	65.5
172	B・1,851	E・1,610	D・1,379	F・1,066	C・823	22.7	40.4
94	79	12	3	0	0	36.0	54.9
319・131・21	131・49・50	104・47・29	68・29・19	13・6・2	3・0・1	4.1	5.9
306・130・14	108・42・50	132・51・74	58・37・11	3・0・2	5・0・4	4.5	10.1
1,771	1,056	414	213	57	31	18.1	30.6
1,174	567	313	190	54	30	5.5	8.9
619・289	266・59	191・107	110・83	24・21	20・19	1.6	2.0
313・120	154・25	84・40	56・39	14・11	5・5	5.1	8.2
597	499	81	23	73	1	19.6	33.3
146	134	11	1	0	0	10.0	20.9
126	102	21	2	0	0	28.2	44.4
3	2	1	0	0	0	39.8	60.9
213	199	22	2	0	0	6.8	12.2
43	30	8	4	1	0	20.0	36.9

殖業→5000〜1億から10億〜の金額階層の経営体数を掲げています。

第2章 漁業・養殖業の現状と新経営政策の意義

います。

表2に3～5トン・5～10トンおよび、しばしば政策的に沿岸部門に含めて扱われる10～20トンの経営指標の要点を掲げました。農水省『漁業経営調査報告』は個人経営体の標本数が少なく、労働費、とくに見積家族労賃の把

表2 漁船漁業の漁業所得・所得率・油費率（2008）

経営指標	3～5トン	5～10トン	10～20トン
全体			
所得率・油費率	37.7・25.3	23.3・25.9	14.1・22.5
漁業所得	3,047	2,769	4,891
見積家族労賃	3,682	4,421	4,481
刺網			
所得率・油費率	40.5・17.5	14.9・14.6	29.3・16.7
漁業所得	4,869	2,122	5,113
見積家族労賃	5,660	4,921	5,562
小型底曳			
所得率・油費率	42.7・33.4	19.9・31.8	17.3・26.7
漁業所得	3,174	2,457	4,154
見積家族労賃	3,675	4,894	4,293
その他の釣			
所得率・油費率	39.9・32.3	35.6・31.8	×
漁業所得	2,545	3,242	×
見積家族労賃	3,172	2,513	×
沿岸イカ釣			
所得率・油費率	16.7・42.2	17.6・30.6	7.5・30.9
漁業所得	887	2,439	2,716
見積家族労賃	2,185	3,326	3,666
その他の漁業			
所得率・油費率	39.2・15.4	16.0・26.4	21.7・15.9
漁業所得	3,575	1,311	5,910
見積家族労賃	3,330	7,462	5,497
船曳網	20～30トン	30～50トン	10～20トン
所得率・油費率	10.4・16.2	1.9・10.3	27.1・8.1
漁業所得	3,651	634	7,054
見積家族労賃	4,742	3,772	4,916

注(1) 単位：%、100万円
　(2) 漁業所得：漁業収入－漁業支出
　　　所得率：漁業所得／漁業収入
　　　漁業支出：見積家族労賃を含みません
　(3) 油費率：油費／漁労支出
　(4) ×：秘密保持のため数値を未発表。
　(5) 個人経営体・2008
出所：農林水産省『漁業経営調査報告』平成20年(度)。

握が充分ではなく漁業生産費が不明確であると、「漁業者の生産費等把握実態調査報告書」（株式会社水土舎・全国漁業協同組合連合会・全国漁業共済組合連合会・株式会社農林中金総合研究所、2011年3月）から指摘されています。以下、同「報告書」を参照しながら検討しますが、いちいち典拠を示しません[5]。

　さて階層全般を通観すると、漁業所得はいずれも見積家族労賃を下廻ります。家族労賃が漁業支出に含まれないので、漁業純収益［漁業収入－漁業経営費（漁業支出＋見積家族労賃）］は赤字です。言いかえれば、漁業収入が漁業経営費をまかなえていません。所得率はトン数階層があがるにつれ低下し、漁業支出に対する油費率[6]は3～5トン層から25％をこえます。

　漁業種類に立ちいると、船外機等では採貝・採藻が経営体数の過半をしめ、0～3トンでも3位に登場します。3～5トン・5～10トンの主要業種は一致し、0～3トンの3業種が共通しています。周知のように漁船漁業の過半は複数の漁業種類を兼営し、沿岸漁業ではその傾向が強くなっています。専業経営体の比率（カッコ内）をみると、例えば小型底曳（62.9％）・その他の釣（59.1％）、刺網（38.3％）が中間、その他の漁業（33.0％）・沿岸イカ釣（32.3％）では低くなっています（「報告書」、pp. 137-138）。

　その他の釣・刺網は活魚を基本とし、釣には雇用労働力がほとんどありません。沿岸イカ釣は魚種により経営内容が異なります。スルメイカを対象とする北海道・東北（5～10トン）は昼イカ釣が多く、ケンサキイカ等の西日本（3～5トン・5～10トンが併存）は夜釣で油費率が大きくなっています。沖縄（3～5トン）はソデイカを主体としますが、3地域ともに自家労働力がほぼ100％です。その他の漁業は名称からしても多様―かご漁業・潜水器漁業等―です。小型底曳を含め、沿岸部門はとりわけトン数階層よりも、対象魚種・漁法・地域特性等から生産費および経営内容が強く影響されるように思われます。5業種・2階層および小型定置のうち、漁業所得が見積家族労賃をこえるのは、その他の釣・5～10トン、その他の漁業・3～5トンのみです（表2・3）。それ以外はすべて、漁業収入により漁業経営費をまかなえません。所得率は例外もあるが、3～5トンが40％前後、5～10トンが15～20％に収まります。油費率はおおむね、小型底曳・その他の釣・沿岸イカ釣が30～33％、刺網・その他の漁業が14～17％、3～5トン・5～10トン全体の25％台は、両者の中間にあります。概して業種ごとに油費率が近似しますが、沿岸イカ釣・3～5トン、その他の漁業・5～10トンは突出して大きくなっています。

第2章　漁業・養殖業の現状と新経営政策の意義

表3　小型定置および養殖業の漁業所得（売上利益率）・油費（エサ代）率（2008）

	小型定置	養殖漁家				
		ホタテガイ	カキ	ノリ	ワカメ	真珠
所得率・油費（エサ代）率	21.5・4.7	24.5・7.7	23.0・6.9	30.3・16.9	53.2・12.3	△10.3・4.7
漁業所得（売上利益率）	2,889	4,171	3,771	5,747	4,946	△969
見積家族労賃	3,182	5,558	5,538	5,648	2,564	5,961

注 (1) 小型定置・養殖漁家：個人経営体
　 (2) 養殖企業：会社経営体
　 (3) 他は表2・表5に同じ
出所：表2に同じ

2-2. 海面養殖業

　海面養殖業には漁家と企業経営が併存します。漁船漁業においては、10トン以内＝漁家＝沿岸漁業、10トン以上＝企業＝沖合・遠洋漁業として峻別し、漁家と企業経営の相違が自明です。しかし養殖業は制度的に沿岸部門に包括され、両者の差違を内容的に区別して判断するしかありません。

　海面養殖業は生産額において、魚類＝給餌養殖業と草類・貝類の無給餌養殖業に二分され、金額階層を大観すると、500万円未満の経営体数の割合は養殖業合計で3割、5～10トンよりも小さくなっています。種目別にはワカメ養殖業の割合が飛び抜けて大きく、次に高いカキ養殖業の両者が、5～10トンの割合を上廻ります。真珠→ホタテガイ→ノリ養殖業の順で500万円未満の割合が低下し、魚類養殖業では1割以下となります。

(1)　草類・貝類養殖業

　人為的な成長・促進、形質の操作ができない無給餌養殖業であり、環境条件を整え自然の生産力に依拠します。企業比率[7]はホタテガイ・カキ類・真珠養殖業が当該経営体数合計の1割をこえる程度にとどまり、中心のノリ養殖業を筆頭に、漁家が大多数をしめます。会社は真珠を除き1割以下にとどまります。ノリ・カキ・ワカメは養殖業が国内生産のすべてをしめると見なしてよいでしょうが、ホタテガイは地まき放流方式による栽培漁業が行われ、養殖業の比率は約4割です。調製品を除くホタテガイ製品、乾しノリはIQ品目に指定され、ホタテガイは中国産との棲み分けが成立し、またアメリカ・フランス向けの有力な輸出品目です。ノリ・ワカメ・カキは中国もしくは韓国からの輸入圧力にさらされています。

　最多経営体の金額階層はノリ・ホタテガイ養殖業が1,000～2,000万円、2位階層はノリが2,000～5,000万円に上昇し、ホタテガイが500～1,000

| | | 養殖企業 | |
マダイ	ブリ類	マダイ	ブリ類
△9.8・64.2	△5.6・60.6	△0.8・60.2	△9.7・68.3
△4,338	△6,136	△0.86	△9.7
3,493	4,192	—	—

万円に下降します。両者ともに 300 万円未満・500 万円未満の割合は小さく、1,000 万円以上が半ばをこえ、ノリは 1・2 位階層に 65.9％集中します。他方カキ・ワカメ養殖業は 300 万円未満が最大、2 位＝ 500 〜 1,000 万円、3 位＝ 300 〜 500 万円、階層序列が漁船漁業の 3 〜 5 トンと同様です。300 万円未満・500 万円未満・1,000 万円以上の割合を漁船漁業と比較すると、ワカメ養殖業は 500 万円未満が 6 割に達し、300 万円未満も養殖業で最大の 4 割に及びます。3 〜 5 トンにワカメ養殖業がやや優り、5 〜 10 トンにカキ養殖業が少し劣ります。

　真珠養殖業は 500 〜 1,000 万円が最多経営体、1,000 〜 2,000 万円が 300 万円未満をわずかに凌いで 2 位、5 〜 10 トンよりやや上位にあります。漁業と養殖業を総合して上位から、ノリ→ホタテガイ→真珠→ 5 〜 10 トン→カキ→ワカメ→ 3 〜 5 トンの階層序列に整理できましょう。

　ノリ養殖業は北海道から沖縄まで、日本海側を除く全国各地で営まれ、大量生産のべた流し方式を中心とし、品質重視の支柱式を主とする有明海（福岡・佐賀・熊本）と共同経営で著名な兵庫が 2 大産地です。このほか宮城・千葉・三重・愛知・香川が有力産地として知られ、経営規模が大きくなるほど漁業純収益がプラスになります。

　岩手・宮城で経営体数の 7 割、徳島が続くワカメ養殖業は生ワカメ・湯通しワカメ・塩蔵ワカメ・その他（多様な組合せ）の出荷形態があります。漁業所得が見積家族労賃を上廻る、数少ない養殖種目であり同様にノリが僅かに上回ります。両者は雇用労働力にあまり依存しないことが共通し、ワカメは全般に養殖経費が小さく、所得率が漁船漁業を含め群を抜いて高くなっています。。ノリは全自動乾燥機などの陸上投資が 1 億をこえ、償却負担が大きく、所得率が沿岸漁船漁家の主要業種と変わりません。

　ホタテガイ養殖業では経営体数の 7 割をしめる北海道・青森が、ボイル加工用原貝を主体とし、岩手・宮城は生鮮出荷が中心です。耳づり・かごの両方式で養殖されます。カキ養殖業は大規模経営のイカダ式（広島・岡山）と小規

模経営の延縄式（宮城・岩手）の両タイプがあります。真珠養殖業も大規模経営の愛媛と小規模経営の三重にわかれます。労働集約型のむき身作業（カキ）、耳づり作業、分散・洗浄作業（ホタテガイ）、核入れ作業（真珠）を雇用労働力に依存します。ホタテガイ・カキの所得率が 23 〜 24％、真珠養殖業は家族労賃を除いても赤字経営です。いずれも漁業収入によって漁業経営費を支弁できません。

　無給餌養殖業なので餌代はなく、油費率が全般に小さいが、ノリ養殖業のみ漁船漁業の刺網と変わらず、ワカメも 10％をこえます。前者は船舶用の軽油・ガソリンのほか、板ノリ加工のための乾燥用重油を消費します。

(2)　魚類養殖業[8]

　餌料により成長を促進させ、形質の創出に能動的に関与できる給餌養殖業を代表し、ほかにクルマエビ・アワビ・ウニ等の水産生物の養殖業が挙げられます。沖出しが比較的たやすく、それだけ場の制約から免れている魚類養殖業は、ブリ類を筆頭に規模拡大が進んでいます。ギンザケ養殖業の宮城を除き、愛媛・鹿児島・長崎・三重・香川等の暖流系の四国・九州が拠点です。会社経営体が約 3 割に達し、魚類養殖業の基軸は、生産額からみて企業経営にあります。2003 年センサスによれば、個人経営体の合計 2,742 のうち 1,601（58.3％）です。

　面積規模ではブリ類養殖業が 1,000 〜 2,000m^2 から、マダイ養殖業では 3,000 〜 5,000 m^2 から企業が基軸となりますが、金額階層でいえば 5000 万円〜 1 億円が分岐点と思われます。それはブリ類養殖業の最多階層、マダイ養殖業の 2 位階層ですが、企業の最下層・漁家の最上層が併存し、おおむね、それ以上を企業経営と概括して大過ないと思われます。魚類養殖業は沿岸部門のなかで、他から隔絶した経営規模をもちます。金額階層では 5,000 万円以上が過半をしめ、ブリ類養殖業では 72.8％、マダイ養殖業では 41.5％に達します。表 1 には魚類養殖業の 7 〜 8 割をしめるブリ類・マダイ養殖業を掲げましたが、漁船漁業の規模あるいは階層性は通例、漁船トン数で表現されます。養殖業にも統計的に種々の物的指標が工夫されていますが、養殖種目をこえ、また漁船漁業と共通する規模・階層性の一般的指標としては、販売金額により代表させるほかありません。3-2 で言及します。

　ブリ類養殖業の経営体数の半ば、マダイ養殖業の同 2 ／ 3 が漁家経営と見なされますが、餌料費率が 6 割をこえ、養殖所得は見積家族労賃を加えても相当額のマイナスです。2008 年は魚価が低く経営成績がよくありませんが、

所得率をかりに 10％とすれば、2,000 万円以下では生計が困難です。階層分解が激しく企業経営の漁家に対する優位が確立しているブリ類・マダイ養殖業においては[9]、漁協管理型タイプが漁家を基盤に、いかに企業に伍していくかが問われています。

これまで専ら販売金額を中心に検討してきましたが、以下の3点を指摘しておきたいと思います。

第1。漁船漁業の6割、海面養殖業の2割弱、定置漁業を含む沿岸漁業層の半ば以上に達する、販売金額 300 万円未満の経営体は漁業を生業の場として選択し、地域経済・漁村集落を持続的に維持する役割を担っています。漁村コミュニティの機能を確保するために一定数の漁家が必要であるとするならば[10]、狭義の漁業をこえた積極的な政策設定が提起されなければなりません。水産基本法はそれを準備しています。

第2。採捕漁業の産業的基盤として金額階層・1,000 万円以上の経営体に的をしぼり、同様に養殖業の漁家経営として、魚類養殖業を 2,000 万円〜1億円、藻類・貝類の養殖業を 1,000 万円〜1億円により区切れば、漁船漁業＝ 7,031、小型定置＝ 785、海面養殖業＝ 7,475 の経営体が数えられます。養殖漁家が過多かもしれませんが、この階層が沿岸部門において、生産力的に日本漁業を担いうる中心勢力と見てよいでしょう。漁船漁家と養殖漁家が対等な地位にあることを指摘しておきたいと思います。

第3。言うまでもありませんが、販売金額は経営内容の一部しか示していません。これまでの検討において、採捕漁業・養殖業を問わず、見積家族労賃を含めた漁業経営費を漁業収入が上廻る、言いかえれば漁業所得＞見積家族労賃を達成しえた業種は例外的でした。正確にいえば、漁業経営費のうち物財費をまかなえても再生産に必要な賃金水準が確保できず、自家労賃部分を喰いつぶして漁業・養殖業経営が成立しているのです。また漁業所得に家族労賃を含めても大部分が 500 万円に達していません。それすらマイナスのケースが幾つか見られます。

3. 企業

漁家経営の表1と同様に、表4を作成しました。沖合・遠洋部門に、沿岸部門からブリ類・マダイ養殖業、大型定置・サケ定置を加え検討します。海面養殖業の企業経営には、藻類・貝類養殖業の最上層のほか、魚類養殖業からはマグロ・ヒラメ等が含まれますが、ブリ類・マダイ養殖業によって代表させ

第2章　漁業・養殖業の現状と新経営政策の意義

表4　沖合・遠洋部門の金額階層別経営体数（2008）

沖合・遠洋漁業層	合　計	金　　額　　階					
		～500万円	～1000	～2000	～5000	～1億	～2億
	6,174・1,111	780・34	809・11	1,057・32	1,606・118	940・250	465・262
10～20トン	4,200・325	707・14	726・5	899・27	1,114・81	613・142	116・53
20～30トン	610・57	40・5	63・2	114・1	275・13	86・20	27・14
30～50トン	485・129	21・7	14・4	37・3	177・17	153・49	60・33
50～100トン	351・176	8・4	6・0	7・1	33・2	68・28	163・95
100～200トン	275・205	1・1			5・4	19・10	88・59
200～500トン	116・92				2・1	1・1	9・6
500～1000トン	76・60	2・2					1・1
1000トン～	71・67	1・1					1・1

注 (1) 遠洋部門：遠洋底曳網、以西底曳網、大中型遠洋カツオ・マグロまき網、遠洋マグロ延縄、遠洋カツオ一本釣、遠洋イカ釣
(2) 左＝経営体数合計、右＝会社経営体数
(3) 業種の記号は以下の通りです
　A：採貝・採藻　B：その他の刺網　C：その他の漁業　D：その他の釣　E：小型底曳　F：沿岸イカ釣　G：引縄釣　H：その他の網漁業　I：船曳網　J：中小型まき網　K：沖合底曳　L：サンマ棒受網　M：その他の延縄　N：近海イカ釣　O：近海カツオ一本釣　P：近海マグロ延縄　Q：遠洋マグロ延縄　R：大中型まき網・その他　S：大中型まき網・遠洋カツオ・マグロ　T：大中型まき網・近海カツオ・マグロ　U：遠洋カツオ一本釣　V：遠洋底曳網
出所：表1に同じ。

ました。漁船漁業・養殖業の個人・会社の経営体のほか、定置漁業には共同経営も表4に加えました。漁船漁業においては50～100トン以上から会社が中心となり、100～200トンから登場する遠洋部門の経営体数は、500～1000トンから沖合部門を上廻ります。

3-1. 漁船漁業
(1) 沖合部門

　沖合・遠洋部門の全経営体数の68.0％をしめる10～20トンは、金額500万円未満が経営体数合計の18.8％をしめ、沿岸漁業の延長上にあります。主要業種には船曳網が登場し、その他の漁業と入れかわるほかは、3～5・5～10トンと同様です。10～20トンのみ、個人経営体の経営指標を表2に、同じく船曳網の20～30・30～50トンをあわせて掲げました。

　10～20トンの5業種すべての漁業所得が見積家族労賃に及びません。企業統計に組かえれば、漁業収入が漁業経営費以下、売上利益は赤字です。油費率は家族労賃を除いた漁業支出に対する比率ですが、船曳網から沿岸イカ釣まで8.1→30.9％の落差があります。

　20～30トン・30～50トンからは経営体数が1,000をわり、主要業種の船曳網は共同経営の比重が高く、20～50トン階層の経営体数の6割近くに及びます[11]。船曳網・個人経営体の経営成績は、30～50トン→20～30

第1部　日本の漁業と地域経済

層			遠洋漁業	主　要　業　種				
～5億	～10億	10億～		1位	2位	3位	4位	5位
304・225	126・107	87・72	140	I・1,279	E・818	F・611	B・577	C・353
23・3	1・0	1・0		E・768	F・567	I・563	B・547	D・297
5・2				I・356	J・32	C・30	E,F・29	E,F・29
21・15	2・1			I・281	K・50	J・41	D・18	L・16
63・44	2・2	1・0		K・82	J・77	I・72	L・32	M・14
134・113	27・18	4・0	14	J・66	K・42	N・39	O・28	L・26
53・41	41・37	9・6	43	Q・24	K・18	R・14	J・12	N・12
7・6	33・31	24・20	37	Q・23	R・15	K・8	S・7	U・6
1・1	20・18	48・46	45	Q・44	R・11	S・5	T・4	V・3

トン→10～20トンの順に規模が大きいほど悪化します。漁家経営と同様に表5を作成したが、会社経営体の20～50トンの船曳網は数少ない黒字経営であり、個人経営体とは様相を異にします。

　ここで金額階層を概観しておくと、10～50トンの下位3階層においては最頻値（モード）が2000～5000万円、会社経営体が中心となる50～100トン以上では、中小資本漁業の中上層が登場し、50～100トンでは最多金額階層が一挙に1～2億円にはねあがります。100～200トン・200～500トンが2～5億円、遠洋部門に重心がかかる500～1000トン・1000トン以上のモードは、前者が5～10億円、後者が10億円以上となります。

　沖合部門中上層の50～100トン以上の3階層では、主要業種として、沖合下層から登場する中小型まき網・沖合底曳・船曳網に近海イカ釣・サンマ棒受網・近海カツオ1本釣が加わり、業種として最大の漁獲量をもつ大中型まき網・その他は200～500トンから姿を現します。

　金額＝経営規模が段階的に拡大しますが、遠洋部門を含めて、売上利益率は芳しくありません。100～200トン・200～500トンの全体が辛うじてプラス、業種別には沖合底曳・100～200トン＝4.7％を除き、他はすべてマイナスを記録します。イカ釣・100～200トンは10％以上の赤字です。油費率は100～200トンまでの船曳網・沖合底曳・中小まき網が10～18％、漁場が遠い近海カツオ1本釣100～200トン・沖合底曳200～500トン・大中

表5 漁業企業の売上利益率・油費率－沖合・遠洋部門－(2008)

業　種	トン数階層				
	20～50トン	50～100トン	100～200トン	200～500トン	500トン～
全体	△1.7・12.4	△0.9・18.7	0.9・20.3	0.4・26.4	△2.3・25.9
船曳網	6.2・17.5	△3.1・15.2	—	—	—
沖合底曳	—	△7.2・16.8	4.7・16.0	△2.5・21.0	—
中小型まき網	△0.08・10.0	△3.2・10.8	△3.6・15.0	—	—
大中型まき網	—	—	—	—	△0.1・23.1
イカ釣	—	—	△12.7・32.7	—	—
マグロ延縄	—	—	—	△7.4・28.3	△3.6・26.6
カツオ1本釣	—	—	△2.6・27.1	—	△2.8・33.8
大型定置	△11.8・2.7 (△4.5・2.1)				
サケ定置	9.4・0.9 (34.5・2.1)				

注 (1) 単位：％、左＝売上利益率、右＝油費率
　(2) イカ釣：遠洋・近海イカ釣、マグロ延縄・カツオ1本釣も同様
　(3) 売上利益率：漁業利益／漁業売上高
　(4) 油費率：油費／漁業支出
　(5) 大型定置・サケ定置のカッコ内：共同経営の計数
　(6) 会社経営体の主とする漁業種
出所：表2に同じ。

型まき網500トン～から20％をこえ、集魚灯を用いるイカ釣100～200トンでは30％を上廻ります。

(2) 遠洋部門

　特定漁業種類に限定され、500～1000トン・1,000トン以上の最上位階層の主体です。200～500トンから最多経営体となる遠洋マグロ延縄および、海外まき網に業種がしだいにしぼられ、遠洋底曳網・以西底曳網・遠洋イカ釣は存続できるかどうかの瀬戸際にあります。マグロ類全漁獲の6割、カツオ類の7割が遠洋部門によって漁獲されますが、高度回遊性魚種として国際的規制をうけ、とりわけ途上国である沿岸国の発言権が強まっています。遠洋カツオ一本釣の油費率は30％をこえ、マグロ延縄も燃油高騰のシグナルとされた30％に近くなっています。

　売上利益率・油費率をトン数階層別に検討すると、100～200トン・200～500トンが僅かな黒字、それ以外は比率は小さいが赤字です。油費率は200～500トンまで徐々に上昇し、20％台後半に達し500トン以上で僅かに低下します。

3-2. ブリ類・マダイ養殖業および定置漁業

　魚類養殖業の企業経営をブリ類・マダイ養殖業によって代表させますが、ブ

リ類が金額階層1～2億円から、マダイでは2～5億円から会社の経営体数が個人を上廻ります。経営規模を金額により漁船漁業と比較すると、両者の企業経営が沖合漁業の中層に位置づけられることは既に究明しました（小野(2013a)、pp.24-26）。利益率がマイナス、とくにブリ類はかなり低くなっています[12]。

定置漁業は個人・会社・共同経営が鼎立していますが、大型定置では会社が、サケ定置では共同経営が大勢をしめています。金額階層により経営形態の推移を追求すると、1,000～2,000万円までの下位階層では、大型定置・サケ定置ともに会社・共同経営が少なく個人優位ですが、前者では5,000～1億円以上階層から会社が上位となります。後者では2,000～5,000万円階層から共同経営が抜け出し、徐々に台頭する会社が2～5億円で最多経営体となります。

両者を対比・分析する余裕はありませんが、サケ定置は漁船漁業の30～50トンの経営規模とほぼ同じ、大型定置は同様に50～100トンに近くなっています。大型定置とは対照的にサケ定置の利益率は例外的に高く、油費率は両者ともに低くなっています。

以上、10トン以上の漁船漁業＝沖合・遠洋部門と沿岸部門のブリ類・マダイ養殖業および大型定置・サケ定置を、企業経営として検討してきました。以下の2点を指摘しておきます。

第1。10トン以上の漁船企業＝6,174経営体のうち、販売金額1,000万円未満＝1,589、2,000万円未満＝2,646は各々25.7％、42.8％に及びます。両者はまさに零細企業とよぶほかありませんが、それは「生業」と隣りあわせの、地域経済における漁村コミュニティの維持・確保に寄与する役割が中心であろうと思われます。

第2。全般に企業の収益力を示す売上利益率はせいぜい些少の黒字、大部分が赤字です。しかもこれは石油価格が高位だった2008年に限りません。漁業企業は「構造不況業種」にほかならず、漁船の平均船齢＝26.0年は、鋼船の耐用年数と言われる20年前後をはるかに越えています。21世紀に入り50トン以上の代船建造数は1年に20隻以内にとどまります[13]。養殖業においても、収益性の高いのはマグロ養殖業のみにとどまり、魚類養殖業の大宗であるブリ類・マダイ養殖業は、個別経営としてはリストラクチェリング（事業再構築）が、業界全体としては構造改革が必須です[14]。

第2章　漁業・養殖業の現状と新経営政策の意義

4．新経営政策の意義

4-1．漁業共済制度

2012年度の水産庁の当初予算・通常分1,832億円（1,931億円—13年度予算・以下同じ—）のうち、非公共＝1,123億円（1,078億円）が公共＝708億円（852億円）を上廻り、非公共のうち438億円（373億円）・23.9％（19.3％）が資源管理・漁業経営安定対策に計上されました[15]。それは周知のごとく、①資源管理を要件とし、漁業共済制度を活用し積立ぷらすを上乗せした収入安定対策と、②コストの要部をしめる原油価格・配合飼料価格

表6　漁業共済および積立ぷらす（2012年度）

漁業種類	共済限度額・価額①	共済金額②	契約割合②/①	純共済掛金③	平均掛金率③/②	国庫補助額④	国庫補助率④/③	支払共済金⑤
採捕漁業								
採貝・採藻	15,074	12,724	84.4	707	5.5	549	77.6	830
コンブ	11,396	9,188	80.5	460	13.6	365	79.3	411
小型合併	65,269	46,887	71.8	2,293	4.8	1,726	75.3	1,798
まき網	71,155	32,725	45.9	1,139	3.4	682	59.8	680
サンマ棒受網	16,209	11,114	68.5	690	6.2	407	58.9	948
底曳網	85,097	55,455	65.1	1,699	0.3	1,194	70.2	921
船曳網	19,683	12,176	61.8	666	5.4	477	74.6	389
イカ釣	11,680	5,223	44.7	215	4.1	143	66.5	135
カツオ・マグロ	45,126	13,789	30.5	354	2.5	229	64.6	180
漁船漁業小計	333,092	190,012	57.0	7,597	3.9	5,246	69.0	5,549
サケ定置	48,181	40,520	84.0	1,928	4.7	1,206	62.5	2,763
大型定置	28,573	22,213	77.7	1,063	4.7	665	62.5	825
小型定置	10,477	8,130	97.5	486	5.9	357	73.4	313
定置漁業小計	87,233	70,863	81.2	3,479	4.9	2,229	64.0	3,902
漁獲共済合計	435,400	273,599	62.8	11,783	4.3	8,026	68.1	10,282
魚類養殖								
ハマチ	81,579	53,576	63.3	456	0.8	263	57.6	245
カンパチ	70,208	33,724	48.0	277	0.1	150	54.1	130
タイ	23,536	15,159	64.4	162	0.8	92	56.8	108
マグロ	20,682	13,977	67.5	192	1.3	74	38.5	64.5
その他とも計	207,776	123,896	58.8	1,247	1.0	634	50.8	644
カキ	11,383	6,176	54.2	651	10.5	452	69.4	372
養殖共済合計	222,017	131,823	59.3	1,934	1.4	1,162	60.0	1,072
藻類・貝類								
ノリ・モズク	66,697	56,625	84.8	3,693	6.5	2,840	76.9	1,404
ワカメ	3,345	3,199	95.6	338	10.5	257	76.0	53.7
ホタテガイ	22,799	12,055	52.8	517	4.2	364	70.4	57.3
カキ	2,665	1,128	42.3	23	2.0	22.6	99.5	23.9
特定養殖共済合計	102,864	77,866	75.7	4,848	6.2	3,679	75.8	22,157
総　計	760,283	483,289	63.5	18,577	13.6	13,695	73.7	13,878

注（1）単位：100万円、％
　（2）採捕漁業（漁業共済）の漁獲金額：2006年の「漁業種類・漁労体規模別生産金額（海面漁業）」より作成しました。
　（3）養殖業および総計：2011年の漁獲金額および総計：2011年の漁獲金額
　　　1）ハマチ・カンパチ：ブリ類の金額、マグロ：不詳
　　　2）養殖共済：魚類養殖金額にカキ養殖金額を加算
　　　3）特定養殖共済：海面養殖金額から魚類養殖金額・カキ養殖金額を減算、カキの特定養殖の共済限度額は、カキの養殖共済の共済価額に加えました。
出所：全国漁業共済組合連合会　第49年度「事業報告書」（平成24.4～25.5）、『漁業・養殖業生産統計年報』平成18年および水産庁ホームページ

32

が一定基準をこえた場合、漁業者と国の積立てた資金から補填するコスト対策―漁業経営セーフティネット構築事業―から構成されます。また漁業構造改革総合対策事業に 30（30）億円―NPO 法人 水産業・漁村活性化推進機構―計上され、経営安定対策の 1 割以下にとどまりますが、事業が継続されました。

水産庁のプレスリリース（平成 25 年 4 月 19 日）によれば、2013 年 3 月末において漁業共済加入率が 69％、①の収入安定対策の加入率が 60％、②のコスト対策が同じく、燃油＝ 70％、配合飼料＝ 33％の加入率であると言います。配合飼料は問題を残し他にも再検討の余地がありますが、2011 年から本格的にスタートした経営安定対策の 2 年終了時であることを考えれば[16]、ひとまずすべり出し順調と見なしてよいでしょう。新経営政策の検討に立ちいる前提として、ベースである漁業共済制度の複雑多岐にわたる内容の要点のみを、表 6 を念頭におきながら必要な限り説明しておきます。

それは 1964 年制定された「漁業災害補償法」を根拠法とし、中小漁業に対して保険（共済）により損失を補填する制度です。国は漁業者に支払われる共済金の一部を負担し（保険）、また漁業者の共済掛金に補助します。漁業共済には国の関与する漁獲共済、養殖共済、特定養殖共済、漁業施設共済―養殖施設・漁具が対象―および、共済団体―全国漁業共済組合連合会（漁済連）・沿海都道府県の共済組合（事務所）―が独自に行う地域共済があり、漁業収入に直結する前 3 者が、資源管理・漁業経営安定対策に連動します[17]。

	積 立 ぷ ら す			漁獲金額⑧	共済比率①／⑧
収支差③－⑤	漁業者積立額⑥	払戻額⑦計・国庫分	収支差⑥－⑦		
△123	326	232・145	94	62,872	23.9
49	308	194・117	114	―	―
495	1,013	951・696	62	―	―
459	1,672	1,299・974	373	170,548	41.7
△258	216	674・506	△458	16,303	99.4
778	1,286	2,346・1,746	△1,060	193,485	43.9
227	559	832・600	△273	51,146	38.4
80	215	199・143	△16	56,093	20.8
174	526	367・275	159	158,057	28.4
2,048	6,002	7,466・5,333	△1,464	869,906	38.2
△835	1,930	3,830・2,864	△1,900	54,158	88.9
238	1,101	1,770・1,308	△669	58,457	48.8
173	356	538・397	△182	32,855	31.8
△423	3,338	6,139・4,571	△2,801	145,560	59.9
1,501	9,717	13,838・10,249	△4,121	1,078,339	40.3
211	1,522	1,819・1,363	△297	114,998	131.9
147	1,051	504・377	547	―	―
54	171	0.0	171	49,938	47.6
128	153	0.0	153	―	―
603	2,280	2,420・1,814	△140	213,408	97.3
279	187	0.0	187	30,522	46
862	2,997	2,420・1,1814	577	243,935	91.0
2,289	1,872	2,971・2,227	△1,093	71,566	93.1
284	83	545・408	△462	2,916	114.7
△56	471	843・499	△372	25,794	88.5
△1	55	31.9・23.9	23.1	―	―
2,691	2,663	3,955・2,833	△1,292	145,759	70.5
4,699	15,337	20,214・14,889	△4,873	1,328,900	57.2

第2章　漁業・養殖業の現状と新経営政策の意義

　共済の補償対象期間は1年単位（サンマ棒受網・サケ定置網など1年以内もある）、業種は海面漁業にかぎりますが、以下の通りです。漁獲共済が1号漁業＝採貝・採藻漁業（アワビ・ワカメ・コンブ・テングサ）、2号漁業＝捕鯨業を除く漁船漁業および定置漁業、すなわち採捕漁業全般、養殖共済が魚類養殖業（ハマチ、タイ、ブリ、カンパチ、ヒラメ、クロマグロ、スズキ、マサバ等）および貝類養殖業（カキ、1・2年貝真珠）、特定養殖共済が藻類養殖業（ノリ・モズク、ワカメ、コンブ）、貝類等養殖業（ホタテガイ等、真珠母貝、クルマエビ、ウニ、ホヤ等）、を対象とします。養殖業ではおおむね、特定養殖共済が単年度種目であるのに対し、養殖共済は複数年度にわたる種目を多く含みます。
　このうち漁獲共済・特定養殖共済は収穫高保険方式により、契約期間中の生産金額（数量×価格）が共済限度額に達しない場合、減収分を一定割合で補填します。養殖共済は物損保険方式により、赤潮・病虫害・台風などによる養殖生産物の損害（死亡・流出・逃亡など）割合―損害数量／事故発生直前数量―が15％以上の場合[18]、損害を補填します。
　漁獲共済・特定養殖共済と養殖共済ではシステムがかなり異なりますが、前2者の共済限度額は、契約者ごとに過去5年の漁獲金額（養殖単位当り金額）のうち、最高と最低の年を除いた3年（5中3）平均金額―基準金額―に限度額率＝経費率を乗じて算定し、経費率は漁業種類ごとに定めます。10トン未満の漁船経営の複数業種を一括して対象とする小型合併漁業のほかは、漁業種類がベースです。
　漁業者は共済金額を、共済限度額（補償の上限）の範囲内で任意に設定し、また填補方式を選択します[19]。減収分（共済限度額－実際の漁獲金額）、つまり填補事故額のどれだけを補償するかの比率を契約割合といいます。共済限度額×契約割合＝共済金額です。漁業者に支払われる共済金は、填補事故額×契約割合×填補率を基本として算出されますが、填補率は共済事故により水揚がなかった場合の、不要経費額―箱代・氷代等の変動費―を控除する係数（0.8）です。共済掛金は支払共済金の財源となる純共済掛金と共済機関の管理経費を支弁する付加共済掛金に分かれ、それぞれの掛金は共済金額×共済掛金率により算出し、純共済掛金率は区域・漁業種類・漁船規模・填補方式等により国が詳細に定めます。また純共済掛金に対しては国の掛金補助があります[20]。
　養殖共済の共済価額は共済単価[21]に加入者の養殖数量を乗じ算出し、漁獲共済の共済限度額に対応します。支払共済金は損害数量×共済単価×契約割合

×填補率×経過率×生存率により算出され[22]、共済掛金・掛金補助は漁獲共済と同様です。共済掛金率は水域・養殖種類・期間・填補方式等により定め、補助率は養殖規模に応じて次第に低下し、一定規模—魚類養殖では 25 台（1台＝網イケス 50m^2）—以上では 0 となります。填補方式は煩雑なので省略します[23]。

　これまで収穫高方式による漁獲共済と物損保険方式による養殖共済の、共済としての共通内容・性格に重点をおいて説明してきました。漁業共済は両者をベースとし、収穫高方式の特定養殖共済は品質への配慮から、1988 年ノリのみで始まりました。順次他の種目が加わりますが、填補方式は漁獲共済を、共済掛金・掛金補助は養殖共済をおおむね受けつぎます。またノリを筆頭に漁協共販の種目が多く、特定カキ養殖業は宮城・岩手を中心とし、広島・岡山は養殖共済に属します。漁獲共済と養殖共済の主な相違点は以下のように整理できるでしょう。

　第 1 は価格低落に基づく損失に対応しうる—前者—かどうかが最も大きい相違点です。第 2 に支払共済金の算定方式において、後者では共済単価をいかに定めるかがきわめて重要です。第 3 に加入方式が異なります。後者では加入区[24]において養殖者全員が個別に、養殖業の種類・年級[25]ごとに全養殖量を契約・加入します（全員・全数量加入）。前者は 3 方式のうち、100 トン以上は任意加入のみ、他は義務加入です。もっとも契約方式は、採貝・採藻において漁協が契約者となる集団契約のほかは、漁船漁業の 9 割以上が養殖共済と同様に個別契約です。集団契約としてはプール制を実施する、オホーツクのホタテガイ地まき漁業、由比のサクラエビ漁業といった僅かな事例にとどまります。

4-2. 資源管理・漁業経営安定対策
(1) 　積立ぷらす

　前掲表 6 によれば、漁業共済および積立ぷらすの大要を示しました。漁獲共済の 2012 年度共済限度額が 4,354 億円、それに対応する 2011 年の海面漁業生産額 9,392 億円（捕鯨を除く）の 46.3％に達します。同様に、養殖共済および特定養殖共済の共済限度額・共済価額合計が 3,248 億円、2011 年海面養殖額 3,896 億円の 83.3％に及びます。共済金額は採捕漁業＝ 2,735 億円、養殖業＝ 2,096 億円、契約割合は業種により開きが大きくなっています。トップの採貝・採藻、続く定置漁業が 8 割前後、沿岸漁船漁業の小型合併も 7 割

第2章　漁業・養殖業の現状と新経営政策の意義

をこえます。

　小型合併は主とする漁業種類によって、底曳型・船曳型・特定型・一般型に分かれます。後2者の特定型はまき網・イカまたはブリの釣漁業等を、一般型は前3者以外を、主業とします（後掲表7）。これのみは漁獲共済のなかで、業種ではなく漁家経営を対象にしています。10トン未満の漁船漁業のうち、共済金額の8割以上をしめます。

　沖合部門中下層を主とするサンマ棒受網・底曳網・船曳網も契約割合が6割台に達しますが、100トン以上の沖合部門上層あるいは遠洋部門を多く含むカツオ・マグロ、まき網、イカ釣は3～4割、他と有意差があります。養殖業ではノリ・モズク、ワカメの契約割合が漁船漁業を含め最高位にありますが、ホタテガイは5割台にとどまります。物損方式の魚類養殖業はカンパチを除き6割台、カキは収穫高方式をあわせ4、5割台です。積立ぷらすの加入要件として、採貝・採藻、20トン未満船、小型定置では契約割合が40％以上、同様に20～100トン船、大型・サケ定置が30％以上、100トン以上船が20％以上です。養殖業では両共済ともに30％以上と定めています。

　表6から判明する幾つかの論点を指摘しておきます。

　①純共済掛金は100トン以上の漁船漁業および、大規模経営の養殖業を除き、条件に応じて国庫補助を受けられますが、補助比率はかなり高くなっています。漁獲共済・特定養殖共済では6～8割に達し、より低率の養殖共済でもマグロを除き、5割以上です。

　②純共済掛金と支払共済金の収支差は、ノリ・モズク、底曳網を除き全般に小さく、支払が上廻る業種も幾つかあります。漁業者の自己負担額（純共済掛金－国庫補助額）と支払共済金を比較すると、マグロ養殖業とワカメ養殖業以外はすべて、支払共済金が自己負担額を上廻ります。付加共済掛金が無視できないとはいえ、総じて漁業・養殖業者は共済加入により「利益」をえています。

　③平均掛金率は漁獲共済がコンブを除き3～6％、特定養殖共済はバラツキが大きくなっています。養殖共済は1％前後の低位です。

　漁船漁業のトン数階層別に主要業種の共済限度額と漁業生産金額を対比させ、前者に対する後者の比率＝共済比率を計算し表7を作成しました。もっとも2007年以降は部門別にも業種別にも漁船漁業・定置漁業の金額データが作成されていませんので、2006年金額で代用します。養殖業は2011年の魚種別金額を用いましたが、上述しましたように、2011年金額による海面漁業の共済比率が46.3％、養殖業が83.3％、両者合計の海面漁業・養殖業では57.2％

第 1 部 日本の漁業と地域経済

表 7　漁船漁業のトン数階層別・主要業種別共済比率　(2012 年度)

	共済限度価額①	共済金額②	契約割合②／①	漁獲金額③	共済比率①／③
10 トン未満	79,998	58,365	72.9	317,394	25.2
小型合併計	65,269	46,886	71.8	—	—
特定型	9,029	5,855	64.8	—	—
船曳型	7,783	5,658	72.7	—	—
底曳型	13,682	10,339	75.5	—	—
底曳網	5,159	4,052	78.5	16,080	117.1
船曳網	670	412	61.5	36,032	23.4
まき網	419	348	83.0	6,052	6.9
サンマ棒受網	156	62.6	40.0	1,587	9.8
ホタテ貝桁網	4,226	3,471	82.1	61,782	5.6
刺　網	2,669	1,880	70.4	58,278	4.5
イカ釣	53	38.3	72.3	18,268	0.29
10～20 トン	105,268	70,098	66.5	186,211	56.3
ホタテ貝桁網	27,764	21,555	77.6	40,159	69.1
底曳網	12,980	9,369	72.1	17,912	72.4
船曳網	13,654	9,135	66.9	1,993＊	(53.6)
イカ釣	7,307	3,697	50.6	14,280	51.2
刺　網	989	671	67.9	9,264	10.6
まき網	14,642	10,023	68.4	43,685	33.5
サンマ棒受網	4,163	3,229	77.5	4,575	90.9
カツオ・マグロ等	15,036	6,488	43.1	26,545	56.6
20～100 トン	47,144	31,574	66.9	84,265	55.9
まき網	21,149	12,774	60.4	25,638	82.4
底曳網	13,274	11,489	86.5	33,537	39.5
船曳網	5,358	2,627	49.0	—	—
カツオ・マグロ等	2,234	876	39.2	4,507	49.5
イカ釣	310	99.3	31.9	8,583	0.36
サンマ棒受網	2,004	1,860	93.1	1,369	136.3
刺　網	40.1	27.6	68.9	13,250	0.3
100 トン以上	100,681	29,974	29.7	282,036	35.6
まき網	34,943	9,595	27.4	48,449	72.1
底曳網	21,680	5,512	25.4	23,761	91.2
カツオ・マグロ等	27,854	6,424	23.0	113,110	24.6
サンマ棒受網	9,885	5,955	60.2	8,474	116.1
イカ釣	4,009	1,388	34.6	22,010	18.2
刺　網	386	77.8	20.6	1,044	0.36
漁船漁業合計	333,092	190,012	57.0	869,906	38.2

注 (1) 漁獲金額：表 6 と同様ですが、船曳網の漁獲金額が、原表では 5 トン未満・5～10 トン・10～20 トンに記入され、x（秘密保持のため数値を未公表）がありますが、総額＝51,151 百万円は判明しています。ここでは船曳網の全階層にわたる共済限度額を合計し（10 トン未満では小型合併の船曳型を含めます）、共済比率を 10～20 トンの欄にカッコ書きしました。
　(2) 10 トン未満の底曳網・船曳網：小型合併の当該型と共済限度額を合計し、共済比率を計算しました。
出所：表 6 と同。

となっています。水産庁の共済加入率69％とは開きがあります。共済金額の上限である共済限度額が生産金額にしめる度合＝共済比率は、漁業共済が現実の漁業生産にいかに浸透しているか、またどこまで効果をもつか、を表現する指標と考えられます[26]。表6の最右欄」を参照しながら検討します。

さて共済比率は10トン未満の2割台半ばを最低とし、10〜20トン・20〜100トンが5割台半ば、100トン以上の大規模経営が3割台半ばです。養殖業は後述しますが、10トン未満の漁船漁業および採貝・採藻の共済比率が格段に低くなっています。落差が大きい定置漁業のなかでも、小型定置は3割強にとどまります。

企業経営の漁船漁業―沖合部門―に比べ、総じて沿岸部門の採捕漁業における漁家の共済比率が低く有意差があります。遠洋部門を主とする100トン以上のカツオ・マグロとほぼ変わりません。また業種による格差が甚だしく、同じ業種であっても、トン数階層による格差―例えば底曳網・イカ釣―も大きくなっています。

個別業種には第2・第3節のセンサス分析と関連させて立ちいった検討を加えますが、積立ぷらすは漁業共済の対象となるすべての沿岸・沖合・遠洋部門の漁業種類の、いわば「二階」に組みたてられています。漁獲共済・特定養殖共済の場合、基準金額から減収が生じた場合、その減収（中間値と共済限度額の差額が上限）について、払戻原資の範囲内で補填をうけることができます。共済限度額以下の減収については、「一階」の漁業共済により補填されます。一般には、漁業共済により基準金額の80％まで、積立ぷらすの上乗せにより90％まで、減収が補填されると説明されています。しかし、業種により経費率が異なるので、例えば底曳網、カツオ・マグロ、サンマ棒受網漁業の経費率は90％なので、中間値＝95％まで補填されることもあります。

原資は漁業者1対国3の比率で積立てますが、漁業者が積立額を選択でき―共済限度額に連動して最高額が毎年決まる―、共済掛金は掛け捨てでありますが、漁業者積立金の残高は繰越しまたは取崩すことができます。また積立ぷらすに加入すれば、漁業共済の純共済掛金から国庫補助を除いた、漁業者自己負担金の半分相当がさらに補助されます。

養殖共済は収穫高保険方式ではないので、物損保険に積立ぷらすとして、価格変動による減収を補填する仕組を接木しました。すなわち標準出荷価格・標準目回りは年度初めに、当年出荷価格は年度末に水産庁が地域ごと魚種ごとに公表します。当年出荷価格の落ちこみを養殖業者の出荷重量に応じて補填しま

す。2012年度の3年魚ハマチ・鹿児島県の場合を例示すると、標準出荷価格＝kg・735円、標準目回りは全国一律で7,500g、当年出荷価格が566円でした。

漁業者積立額と払戻額を比較すると、漁船漁業の3業種、定置漁業のすべて、養殖業ではハマチ、ノリ・モズク、ワカメ、カキにおいて、払戻額が積立額を上廻ります。積立ぷらすは基準金額＝漁業収入の水準そのものに関与するわけではなく、あくまでもその変動―減収―をカバーする収入安定対策にとどまりますが、積立額は共済金額の1〜5％、共済掛金も手厚く補助され、豊凶常ない採捕漁業、価格変動の激しい養殖業に対して、経営安定対策として大きく踏みこんだと評価できます[27]。

(2) コスト対策

漁業用A重油価格が2008年8月をピークに124円／ℓに高騰し[28]、翌年にかけ低落したものの、再び上昇基調に転じ、2013年4月には円安の影響をうけ100円／ℓに迫りました[29]（水産庁(2012)、図Ⅲ－2－12）。養殖用配合飼料の主原料である魚粉も、中国を筆頭とする世界的な需要増加により、価格高位が続いています。2010年度から漁業経営セーフティネット構築事業として実施されたコスト対策においては、漁業者・養殖業者と国が1対1で資金を積立て、原油価格および配合飼料では魚粉・魚油の輸入原料価格が、一定基準をこえて上昇した場合、積立金から補填金を支払います。従来の漁業共済事業をベースに、「二階」部分に積立ぷらすとして追加・補強された収入安定対策に加えて、漁業・養殖業経営に影響の大きい、燃油・配合飼料の価格高騰に補助を与えるコスト対策を組みあわせ、総合的経営安定対策が打ち出されました。

基準価格は直前7年間の原油価格のうち、高値1年間と安値1年間を除いた5年間（7中5）の平均価格をとり、4半期ごとに算定します。それを実際の原油価格が上廻った場合、積立金を原資として補填金を交付します。燃油価格が連動する原油価格をベースとし、2012年度第4四半期から7中5の平均価格の100％が填補基準価格となりました[30]。積立金の範囲内で、基準価格と実際の平均原油価格の差＝補填単価に、予め契約した購入数量を乗じた補填金額が支払われます。

配合飼料価格はやや面倒です。①2013年4〜6月期までと、②7〜9月期以降では方式が異なります。①では魚粉・魚油の平均輸入原料価格が、直前の7中5の輸入原料価格をこえた場合に補填されますが、輸入原料価格と国内の配合飼料価格（7中5）の値上がり額を比較して、いずれか低い額が補填

第2章　漁業・養殖業の現状と新経営政策の意義

価格となります。輸入原料価格は、魚粉の輸入価格×配合飼料生産にしめる魚粉使用割合に、魚油の輸入価格×同じく魚油使用割合を加算し算出します。②では配合飼料価格に一本化されました。

　細目は煩雑なので立ちいることは省略し、燃油および配合飼料の2012年度末における主要な漁連の購入予定量を掲げました（表8-a・b）。件数はおおむね経営体数を示しています。前述しましたが、燃油の加入者購入予定量＝118.5ℓは、全国の推定燃油使用総量（年間）170万kℓの約70％に相当します。燃油においてカツオ・マグロ、まき網、底曳網、その他の4者合計で501百万kℓ、合計の42.3％に達します。これらはすべて後述するように業界団体を通じて契約します。県では近海カツオ・マグロ漁業を含む宮崎の平均量が大きく、それ以外は沿岸漁船漁業が中心であると思われます。佐賀、福岡はノリ養殖業の油費率が高いからです。兵庫にも影響しているでしょう。収穫高方式の漁獲共済・特定養殖共済において、また養殖共済をあわせても、ノリ・モズクの共済金額はトップにあり、共済比率も9割をこえています。

　配合飼料事業に関与するのは給餌養殖業、実際には魚類養殖業のみでしょう。ハマチの共済金額は、物損方式ですが、ノリ・底曳網につぎ第3位、カンパチを含むブリ類の共済比率も7割をこえ、魚類養殖業全体では10割近くに及びます。しかし加入者の配合飼料購入予定合計量157万トンは、全国使用推

表8－a　コスト対策－燃油－

申込先団体	件数①	数量②	②／①
北　海　道	2,153	105,008	48.77
宮　　　崎	507	64,002	126.2
長　　　崎	1,473	53,903	36.59
兵　　　庫	1,304	45,551	34.93
佐　　　賀	788	24,832	31.51
福　　　岡	618	21,354	34.55
島　　　根	550	33,755	61.37
カツオ・マグロ漁業	121	209,990	1.735
ま き 網 漁 業	23	160,430	6.975
底 曳 網 漁 業	117	91,131	778.8
そ の 他 の 漁 業	78	40,159	514.8
合　　計	11,908	1,185,293	61.37

注 (1) 2013年3月末の漁業用燃油購入予定数量（kl）
　 (2) 申込先：県の範囲内の団体の受付分を当該都道府県に、県の範囲を超えた団体の受付分をカツオ・マグロ漁業以下の4種に分類しました。
　 (3) 主要な申込先を掲げました。
出所：漁業経営安定推進協会。

定量の33％に過ぎません。実際、魚類養殖県のうち、香川・大分・宮崎はまあまあとしても、鹿児島・三重はごく僅かにとどまります。徳島はともかくとして、高知は配合飼料の投餌量があまりに少量です。

　コスト対策による補填単価・数量・金額の結果を示しました（表9）。燃油は原油価格の上昇に伴い、2010年度以来8四半期にわたり補填価格が発動され、補填金が支払われました。それに応じて申込量も2010年＝47.8万kℓ、2011年＝97.9万kℓ、2012年＝118万kℓと増加しています。補填基準も次第に緩められました。

　漁業経営安定協会のデータにより2012・Ⅲ期の補填金支払額1,168百万円―以下、百万円を省略します。うち加入者積立取崩額584―の内訳を紹介しますと、業種別の13団体による合計額が849・72.7％をしめ、そのうち遠洋カツオ・マグロ（日かつ連など）＝680、海外まき網＝39.0、大中型まき網（北部太平洋まき網・山陰まき網・遠洋まき網）＝45.3、全国底曳網漁業連合会＝41.5となります。このほか、県漁連・一県一漁協・地区漁協、内水面漁連（三重）が支払を受け、北海道＝46.6、長崎＝26.0、宮崎＝24.7、兵庫＝19.4、JFしまね＝18.3がビッグ5です。

　一方配合飼料は、2010年に魚粉の輸入価格が急上昇し、7月のピーク（153,108円／トン）後低落したものの、その後の価格水準は2008・2009年

表8－b　コスト対策－配合飼料－

申込先団体	件数	数量①	投餌量②	%(①/②)
愛　　　媛	79	52,392	288,848	22.8
宮　　　崎	33	40,207	17,150	42.6
大　　　分	5	19,830	41,189	48.1
香　　　川	39	9,130	15,336	59.5
徳　　　島	6	9,053	8,128	1,113
長　　　崎	12	2,018	6,833	29.5
三　　　重	10	1,233	16,878	7.3
鹿　児　島	2	994	53,427	1.8
静　　　岡	7	785	1,901	41.2
高　　　知	2	700	696	100.5
そ　の　他	60	12,500	―	―
合　　計	279	157,583	432,673	36.4

注(1) 2013年3月末の養殖用配合飼料購入予定量（トン）
　(2) 申込先：その他は県の範囲をこえた団体の受付分です。それ以外は燃油と同じです。
　(3) 投餌量（トン）：2010年の配合飼料投餌量
　(4) 主要な申込先：県（投餌量）を掲げました。
出所：農林水産省『漁業・養殖業生産統計年報』平成22年、漁業推進安定協会。

第 2 章　漁業・養殖業の現状と新経営政策の意義

表 9　補填金の支払－漁業用燃油－

	平均原油価格 (kl・円)	7 中 5 平均原油価格	補填基準価格 (kl・円)	補填単価 (kl・円)	購入数量 (kl)	補填金額 (億円)
2010 年度・Ⅳ	52,083	41,495	47,719	4,360	111,775	4.48
2011 年度・計	—	—	—	—	620,239	26.52
Ⅰ (1.15)	57,053	42,929	49,369	7,680	200,589	15.27
Ⅱ (1.15)	52,550	43,294	49,788	2,760	220,016	5.98
Ⅳ (1.15)	58,186	48,263	55,508	2,670	199,634	5.27
2012 年度・計	—	—	—	—	758,378	13.75
Ⅰ (1.15)	53,716.60	46,516.80	53,494.30	220	193,241	0.42
Ⅱ (1.10)	52,616.60	47,249.50	51,974.40	640	267,537	1.65
Ⅲ (1.05)	54,866.60	47,891.00	50,285.50	4,580	257,108	11.68
Ⅳ (1.00)	62,883.30	48,635.30	48,635.30	14,240	229,728	29.83

注 (1) Ⅰ・4-6 月、Ⅱ・7-9 月、Ⅲ・10-12 月、Ⅳ・1-3 月
　 (2) 補填基準価格：2012 年度・Ⅰ以降→ 7 中 5 平均原油価格 × 各期の比率 (カッコ内)
　　　 2011 年度・Ⅳまで→直前 2 年間の平均重油価格 × 1.15
　 (3) 補填単価：平均原油価格－補填基準価格
　 (4) 補填金額：補填単価 × 購入数量
出所　表 8-a に同じ

よりほぼ上位にあり、2012 年後半より 2013 年にかけて再び上昇し 10 年のピークをこえていますが（水産庁 (2012)、図Ⅲ－ 2 － 13）、①＝ 2013 年 4 月～ 6 月期までに補填価格が発動されたのは、ピーク時を含む 2010 年 7 月～ 9 月期及び 2013 年 4 月～ 6 月期のみです。二元的な補填価格ならびに価格水準に問題があり[31]、申込量は 2010 年度末＝ 9 万トン、2011 年度末＝ 11.3 万トン、2012 年度末＝ 15.7 万トンと低位のままでした。しかし、②＝ 2013 年 7 月～ 9 月期以降は補填価格が上昇し、申込量も 2013 年度末には 34.3 万トンに達しています。

4-3．新経営政策の意義
(1)　漁家
　経営安定対策は経営者にして生産者である漁家にとって、それが経営規模の拡大や漁業種類の増加を目標としない、後継者のいない高齢漁家であるならばなおさら、生業経営として重要です。沿岸部門の過半をしめる 300 万円未満階層の中心が年金補充的高齢者であり、300 ～ 500 万円も概して同様でしょう。漁船トン数としては船外機等を含む 3 トン未満、漁業種類としては採貝・採藻が代表します。表 6 で省略した引受員数 13,134 をそのまま経営体数 19,842（2008 年センサス、以下同じ）と対照させれば、66.4％が漁獲共済に加入していることになります。しかし漁獲金額と共済限度額を対比させた

共済比率は 23.9％にとどまり、これは漁業収入の一部しか付保されていないことを物語ります。

他方、沿岸部門における漁家経営の産業的基盤となりうる、1,000万円以上階層は 3〜5 トン・5〜10 トンの、小型底曳・刺網・その他の釣り・沿岸イカ釣・その他の漁業が主勢力であることを既述しました。父子 2 世帯の伝統的継承関係にたつ自営漁家の多くはここに属します。金額階層 300 万円未満が引退間近の副業的高齢漁家を主とし、1,000 万円以上が、多くが後継者を確保した 40 歳代後半から 50 歳代の、沿岸部門における生産力的担い手であるとすれば、300〜500 万円はおおむね前者に準じ、500〜1,000 万円は、年齢的にも経営的にも両者の中間に位置します。

さて 10 トン未満の漁船漁業において、沿岸部門の延長と見なされる 10〜20 トンも含め、共済比率の高い業種が底曳網です。小型合併における主業としての底曳型に、業種としての底曳網のみを加えると 100％をこえます。小型底曳の一種であるホタテ貝桁網は 10 トン未満と 10〜20 トンの落差が大きく、イカ釣も含め前者が後者に混入しているのかもしれません。
小型底曳の経営体数合計 8,422 のうち、3〜10 トン＝ 7,516、10〜20 トン＝ 768、20 トン以上＝ 818、300 万円未満＝ 906、1,000 万円以上＝ 2,053、沿岸部門の生産基盤となる経営体は、小型底曳でも全体の 1／4 に達しません。共済比率が非常に高く、経費率が 90％なので積立ぷらすにより基準金額の最大限 95％まで補填されます。沖合底曳を含みますが、底曳網漁業の払戻額は積立額を上廻ります。油費率が大きく、コスト対策にも有効でしょう。総じて小型底曳は経営安定政策に適合的業種であると見なされます。

刺網（16,229）は 3〜10 トン＝ 6,344、20 トン以上＝ 577、300 万円未満＝ 9,851、1,000 万円以上＝ 1,546、採貝・採藻（300 万円未満＝ 9,851）と小型底曳（3〜10 トン）の内容をあわせもちますが、共済比率は 10〜20 トンでも 1 割そこそこ、採貝・採藻よりずっと低くなっています。スケトウ刺網の経費率は 80％ですが、一般の刺網は 70％、また油費率が小さくコスト対策はあまり機能していません。漁業所得が比較的高い刺網は、経営安定政策と必ずしもマッチしません。

沿岸イカ釣 4,440 経営体のうち、3〜10 トン＝ 2,943、10〜20 トン＝ 567、300 万円未満＝ 1,818、1,000 万円以上＝ 1,034、主力が 3 トン以上であることは小型底曳と共通しますが、300 万円未満の経営体数が 1,000 万円以上を上廻ります。共済比率は 10〜20 トンが 5 割以上ですが、10 トン未満

第2章 漁業・養殖業の現状と新経営政策の意義

では1％以下、両者を一括しても22.4％、採貝・採藻よりもやや低くなっています。経費率が85％、油費率はむしろ小型底曳より大きく、コスト対策として期待できます。イカ釣りには低い漁業所得が作用しているかもしれませんが、業種による共済比率の格差の要因を追求する必要があるでしょう。

その他の釣・その他の漁業は、300万円未満（前者＝18,161のうち14,009、後者9,004のうち5,724）が圧倒的であり、1,000万円以上は前者＝639、後者＝713にとどまります。イカ釣は小型合併の特定型、刺網・その他の釣・その他の漁業は、同じく一般型に含まれていますが、それらをあわせても共済比率は10トン未満の漁船漁業合計より低位と見てよいでしょう。コスト対策においてはその他の釣の油費率が小型底曳なみですが、その他の漁業は刺網と同様に小さくなっています。

養殖業の共済比率ではノリ・ホタテガイが90％前後、ワカメが100％を突破しますが、他種目をあわせた特定養殖共済全体では70％台となります。物損方式のブリ類（ハマチ・カンパチ）が100％をこえる反面、タイは50％以下です。

小型底曳を例外として、採捕漁業における漁家の共済比率は低くなっています。収入水準の高い養殖業ならびに、沿岸部門の延長と見なされる10〜20トンを考えあわせる必要がありますが、経営安定対策は漁家、とりわけ採捕漁家には充分浸透しているとはいえないようです。

(2) 企業

漁船企業の共済比率が沿岸漁船漁家よりも上位にあることは既述しました。新経営政策が漁船企業にどう関与しているか、業種ごとに検討してみましょう。積立ぷらすとコスト対策の大要が判明する3者から説明します。

底曳網の共済比率は、20〜100トンで4割弱に低下しますが、100トン以上では9割をこえ、10〜20トンでも高くなっています。小型底曳の経営体数のピークは3〜5トンであり、30トン以上では10経営体をわり、そこから沖合底曳が増加し、1,000トン以上にまで及びます（表1・4）。遠洋底曳の台頭する20〜100トンで共済比率が低下する事情はわかりませんが、積立ぷらすでは払戻額が積立額をこえます。沖合底曳の油費率はトン数規模に応じて大きくなり、コスト対策＝燃油でも大口加入者です。

まき網の共済比率は、10〜20トンの3割台から、20〜100トン・100トン以上の7割台に高まります。中小まき網は沿岸部門から出発しますが、沖合中上層を代表し、最上層には大中型まき網が控えています。油費率が着実

に増加し、カツオ・マグロ漁業につぐコスト対策の大口加入者です。カツオ・マグロはまき網とは逆に、10～20トンの共済比率5割半ばから、トン数拡大に応じ2割半ばに低下します。カツオ・マグロ・イカはともに、沿岸・近海・遠洋にまたがる有力業種であるが、油費率が最大クラスであり、カツオ・マグロはコスト対策の最大加入者です。イカ釣の共済比率はトン数階層による振幅があまりにも激しく、総じて高いとはいえません。

　以上3者が沖合部門の中上層、あるいは遠洋部門にまでまたがるのに対し、沿岸上層から出発する船曳網は沖合下層の中核であり、100～200トンまで展開します。2006年金額とはズレがあり、注記のように扱いましたが、全体を集約した共済比率は5割をこえます。積立ぷらすの払戻額が積立額をこえるが、油費率は大きくありません。サンマ棒受網は20～100トン、100トン以上の両者において共済比率が100％をこえ、積立ぷらすの払戻額が積立額の2倍近くになっています。

　沿岸部門を代表する小型合併と採貝・採藻、遠洋部門の主体であるカツオ・マグロの両端、ならびにまき網と養殖4種目では積立額が払戻額を上廻り、次年度以降に運用します。上記以外の業種においては積立額をこえる払戻額をうけ、積立ぷらすがとくに沖合部門に寄与していることが理解できるでしょう。全般に業種・トン数階層によるバラツキが目立ちますが、沖合部門の中下層の共済比率が5割をこえ、100トン以上の共済比率も案外高くなっています。沖合部門上層あるいは遠洋部門の進出には、コスト対策＝燃油の役割が大きいといえます。後述するように、経営安定対策が収益性向上に連結するわけではありませんが、下支え効果としての意義はやはり評価できるでしょう。

(3)　小括

　積立ぷらすとコスト対策からなる経営安定対策において、漁船トン数階層により、また漁業種類によって共済比率が甚だしく異なります。小型底曳を除く10トン未満の漁船漁業では、より広く、総じて採捕漁業の漁家では共済比率が低くなっています。漁船企業でもサンマ棒受網とイカ釣が両極にあり、大型定置とサケ定置が対照的です。共済比率の低い業種では漁業共済、従って積立ぷらすの意義が乏しくなります。

　コスト対策においては、燃油では当然ながら、業種による油費率の大小が政策効果に直結します。魚類＝給餌養殖業の飼料比率の高さは論ずるまでもありませんが、むしろここで重要なのは、漁船漁業では油費が最大の支出経費ですが、定置漁業、貝類・草類＝無給餌養殖業においてコスト対策をどう考えるか

でしょう。例えば定置、ホタテガイ・カキ養殖業は労務費が最大経費であり、油費率が大きく、コスト対策に加わっているノリ養殖では、全自動乾燥機に基づく減価償却費が最大です。

新経営政策としての経営安定対策が、文字通り「安定対策」―収入変動の緩和―にとどまり、制度設計として、収入の減少そのものに対する改善契機・機能を内包しないことは確かです[32]。言いかえれば沿岸部門の5割以上が300万円未満、7割近くが500万円未満という漁家収入の底あげを、経営安定対策によって果たすことはできません。またほとんどの業種が赤字である採捕漁業・養殖業の企業経営を、収益性上昇に導くこともできません。企業経営が主導する「もうかる漁業」に注目する所以です。

5. 結語

経営安定対策が個別経営全般を背後から支援する下支え機能として意義づけられるとすれば、漁業構造改革総合対策事業は、特定経営に産業発展に最も重要な投資行動を呼び起こす、媒介的能動的役割が期待されています。「構造不況業種」である漁業・養殖業は、現状を維持・確保しながら、同時に可能ならば先行投資により、新しい局面を切り開かなければなりません。

構造改革事業は2007年に始まりますが、改革型漁船による収益性改善―「もうかる漁業」―、および漁船リニューアルや新操業方法によるマイルドな収益性回復―「がんばる漁業」―の2タイプがあります。それは実施主体である漁協と漁業者が用船契約を結び、漁船の代船建造もしくは漁船改造を軸に収益性向上をはかり、必要な経費（用船料・人件費・燃油代・資材費等）を国が補助します[33]。

200海里体制移行後の縮小再編期において、水産基本法成立後もしばらくは、許認可行政と一体化した制度金融―「財政の金融化」―の下で、投資資金が誘導・動員され、中小資本漁業の転換・減船が推進されました。しかし1998年の「早期是正措置」以降、「護送船団方式」に基づく水産金融体制は事実上不可能となり（小野 (2007)、p.184、pp.197-204（初出は小野 (2005))、バブル崩壊後の長期的魚価低迷→経営不振により、漁船投資が底をついています。構造改革事業は財政資金をテコに水産業投資を誘発し、水産金融を機能させることを企図しています。

2012年度末までに75件の事業実施計画が策定されていますが（水産庁 (2013)、p.124)、焦点がほぼ漁船にしぼられる漁業に対して、養殖業は―お

そらく定置漁業も―いかにして収益性重視の生産・流通体制を築くか、どこに焦点を定めるのかが容易ではありません。養殖業は 3 件、うち 2 件が魚類養殖業の最大生産地である鹿児島県における、2013 年を起点とするブリ養殖業およびカンパチ養殖業の―ブリ類養殖業ではありません―プロジェクトです。それは資源管理―漁場改善計画に基づく適正養殖可能数量の遵守―を加入要件とする経営安定対策と「もうかる漁業」を結びつけ、生産量減少、つまり生産調整を実現することを企図します。画期的試みとして評価できるでしょうが[34]、なお着手したばかりであり以上の指摘にとどめ、それよりも中心である漁船漁業の成果の一端に触れます。

2013 年 1 月 1 日現在 16 件のプロジェクトが終了していますが[35]、大中型まき網漁業―八戸・大津・石巻・波崎・小名浜・遠施組合―の単船操業あるいは「ミニ船団化」、沖合底曳―室蘭・賀露・銚子・浜坂―における省エネ化・小型化・省コスト化・操業共同化、ベニズワイガニ漁業―香住・境港―における省エネ・省コスト・活魚艙導入、が改革型として、他に 5 件がマイルドな取組として実証事業を終えました。また遠洋マグロ延縄漁業における冷凍マグロの品質向上＝高付加価値化が実施中です[36]。漁船漁業の共済限度額において、また燃油のコスト対策において前記業種が有数の地位にあることはくり返しません。それは大・中規模の漁船企業経営が主導し、前述の魚類養殖業においてむしろ漁家に重点があるのは例外と言ってよいでしょうが、漁船投資＝代船建造を軸に進捗しているのです。

業種・階層をほとんど問わず、漁業・養殖企業の利益率が赤字に陥り、漁家所得も低調であることはすでに確認しました。マグロ養殖業あるいは海外まき網漁業といった例外的業種を除き、新規投資―代船建造―が進まない現状において、前身を含めるとすでに 10 年近くを経過する（中前 (2013), p.47）[37]「もうかる漁業」の意義を、とりわけそれが、モデルケースとして当該地域にどのように伝播・波及したかを分析する必要があります。財政支援型施策であれば対象が限定され、「意欲と能力がある経営体」が選択されます。漁獲から最終消費も含む広範な地域計画に依拠する構造改革事業は、関連産業を含む地域拠点の形成を担っているのです[38]。

漁村コミュニティの機能を維持・確保するためには、中小資本経営が核となると同時に、それ以上に、あまりにも高齢化し低収入・低所得化した沿岸部門において、大多数をしめる漁家経営をテコ入れし、底あげをはかることが欠かせません。

第2章　漁業・養殖業の現状と新経営政策の意義

　「言うは易く、行うは難い」難題ですが、以前に提唱したことのあるトータル産業としての水産業—フィッシュ・ビジネス—を再説し締めくくりにかえます[39]。それは沿岸漁家のみならず、漁船企業にも新たなマーケットを提供し寄与できるでしょう。

　冒頭で述べたように川上=漁業・養殖業生産はなお縮小傾向にありますが、その地位後退を中間需要が補い、流通・加工・外食=川中・川下のフィッシュ・ビジネスは拡大基調にあります。フードシステムとして川上から川下にいたる、垂直的統合・拡充をはからなければなりません。そればかりか、釣り、体験漁業、観光漁業、漁家民宿、マリンスポーツ、クルーズ等の、海洋レクリエーションを主とする多様なサービス産業を水平的に組み込むのです。水産資源を前提としながら、それのみならず、より広く「海」を親水アメニティとして把握し、資源利用から親水ニーズに至る水産業の多面的な展開を試みるのです。

　水産基本法は狭義の水産政策をこえた政策設定を準備しており、広く「海の資源」を対象とし、食料生産=本来的機能を主軸とし、多面的機能—海レク・海洋レジャー—を副軸とするトータル産業として水産業を構想したいと思います[40]。水産業を狭義の漁業に跼蹐することなく、産業領域・活動範囲を拡げ、そこに収益機会を求めていくことを考える必要があるのです[41]。

注
(1) 個人経営体・会社・共同経営に留意します。3者以外は、海面漁業経営体数合計115,196 のうち、漁業協同組合 206、漁業生産組合 105、その他 41 です。
(2) 沿岸漁業・沖合漁業・遠洋漁業・海面養殖業という区分ではなく、沿岸漁 船漁業・定置漁業・海面養殖業をあわせ沿岸部門とし、10 トン以上の漁船漁業を沖合部門、遠洋部門に区分します。内水面 漁 業・養殖業は省略します。
(3) 小野 (2013a) のとくに第 2 章を参照ください。
(4) 濱田 (2011b)、p.46 は、漁船漁業の危機=代船問題であると強調しています。
(5) 「報告書」は個人経営体の漁業生産費を明らかにすることが目的です。従って会社経営体が中心である遠洋マグロ延縄・遠洋イカ釣等は対象外です。また兼営業種を含む「主とする漁業種類」の経営数値ではなく、個別の漁業種類・養殖種目のみの、計数 が掲げられています。
(6) 注記したように、表 2 および表 3 では、見積家族労賃が漁業支出に含まれません。油費率はそれに対する比率なので過大に現れます。
(7) 漁家と企業を区別する指標は、経営にしめる雇用労働力の比重です。2003 年センサ

ス―2008年センサスでは廃止―の「最盛期の海上作業従事者構成別経営体数」において、「雇用者が家族より多い」経営体を企業と見なし記述します。
(8) 全般に小野(2013a)の第1〜3章に依拠します。
(9) 小野(2013b)において、ブリ類・マダイ養殖業の2005〜2011年における企業・漁家の経営分析を試みました。2009・2010年のブリ類養殖業の漁家では、養殖所得に見積家族労賃を加えれば黒字に転じますが、同様にマダイでは、むしろ成績が悪化しています（表6）。
　また企業経営では、ブリ養殖業は2008年が最低位、2009年は赤字ですがややもち直し、2010・2012年は僅かですがプラスの利益率に転じます。マダイは2009・2010年にも些少の赤字を続け、2011年に黒字になります（表1）。
(10) 婁(2013)、pp.32-36から示唆をうけました。
(11) 船曳網の共同経営は合計539経営体（うち10〜20トン＝156、20〜30トン＝149、30〜50トン＝109）にのぼり、個別業種では小型定置を上廻り第1位です。共同経営体の船曳網の売上利益率・油費率を示しておきますと、表5と同様に(出所も同じ)、10〜20トン＝21.7・17.8、20〜30トン＝3.0・27.3、30トン以上＝21.1・22.7となります。3階層ともに黒字であるうえに、10〜20トン・30トン以上は、会社経営体の20〜50トンをはるかに上廻ります。また他業種に例をみない高利益率を記録します。油費率が会社経営体より大きく、他業種と比べても高位に属します。
(12) (9)と同じです。
(13) 濱田(2011b)のとくに図2・3参照してください。
(14) 小野(2013a)の第1〜3章、小野(2013b)を参照してください。
(15) 主な内訳を示せば、漁業共済による減収額補填の補助＝314（245）億円―漁済連―、漁業共済の加入者に対する掛金補助＝98（88）億円、燃油・配合飼料の価格高騰による補填金の補助＝18（35）億円―漁業経営安定化推進協会―の3項目であり、前2者が収入安定対策、後者がコスト対策です。
(16) 2008年に予算額52億円で着手された、現制度の起点となる資源管理・漁業所得補償対策は、漁業共済への加入・資源管理という現行要件に加えて、漁特法に由来する経営改善・他産業なみの所得水準・漁業が主業・年齢65歳未満、の加入要件をすべて満たさなければなりませんでした。対象者がきわめて限られることは明白です。
　加入要件の改善のみならず、当初想定された50億円の5年分250億円を、1年ではるかに凌駕する予算額からみても、2011年は画期的政策転換であったといえます。長尾(2009)が起点において、森(2011)が、大転換をとげ新経営政策がまさにすべ

第 2 章　漁業・養殖業の現状と新経営政策の意義

り出そうとする時点において、経営安定対策を論じています。

なお漁業共済および収入安定対策の加入率は岩手・宮城・福島県を含②②②まず、加入者の漁業生産額／全国の漁業生産金額、を基に計算されています。燃油・配合飼料は 後述します。

(17) 以下とくに断りませんが、全国漁業共済組合連合会「ぎょさい制度の手引き」（2012年）、水産庁漁業保険管理官「漁業災害補償制度の概要」（2012）に依拠し、主に漁獲共済を ベースに説明します。協力・示唆をえた漁済連の古寺健二・野村高樹氏に感謝します。

(18) クロマグロ養殖業のみ、損害割合が 10％以上であれば補填する特約があります。純共済掛金が 10％割増となります。

(19) 填補方式には減収の 100％を填補の対象とする①全事故比例填補方式、共済限度額に約定割合（30・20・10％）を乗じた金額を上限とする②約定限度内填補方式、減収が共済限度額の 30％をこえる時に、共済限度額の 20％を上限とする③支払上限付低事故不填補方式、④その他の方式があります。共済金、共済掛金、共済事故該当の当否が、填補方式により定まり、契約者が選択できます。100トン未満の採捕漁業では掛金率の低い②を、100トン以上は積立ぷらすに重点をおき③を主に選択します。ノリは①・②がほぼ半分ずつです。

(20) 前掲水産庁「漁業災害補償制度の概要」の参考 8・9（pp.36-42、p.52）を参照してください。また付加共済掛金率は共済組合ごとに決まっていますが、共済金の 0.75％が 大まかな目安です。掛金補助率はトン数階層・加入方式により異なります。大多数 をしめる義務加入の 10トン未満の漁船漁業および小型定置が補助率 60％、トン数が増加するにつれ低下し 100トン以上は 0 となります。

(21) 1 尾・1 貝（真珠）・1 付着器（カキ）あたりの、養殖終了時までの標準的経費を基準として定めています。「漁業災害補償制度の概要」の 2003 年版と 2012 年版により両年の共済価格を比較すると、両者に共通する 22 種のうち、9 年経過しているにもかかわらず、2 年魚ヒラマサ・3 年魚ヒラマサを例外として、20 種はすべて同一価格です。

(22) 填補率は一律 80％と定めています。経過率は経費投下率をさし、損害発生時までに要した経費額の、共済終了時までに通常要する経費額の割合です。生残率も同様に、損害発生時の生残数量の、共済終了時の通常の生残数量の割合（自然減耗控除率）をいいます。

(23) 填補方式には病害等の事故原因にかかわらない通常填補方式、台風等の自然災害に限定する全病害不填補方式、特定の疾病—イリドウイルス症・白点病・ビブリオ

病等—を対象とする特定病害填補方式などがあります（前掲「漁業災害補償制度の概要」、pp.43-47、p.152）。

(24) 知事が漁業権・漁業地区・漁業種類等を基準に定めた、一定の水域・区域・区分を加入区といいます。漁協合併が近年進みましたが、旧漁協と考えてよいでしょう。加入区の関係漁業者の2／3以上が同意した場合は、すべての関係者が**加入申込をしなければなりません**（義務加入）。関係者の1／2以上が加入した場合が連合加入です。任意加入—漁業者1人でも可能—は両者以外をいいます。

(25) 1年魚ハマチ・2年魚ハマチ・3年魚ハマチのように1年単位で養殖共済に加入すします。

(26) 前掲「漁業災害補償制度の概要」(2012)は、2010年度における漁業共済の推定加入率を掲げていますが(p.83)、全共済限度額・全共済価額にしめる漁業共済の契約実績＝共済限度額・共済価額を計算しています。

(27) 加入要件である資源管理には、後述する養殖業に関説するにとどまりました。他日に期したいと思います。

(28) 濱田 (2009) を参照ください。

(29) 水産庁「漁業用燃油緊急特別対策」（平成25年6月5日、水産庁ホームページ）によれば、現在A重油約80円／ℓを補填基準として国の支援が行われていますが、2014年度末までの緊急措置として2013年7月から、95円／ℓを特別対策発動ラインとします。95円以上の特別対策補填分は、漁業者：国の負担割合を1：1から1：3に引き上げ、既加入者および2013年中の新規加入者をすべて対象とします。年度末1回の受付・加入から、2013年末まで随時受け付け・四半期単位の加入を実施し、加入初年度の積立金の借入金を無利子とします。

(30) 補填基準は2011年度が2年間の平均価格の115％、2012年度第1四半期が7中5の平均価格の115％、以後四半期ごとに5％ずつ引き下げました（表9参照）。

(31) 2012年度第4四半期（2013年1〜3月）を例にとれば、以下の通りです。当該期の魚粉・魚油の平均輸入原料価格は71,934円となり、7中5の輸入原料価格68,834円を超過しましたが、同期の国内配合飼料価格が7中5の配合飼料価格を下廻ったため補填金発動に至りませんでした。② 2013年7〜9月期の基準価格（7中5平均価格）は160,288円、①の補填単価が4,030円／トン及び3,550円／トンであるのに対し、②では2013年度の3四半期とも1万円を上回ります。

(32)「総合討論」、pp.46-47（『北日本漁業』第39号 2011）における宮澤氏の発言です。

(33) 事業期間は「もうかる漁業」＝3年、「がんばる漁業」＝2年ですが、事業終了後に損益計算を行い、経費が水揚げでまかなえない場合、損失額の5〜9割を国が、

第2章　漁業・養殖業の現状と新経営政策の意義

　　　助成金により負担します。通常の、あるいは従来の補助金とは異なり、事業リスクを国が担保し、漁業者の負担軽減をはかる仕組みです。
(34) 小野 (2013b) の第5・6章を参照ください。また、2013年2月から開催の「養殖業のあり方検討会」では「計画主義」が議論され、同様な趣旨が表明され、今後の動向が注目されます。
(35) NPO法人水産業・漁村活性化推進機構のホームページ (http://www.jf.ne.jp/fp01) によります。
(36) 朝日新聞2013年4月11日夕刊「日本船マグロハイテク味」。マグロ漁業については、遠洋マグロ延縄漁業将来展望検討委員会（座長 小野征一郎）・全国遠洋沖合漁業信用基金協会「遠洋まぐろ延縄漁業将来展望検討（取りまとめ）」(2009)、小野 (2010)、濱田 (2011a) を参照ください。
(37) 本論は見られる通り、漁業共済をベースとする漁業経営安定対策と漁業構造改革総合対策事業を相関連させ、新経営政策として把握・理解しています。政策実施団体である漁済連とNPO法人 水産業・漁村活性化推進機構とはとくに関係はありませんが、唯一の接点は後者が漁業共済掛金の補助事業を実施していることです。構造改革事業のほか、広範な事業を営む活性化推進機構は、韓国・中国等外国漁船操業対策事業の一環として、日韓・日中漁業協定に基づき操業する、主にまき網漁業に共済掛金を助成しています。
(38) 濱田 (2008)、pp.39-40 はスタート時の構造改革事業を検討しています。また濱田 (2011b) も参照してください。
(39) 小野 (2007) の第Ⅴ部水産政策(2)―水産基本法―、とくに、第12章水産基本法の成立・第13章都市と漁村の交流・第14章遊漁船業の展開・第16章漁村の多面的機能の意義、を参照してください。
(40) 水産基本法の第30条・漁村の総合的な振興、第31条・都市と漁村の交流等、第32条・多面的機能に関する施策の充実。周知のように漁業・漁村の「6次産業化」が近年追求されていますが、農水省の「6次産業化総合調査」の2011年度実績によれば（東日本大震災の被災地を除く）、漁業生産関連年間販売額が1,615億円（水産加工＝1,339億円、水産物直売所＝276億円）、従事者が18,200人です（水産経済新聞2013年4月23日）。
(41) 私の提言と重なる婁 (2013) は、漁村地域資源の活用により追加的所得を確保した事例の周到・緻密な実態分析に基づき、「海業」として全体像を整序し、その現代的意義を明らかにした本格的成果です。それは資源の利用形態―伝統的な魚食と海レク・海洋レジャー―および、担い手の性格―漁業者などの個別的経営と漁協・NPO

法人・第 3 セクターなどの共同的経営— によりパターン化できますが、「市場原理と生活原理との調和を目ざしながら、漁業か海業かという二者択一的な議論ではなく、それを車の両輪として望ましいポリシー・ミックスを構築し、漁業の持続的発展を追求すること」(p.346) を主張しています。

参考文献

[1] 上田克之 (2008)「漁業経営安定対策をどう評価するか」、『北日本漁業』第 36 号、pp.20-35。
[2] 小野征一郎 (2005)「水産経済政策」、漁業経済学会編『漁業経済研究の成果と課題』第 2 章第 3 節、成山堂書店 pp.71-81。
[3] 小野征一郎 (2007)『水産経済学』、成山堂書店。
[4] 小野征一郎 (2010)「マグロ類漁業、流通の現状」、今野久仁彦ほか編『生鮮マグロ類の高品質管理』第 1 章、恒星社厚生閣 pp.9-23。
[5] 小野征一郎 (2013a)『魚類養殖業の経済分析』、農林統計出版。
[6] 小野征一郎 (2013b)「続・魚類養殖業―ブリ類およびマダイ―の経営分析」、『近畿大学水産研究所報告』13、pp.1-35。
[7] 水産庁 (2013)『平成 24 年度 水産白書』、農林統計出版。
[8] 長尾学 (2009)「漁業経営安定対策（積立ぷらす）の現状と課題」、『漁業経済研究』54(2)、pp. 11-23。
[9] 中前明 (2013)「海外まき網漁業」、『水産振興』543。
[10] 濱田武士 (2008)「漁業生産構造改革の課題と展望」、『北日本漁業』36、pp.36-49。
[11] 濱田武士 (2009)「燃油価格高騰対策の検討」、『漁業経済研究』54(2)、pp.25-46。
[12] 濱田武士 (2011a)「マグロ漁業の危機と存続の検証」、『水産振興』519。
[13] 濱田武士 (2011b)「漁船漁業の危機と再生への検討課題」、『海洋水産エンジニアリング』95、pp.46-56。
[14] 宮澤晴彦 (2007)「沿岸漁業経営構造の分析視角」、『北日本漁業』35、pp.32- 48。
[15] 森健 (2011)「資源管理・漁業所得補償対策について」、『北日本漁業』39、pp.11-18。
[16] 婁小波 (2013)『海業の時代』、農山漁村文化協会。

第3章　国内におけるマグロ養殖業と組織形態

中原　尚知

1．はじめに

　養殖マグロは、量販店や回転寿司店等でも取り扱われる身近な存在となっています[1]。養殖生産は国内外でおこなわれていますが、国内では、既存養殖経営による生産拡大や新規参入が進んだことで、生産量の増大と生産構造の変化が生じました。一方、国内マグロ養殖業をめぐっては、価格の変動や、種苗・餌料価格の高騰、養殖場確保に関する問題など、課題が山積しています。そしてこれらの課題の基底にあるのは、持続的なマグロ養殖事業を可能とする担い手像とは、という問いです。

　そこで本稿では、ドラスティックな変化を見せている国内マグロ養殖業の実態を描き出しながら、マグロ養殖を巡る状況変化やそこで生じる各種の課題に対応しうる担い手像について検討してみたいと思います[2]。具体的な課題は以下の3点です。第1に近年における国内生産の状況及びその背景を確認します。第2に国内マグロ養殖業の展開過程と多様化が進む担い手像の現段階を整理します。そして第3にいくつかの養殖経営の組織形態や事業体制について、その特徴を整理し、国内マグロ養殖経営に求められる条件について考察します。

2．国内クロマグロ養殖生産をめぐる状況

2-1．国内マグロ養殖生産量の増加（とブレーキ）

　国内におけるマグロ養殖業は、1970年代からの技術開発期を経て、1980年代初頭に事業化を可能とし、1990年代から生産量が増加し始めました。2002年時点では2,000tにも満たない水準でしたが徐々に増加し、2008年には5,000tを超え、2011年は9,000t水準となりました[3]。地域別の生産量としては、鹿児島県が国内養殖マグロ生産におけるトップの座に君臨し続けており、そのほとんどは奄美大島での生産です。それに続くのが長崎県であり、県

主導によるマグロ養殖振興策もあって、生産量を拡大させてきました。そして、これら2県に続く存在として、従来は沖縄県が挙げられ、トップ3の様相を呈していましたが、近年では産地の増加や三重県、高知県における生産量増大などの動きがあり、養殖産地の構図に変化が見られ始めています。

ただし、詳細は後述しますが、国内においては、マグロ養殖場の新たな設定や規模拡大に制限がかけられることとなりました。人工種苗の利用や、放養密度、生残率、出荷サイズなどによる変動はあるものの、短中期的な生産増大は減速したといえます。また、これによって、マグロ養殖業への新規参入可能性は低下することになりますが、後継無き退出は基本的にマグロ養殖場の不可逆的縮小をもたらすこともあって、現存する養殖場を巡る再編は今後も進むものと考えられます。つまり、マグロ養殖業の担い手像とは、今後も問われるべき課題であるし、いま、養殖経営の状況を改めて整理しておくことは有益であると考えられます。

2-2. 国内マグロ養殖生産の特質と課題

近年まで伸張が続いた国内でのマグロ養殖生産ですが、これは果たして、養殖生産に関わる様々な条件をクリアしたうえでの動きだったのでしょうか。ここではマグロ養殖生産の特質・課題という観点から検証してみましょう[4]。また、周知のように、蓄養方式が国内でも登場していますが、以下では特に断らない限り、ヨコワを活け込む養殖方式を対象とします。

マグロ養殖生産の特質を端的に示すのが、高コスト・高リスク、というキーワードです。具体的には、大型の養殖施設において大魚を薄飼いで長期間養成する必要性を基底に、養成中の斃死率が高く、斃死による損害が大きいこと、出荷時に度々発生するヤケが損失を生むこと、などです。すなわち、マグロの養殖生産を継続的に行うためには、一定の資金力に、技術・技能の向上を可能とする研究力、さらに販売力を加えた、高い経営力が求められるのです。

果たしてそのような状況に変化はみられるのでしょうか。大規模投資の必要性という条件に関しては、萌芽期から近年まで大きな変化は生じていません。養成においては、放養密度を高める、給餌量の調整、栄養剤の添加、大型ヨコワの活け込みや早期出荷による養成期間の短縮、人工種苗や中間種苗の普及、といった試みがありますが、基本的にその高コスト体質は変化していません。むしろ、種苗費や餌料費は上昇しており、とくに養成コストの約50%を占める餌料費の高騰による影響は大きいといえます。種苗単価の高騰が養成コ

第 3 章　国内におけるマグロ養殖業と組織形態

ストに与える影響は大きくありませんが、予定活け込み尾数の確保さえ困難ということもあり、それは養殖場の非効率的利用を意味します。また、天然種苗を活け込む養殖場の総面積について上限が設けられた現状では、規模の経済への期待も薄いといえます[5]。養成段階における斃死率は徐々に低下しており[6]、2009年からクロマグロが共済対象になったことは大幅なリスク転嫁をもたらしましたが、突発的に生じる天災による影響は未だ大きな問題となっています。もう一点は出荷時におけるヤケの発生であり、この発生を規定する技術・技能に関しては、各養殖経営において向上が進んでいますが、完全に克服されたわけではありません。

このように、現在のマグロ養殖生産の状況をみると、大規模な投資の必要性を端緒に、斃死・ヤケによる損害や養成コストの上昇を、養成技術や技能の向上による効率性の高まりで如何に相克し得るか、という構図が確認できますが、これらは少なからず相殺し合っており、状況の大きな変化は生じていないといえます。すなわち、マグロ養殖生産が内包する課題は完全には克服されておらず、未だ高コスト・高リスクという特質を有する養殖業なのです[7]。

2-3. 国内マグロ養殖業をとりまく環境の変化

それでは、国内のマグロ養殖業をとりまく環境は、先述した養殖生産をめぐる課題を包摂しうるようなものになっているのでしょうか。ここでは、市場条件と制度・施策という2つの観点から簡単に整理しておきましょう。

養殖マグロの国内供給量は1990年代後半から急増し、2003年には約35,000tとなりましたが、2007年には約27,000tとなっています。その中で、1998年には5％にも満たなかった日本産のシェアは徐々に増加し、2000年代前半には10％程度となりました。さらに、海外、特に地中海諸国における減産と国内の増産が相まって、2007年には約15％、クロマグロのみでは約25％となっており、現在、日本は養殖マグロの一大産地に位置づけられています。次に価格の動向を見ます。1990年代前半における国産養殖マグロの価格は天然物と比肩する7,000円/kg程度でしたが、供給量の増加と共に価格は低下を続け、2004年には3,000円/kgを大きく割り込みました。しかしそれを底に価格は上向き始め、近年では3,000～3,500円/kgという一般に採算ラインを超えるとされる水準で推移しています。

市場条件と共にマグロ養殖業に大きな影響を与える要素としては、国や地方公共団体による制度・施策があります。養殖場の利用については、許可面積に

対するイケスの設置可能台数や投入可能尾数が見直され、生産が効率化しました。また、長崎県などによるマグロ養殖の推進施策や水産庁による各種事業といった、新規参入の促進や人工種苗を中心とした技術開発、先述した共済にみられるような養殖経営におけるリスクの削減に対する支援策などが、国内養殖生産の増大をもたらした要因となりました。また、それと共に、資源管理の強化策も講じられています。もとより、種苗としてのヨコワ採捕が資源状況に悪影響をもたらすことは危惧されていましたが、WCPFCによる保存管理措置をふまえ[8]、2010年以降、養殖場の登録や養殖業者による実績報告提出の義務化、沿岸におけるクロマグロ漁獲の届出制移行や養殖場・業者の公表といった対応が次々と行われ[9]、養殖場の数やイケス規模の拡大に対する制限がかけられるに至りました[10]。ただし、これは、「天然種苗の活け込み尾数を増加させない」ための措置とされています。水産庁は長崎県で陸上施設による人工種苗開発を開始するなど[11]、今後の発展の方向性が、人工種苗による生産拡大へと明確に向けられたといえます。天然種苗の採捕は不安定であり、それをめぐる獲得競争が激化している中、種苗生産技術の発展にかけられる期待が大きくなっています[12]。

3. 担い手像の多様化

3-1. 国内におけるマグロ養殖業の展開

　以上、近年の国内における養殖マグロ生産の動向と、その背景を確認してきました。ここでは参入実態という視点から[13]、近年までの国内マグロ養殖業の展開を見てみましょう。時期別・生産主体の所在地別にみた参入の状況を表1に、生産主体（背後資本）の性格別にみた状況を表2に示しました。水産庁による養殖技術の開発事業が1970年に開始され、それに参加した研究機関のひとつである近畿大学によって本格的な親魚の育成が開始されたのが1974年です[14]。事業化は1980年代初頭を待ちますが、これを最初の参入といってよいでしょう。1980年代後半から大手水産会社や中堅の漁業・養殖業者による参入が開始されましたが、この時期には、持続的な養殖生産の可否、というレベルにおける技術的な模索も続いていたため、参入した業者は資金的な余裕を持つ大手水産会社や、複数の地域で養殖事業を手がける中堅の養殖会社であり、1990年代前半までこの状況が続きました。

　そして、90年代後半からは、和歌山において地域に立脚する養殖経営が参入した他、長崎における漁業・養殖会社の新規参入や、小規模な養殖経営によ

第3章　国内におけるマグロ養殖業と組織形態

る取り組みも開始され始めました。ここからマグロ養殖生産への参入は激化し、1996年から2005年にかけて、鹿児島・長崎を中心として、47の生産主体が出現しました。続く2000年代後半には、さらに参入が増加し、50の生産主体が出現しています。この時期においては、いくつかの新たな産地が開拓され、京都府など日本海側では蓄養方式が取り組まれ始めました。参入主体の性格としては、従来の大手水産会社や水産系企業、現地の小規模養殖業者に加え、商社や食肉会社といった水産物の取扱いを中心としない大手資本の参入がみられました。さらに、2011年には漁連や漁協の出資による養殖会社の参入がありました。

表1　時期別・所在地にみた参入事業所数の推移　　　（事業所）

時期	参入事業所数合計	事業所数累計	沖縄	鹿児島	長崎	熊本	高知	大分	愛媛	山口	和歌山	三重	京都	島根	石川
1970〜1975	1	1									1				
1976〜1980	0	1													
1981〜1985	0	1													
1986〜1990	3	4	1	1				1							
1991〜1995	4	8		2	1						1				
1996〜2000	19	27		4	4-20						1				
2001〜2005	28	55		3	8				2	1	1	3			
2006〜2010	50	105		1	12	2		5	23		2	1	1*	1*	1*
2011〜	1	106									1				
事業所数合計	106		1	11	45	2	2	5	25	1	6	5	1	1	1
水産庁発表　経営体	83		−	8	36	−	3	3	13	−	6	5			
養殖場	137		−	21	56	7	−	8	15	−	8	10	−	−	−

資料:主要養殖経営における聞き取り調査、各社有価証券報告書・HP、水産庁資料により作成。
注1:養殖場を運営する事業所の上位にある養殖経営・親会社等は重複しています。
注2:長崎県については1999年以降順次参入がありましたが、参入年が不明な分は二期に跨って示しました。
注3:*は、まき網による成魚を原魚としていることを指します。その他はヨコワを原魚としています。
注4:水産庁発表は2011年12月31日現在の数値であり、合計との差は「その他」で示される9経営体と12養殖場です。

表2　時期別・性格別にみた参入事業所数の推移　　　　　（事業所）

時期	参入事業所数合計	事業所数累計	研究機関	水産系大手資本	水産系企業	現地養殖業者	非水産系大手資本	漁連漁協
1970～1975	1	1	1					
1976～1980	0	1						
1981～1985	0	1						
1986～1990	3	4			3			
1991～1995	4	8		1	1	2		
1996～2000	19	27	1		6	12		
2001～2005	28	55		4	5	19		
2006～2010	50	105		9	13	24	4	
2011～	1	106						1
事業所数合計	106		2	17	25	57	4	1

資料：主要養殖経営における聞き取り調査、各社有価証券報告書・HPにより作成。
注1：参入とはマグロ養殖の開始を指し、主体の性格は参入時のものです。
注2：養殖場を運営する事業所の上位にある養殖経営・親会社等は重複しています。
注3：長崎県の参入年不明分については、表1と同じ取り扱いです。

3-2. 現段階における国内マグロ養殖生産の構図

　このような参入の増加につれ、担い手像の姿が多様化してきました。現段階における国内養殖生産の構図を整理したのが図1であり、事業組織・体制として10のタイプが抽出されました。そのタイプごとに、いくつかの生産主体を抽出したのが表3です。それぞれについて見ていきましょう。まず、研究機関による取り組みである⑩に始まり、大手水産会社が組合員資格を取得するために、子会社や業務提携先を漁協への加入主体とすることで参入した①・②や、⑧で示される漁業・養殖会社による参入がみられました。また、小規模な養殖業者である⑤、続いてそれらが協業体を形成するという④の形態がみられ始めました。そして、2000年代後半に見られるのが、③や⑥といった新たな形態です。これは、現地養殖業者、およびそれらによって構成された組織と大手資本や水産系企業が共同出資した養殖会社などを立ち上げ、生産主体とするものです。③のタイプとして、Jは大手水産会社yと現地養殖経営の共同出資

に、Lは大手の食品会社と現地の養殖業者及び生産組合やLLP（有限責任事業組合）の共同出資によるものであり、⑥のタイプとなるMは水産系企業と現地養殖業者によって形成されたLLPを生産主体とするものです。さらに、水産系企業が子会社や関連会社と事業を展開する⑦や、漁連が中心となった取り組みである⑨のようなタイプがあります。

　ここで改めて問われるのが、様々な担い手が存在する中、それらがどのような強みを持っているのか、さらにはマグロ養殖事業を持続的に存立しうるのはどのような組織なのか、ということです。これまでの整理から、既存経営をいくつかの形態に分類できます[15]。第1に、生産・販売双方および資本面において、自社及びグループ内に全方位的かつ一定水準以上の経営資源を有する形態です。タイプとしては①②があたり、大手水産会社による展開がその代表例といえ、近年では商社等の非水産系企業も進出しています。第2に、主に中堅レベルの水産系企業による⑦～⑨のような形態です。①②のような資本力は持たないものの、種苗・餌料の調達や養殖技術、流通・加工といった各々の強みをマグロ養殖事業に活用しています。第3は、③～⑥のような小規模な養殖業者が強く関係した取り組みです。小規模経営単独の取り組みや協業体の形成、大手資本との関係構築など、その形態は様々であり、大手資本や水産企業との関係構築がある場合は前2者と同様の性質を有することになります。これらの特徴と地理的条件や市場条件等が相まって、養殖経営の特質が形成されます。次では多数を占める①と⑧における2事例として大手水産会社αと漁業・養殖会社Eを取り上げ、その組織形態および事業の特徴をみていきます。

4. 国内マグロ養殖の組織形態と事業の特徴

4-1. 大手水産会社αのマグロ養殖事業

　図2に示したように、大手水産会社αでは4つの事業部門が展開しており[16]、養殖マグロを取り扱うのは水産部門です[17]。国内養殖生産を担うのは漁業養殖ユニット（以下、ユニットはUで示す）と、完全子会社である漁業・養殖会社であり、2012年現在、8産地に9つの生産主体を展開している他、種苗生産の技術開発にも取り組んでいます。養殖生産の組織形態は図2の右上に示したように、漁業養殖Uをハブとする構造になっています[18]。各養殖会社における養成の状況、養成技術向上の取り組みやその結果は漁業養殖Uに集約されます。漁業養殖Uはその情報をもとに市場条件等を加味した生産・販売計画の構築や適宜見直しをおこない、各養殖会社へのフィードバックを行い

ます。また、図の下部には養殖事業のプロセスを示しました。生産・販売計画の策定や種苗・飼料の確保は漁業養殖Uが担い、ここでは水産部門が有する市場状況や種苗・飼料に関する情報、これまでに構築された産地との関係性が活用されています。一方、養殖会社は基本的に養成段階に集中した業務を担います。複数地域に生産主体を展開させることで、出荷に関わるリスクの分散や通年出荷、様々な条件下における養成段階の情報収集が可能となっています。

　販売には、水産部門における4つのユニットが関係しています。これらは通常水産部門内でそれぞれの業務を行っていますが、養殖マグロの販売という観点からは有機的な連携構造が見えてきます。漁業養殖Uが独自に販売を行う場合もありますが、そこでの多くは卸売Uを通じ、全国各地の関連卸売会社を通じて保有している幅広い川下需要先との取引が行われると共に、そこで得られる市場情報は漁業養殖Uに伝わり、生産・販売計画にフィードバックされます。また、商事Uや直販を担う販売Uでも、それぞれの需要先に応じて漁業養殖Uから養殖マグロを調達します。すなわち、水産部門内を構成する各ユニットの間で形成されるネットワークを活用した、養殖マグロというモ

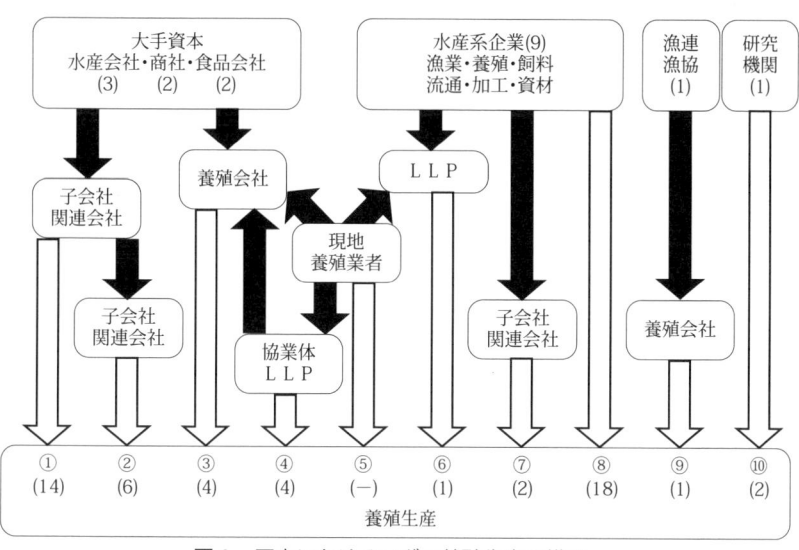

図1　国内におけるマグロ養殖生産の構図

資料：国内主要養殖経営における聞き取り調査、各社有価証券報告書・HP等により作成。
注1：黒の矢印は当該主体への出資や参画を、白の矢印は生産を行っている事を示しています。
注2：円中の数字は生産のタイプを、カッコ内の数字は当該主体の数を示しています。

第3章　国内におけるマグロ養殖業と組織形態

ノや、生産・市場に関する情報のやり取りに基づく柔軟性の高い販売活動が行われているのです。

4-2. 漁業・養殖会社Eのマグロ養殖事業

漁業・養殖会社Eは、1971年にまき網漁業を営むことを目的に三重県を本拠地として創業されました。現在、グループ企業は5社を数え、まき網をメインとしつつ、1989年には定置網事業を開始しました。2001年にはマグロ

表3　国内マグロ養殖経営の概況　　（㎢・年・百万円）

生産主体	生産のタイプ	マグロ用イケス面積	マグロ養殖開始年	事務所所在地	養殖経営のタイプ（中心的背後資本）	資本金	背後資本の資本金
A	⑩	6.4	1974	和歌山	研究機関（学校法人）	―	327,938
B	①	23.0	1986	鹿児島	養殖会社（大手水産会社α）	10	15,000
C	②	11.3	1986	高知	養殖会社（大手水産会社α）	709	15,000
D	⑧	44.7	1999	鹿児島	養殖会社	15	―
E	⑧	7.9	2001	三重	漁業・養殖会社	41	―
F	⑤	1.5	1999	長崎	現地養殖経営	―	―
G	④	4.7	2002	長崎	協業体	―	―
H	①	―	2007	京都	養殖会社（大手水産会社β）	―	23,729
I	⑦	3.6	2007	熊本	養殖会社（飼料会社）	16	8,563
J	①	16.9	2007	高知	養殖会社（大手水産会社γ）	30	5,664
K	①	4.2	2008	長崎	養殖会社（大手水産会社δ）	300	160,339
L	③	―	2008	愛媛	養殖会社（大手食品社）	10	24,166
M	⑥	―	2008	愛媛	ＬＬＰ（養殖会社）	10	2,187
N	⑦	1.3	2008	長崎	養殖会社（養殖会社）	―	130
O	⑧	7.8	2009	石川	水産会社	50	―
P	⑨	39.3	2011	三重	養殖会社（漁連）	―	―

資料：国内主要養殖経営における聞き取り調査、各社有価証券報告書・HPにより作成。
注1：生産のタイプ（図1と対応・二重丸は蓄養）を網羅しつつ、参入年の早い、または特徴的な生産主体を抽出しました。
注2：生産主体とは産地において養殖生産を行う主体（事業所）であり、背後資本とは、生産主体の親会社といった資本を示しています。
注3：イケス面積（聞き取りによる推定値）・開始年は当該事業所の状況を示しています。
注4：―は不明、または当該数値が存在しないことを示しています。

養殖事業を開始し、近年ではグループ全体売上の 10％強を占め、利益率では定置網を上回り、まき網と比肩しています。まき網や定置網事業が漁獲高に応じて利益が大きく変動することから、相対的に比較的安定した収益源としても位置づけられています。

事業体制を図 3 に示しました。マグロ養殖の中心となっているのは養殖部門であり、約 5 名が携わり、種苗・飼料の確保、養成・取り上げから販売までを担っています。E 社においても、種苗の確保は地元の業者に依存しており、不漁の年には予定数を確保できないことがあり、課題となっています。一方、E 社は飼料の確保において特徴を有しています。まず、E 社は MP（モイストペレット）の導入に積極的でした。大手商社系の飼料会社と共同でマグロ用の MP を開発し、全量それを用いていた時期もあります。但し、生餌を用いた方が市場の評価が高かったこともあって、MP は稚魚用とされるようになり、現

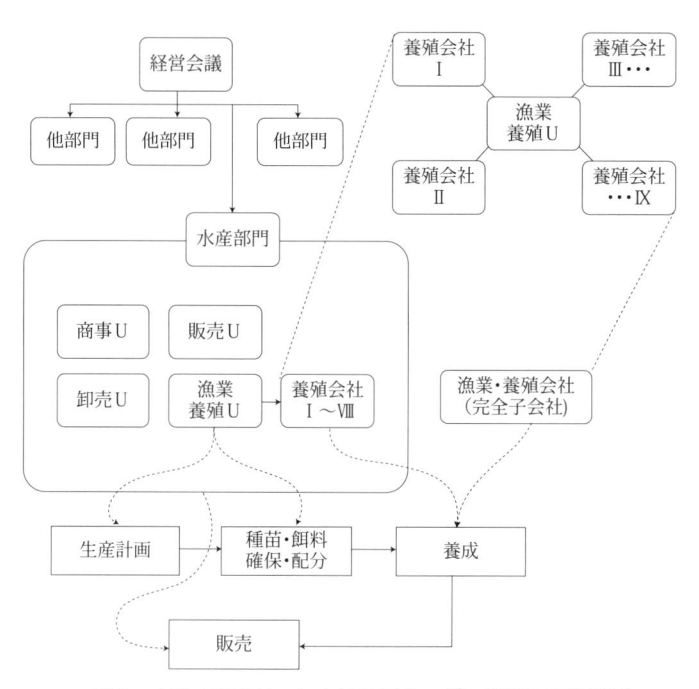

図 2 大手水産会社 α における国内マグロ養殖の事業体制

資料：聞き取り調査及び中原・山本 (2007) に基づき作成。

在、餌料の約70％は生餌で、残りは冷凍物を買い付けています。この生餌の調達経路としては、自社のまき網部門から産地市場を介して養殖部門が購入するという形をとっています。これは養殖場の管轄漁協との取り決めに基づいており、手数料や、産地市場における他の買付業者との競合も一定程度発生するものの、自社のまき網船の水揚げに関するほぼ完全な情報が確保できていることなどから、外部からの買付と比較して、安定的かつ安価な入手を可能としている他、冷凍ではなく生餌を用いることができる、餌料在庫を最小限にできる、といったメリットをもたらしています。E社は生餌の全てを自社の漁獲でまかなっていますが、そもそもまき網による安定的な水揚げがある地域にイケスを設置していることが養殖産地としての基本的な優位性を形成しているといえます。奄美大島では一般的に20円/kg以上が輸送・保管費として上乗せされることと比較してもそれは明らかです。養殖産地がまき網産地である例としては長崎県もありますが、多くの養殖場は壱岐・対馬・五島といった離島に位置しているために輸送コストが発生し、まき網産地としての優位性は強く形成されていません。

　販売に関しては、先述した大手商社系の卸売会社との取引が90％を占め、残りの10％が市場出荷となっています。最終需要先は量販店と回転寿司店がほとんどであり、回転寿司に仕向けられるものについてはE社グループの卸売会社が加工を担うパターンもあります。いずれにせよ、販売においてはほぼ固定的な取引がおこなわれており、そこでは大手商社系企業との関係が強く働いています。

5．おわりに

　国内における養殖マグロ生産の中核にあるのは依然として大手水産会社や養殖会社といった企業経営ですが、近年、様々な形態の参入によって、マグロ養殖の担い手像の多様化が進んでいます。しかし、養殖生産の内部的な条件は大きく改善されたわけではなく、近年における新規参入の増加は、海外における減産や国内産の価格上昇、国・地方公共団体による支援といった外部的な条件の変化に強く牽引されたものであったといえます。種苗・餌料の確保、川下需要先の獲得といった生産・販売両面における国内での競争などは、安定的な養殖生産や近年の価格条件は決して保証されたものではなく、短期的な状況の変動も十分生じうることを示し、マグロ養殖事業の担い手にはそれら状況変動への対応力が求められています。そこで、国内マグロ養殖生産の中軸を担う大手

水産会社αと漁業・養殖会社Eの2社について、その事業体制を検討した結果、以下の諸点が明らかになりました。

　大手水産会社αによる大きなリスクを背負った初期段階での参入は、養殖マグロの生産・販売に関する技術・情報の蓄積をもたらし、種苗供給元や大規模生産を支える養殖適地、川下需要先の確保を可能としました。組織形態としては、生産から販売に至る全体を網羅しながら、各段階を専門的に担う主体が存在し、漁業養殖Uをハブとする分権的・有機的なネットワークが構築されていました。この体制は、40年の歴史の中で、自社の経営資源を活用しながら技術・養殖場の開発、川下需要先の開拓をおこなう中で構築されています。また、大手水産会社が保有する資本力や産地との関係性、幅広い販売網もマグロ養殖事業に大きく活用されています。養殖マグロを巡る条件変化に対応するために、画一的かつ集権的な体制ではなく、複数の構成主体が各々の強みを生かせる分権的な組織形態が構築されていることがα社の養殖マグロ事業が有する特徴だといえます。漁業・養殖会社Eでは、種苗の確保や販売面の強化が課題

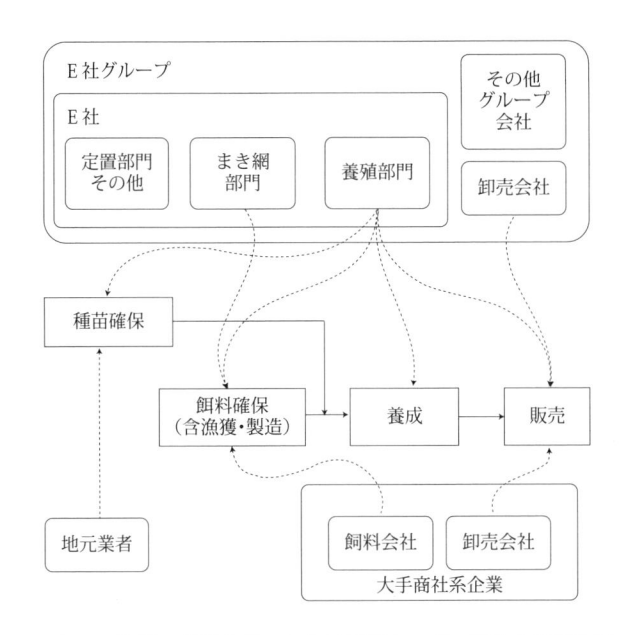

図3　漁業・養殖会社Eにおける国内マグロ養殖の事業体制

資料：聞き取り調査に基づき作成。

になっており、餌料費は上昇傾向にあります。ただし、まき網産地としての地理的条件と自社がまき網部門を有していることの強みが発揮され、養成コストの多くを占める餌料費に関する優位性を生み、市場の評価を向上させ、マグロ養殖事業に寄与することとなっていました。また、近年の新規参入においては、地域外資本と現地養殖業者らとの資本関係を伴った連携が見られます。参入企業の有する資本力・販売力と、現地養殖業者が有する養殖場や魚類養殖のノウハウを結びつけ、補完し合う動きと捉えられますが、いかなる点で強みを育てていくかが注目され、多様な形態についての実態解明が今後の検討課題として挙げられます。

　国内のマグロ養殖業においては、今後も大手資本による取り組みが中軸をなしていくことが予見されますが、地理的条件や保有する自社資源によっては、特定の強みが牽引する形態も成立しうることが示されたといえます。資源と市場のダイナミックな変化の中で、今後の事業継続を左右するのは、養成技術の向上やブランド化等を含むマーケティング戦略であり、資本力もしくはそれをカバーしうる関係性の構築や独自性の獲得です。多様化が進むマグロ養殖業の担い手の中で、持続性・優位性を獲得するための条件や事業体制、組織形態はいかなるものか、引き続き検討をおこなっていく必要があります。

注
(1) 養殖マグロをめぐる全般的状況については、小野 (2008) を参照してください。
(2) マグロ養殖業の特質や 2000 年代半ばまでの展開の詳細については、中原 (2008) を参照してください。なお、本稿は上記論文をはじめ、以下でも挙げる筆者によるこれまでの調査・分析結果をベースに、近年の状況変化や新たな事例等を組み込み、分析視角を変えながら執筆されたものです。
(3) 2012 年より、水産庁により、国内におけるマグロ養殖実績データが公表されることとなりました（水産庁プレスリリース「平成 23 年における国内のクロマグロ養殖実績について」（2012 年 3 月 30 日））。2011 年の数値は当該データに基づきますが、それ以前については、複数のソースに基づくものであり、そのいずれもが推計値であることや、ここに示す府県以外での生産もあるため、必ずしも整合性のあるデータとはなり得ていないことを付言しておきます。
(4) ここでの記述は、中原 (2005)、中原 (2008) を基本としながら、近況を整理したものです。
(5) 松井・原田 (2011) を参照してください。

第 1 部　日本の漁業と地域経済

(6) マグロ養殖経営に関する聞き取り調査によります。
(7) 近年では、和歌山県那智勝浦町でマグロ養殖を行っていた大手水産会社関連のマグロ養殖経営が、2010 年、2011 年と相次いで台風被害に遭ったことを契機に撤退した例や、石川県でマグロの蓄養事業をおこなっていた水産会社が、2012 年に原魚確保の不安定さや価格等を理由として、当該事業から撤退した例があります。
(8) WCPFC は、「中西部太平洋まぐろ類委員会」および、その設立条約である「西部及び中部太平洋における高度回遊性魚類資源の保存及び管理に関する条約」を指します。
(9) 農林水産省プレスリリース「『太平洋クロマグロの管理強化についての対応』について」(2010 年 5 月 11 日)、同「『国内のクロマグロ養殖業の管理強化』及び『メキシコ産輸入クロマグロの情報収集』について」(2011 年 1 月 28 日)、同「『太平洋クロマグロの国内漁業における資源管理強化』について」(2011 年 3 月 25 日) を参照してください。
(10) 水産庁プレスリリース「国内クロマグロ養殖の管理強化について」(2012 年 10 月 26 日) によると、農林水産大臣より「クロマグロ養殖業について、原則として、(1) 各県の 1 年当たりの天然種苗の活込尾数が平成 23 年から増加するような養殖漁場の新たな設定を行わないこと。(2) 生け簀の規模拡大により各県の 1 年当たりの天然種苗の活込尾数が平成 23 年から増加することのないよう、漁業権に生け簀の台数等に係る制限又は条件を付けること。」が指示されました。
(11) 日本経済新聞・夕刊 (2012 年 12 月 5 日) を参照してください。
(12) なお、水産庁プレスリリース「前掲資料」(2012 年 3 月 30 日) によれば、2011 年の活け込み尾数の合計は 676,000 尾で、うち天然種苗が 535,000 尾、人工種苗が 141,000 尾となっています。
(13) 本稿で示しているマグロ養殖の事業所数は、聞き取りを中心とした独自調査に基づくものであるため、全てを網羅できていないこと、既に撤退した経営体の存在、個人経営や協業体・LLP 等と関連したカウントの誤差、といった問題がありますが、クロマグロ養殖業の展開を確認するために、当該調査に基づく情報を用いています。
(14) マグロ養殖に取り組む研究機関としては、独立行政法人水産総合研究センター栽培漁業センターや東海大学等もありますが、ここでは研究の一方で事業としてのマグロ養殖も成立している近畿大学水産研究所のみをカウントしています。
(15) 日高 (2010) では、古参企業型、新参企業型、漁業者型という類型に基づく分析がおこなわれています。
(16) 大手水産会社 a については、中原・山本 (2007) でも取り上げていますが、本稿では

それを踏まえ、新たな情報を加えながら、組織形態という観点から分析をおこなっています。

(17) 大手水産会社αに関する分析は、H. Mintzberg and Ludo van der Heyden (1999) に基づいておこなわれています。

(18) 養殖会社IXは従来関連会社であった漁業・養殖会社の下に展開しており、基本的にα本社とは独立した事業となっていますが、ここでは、全て漁業養殖Uのマネジメント下にあるとして議論を進めています。この操作が本稿の議論に及ぼす影響は少ないこと、また、2003年に漁業・養殖会社がα社の完全子会社となっていることを付言しておきます。

参考文献

[1] H. Mintzberg and Ludo van der Heyden(1999) "Organigraphs: Drawing How Companies Really Work," *Harvard business review*, September- October, pp.87-94.
[2] 小野征一郎編著 (2008)『養殖マグロビジネスの経済分析』、成山堂書店。
[3] 中原尚知 (2005)「国内クロマグロ養殖業の課題と経営対応」、『地域漁業研究』46(1)、pp.107-123。
[4] 中原尚知・山本尚俊 (2007)「養殖マグロを巡る市場条件の変動と業務再編－大手水産会社Aを事例として－」、『漁業経済研究』51(3)、pp.41-57。
[5] 中原尚知 (2008)「国内養殖生産の特質と参入条件」小野征一郎編著『養殖マグロビジネスの経済分析』、成山堂書店、pp.17-34。
[6] 日高健 (2010)『世界のマグロ養殖』、農林統計協会。
[7] 松井隆宏・原田幸子 (2011)「わが国クロマグロ養殖の展望－立地および漁場の制約に注目して－」、『国際漁業研究』10、pp.51-59。

第4章　海洋環境変化に伴う
　　　　定置網漁業の漁獲組成の変動と経営問題
　　　—京都府大型定置網漁業の事例から—

望月　政志

1. はじめに

　我が国の沿岸漁業にとって基幹的漁業である定置網漁業は、まき網やトロールのように常に移動しながら魚群を見つけて漁獲する漁法と違い、網を一定の場所に固定し、来遊する魚群を待ち受けて漁獲する受動的な漁法であることから、乱獲の少ない資源に優しい漁法であるといわれています[1]。

　しかし、定置網漁業は魚群を追い求めない反面、漁場が固定的であるため、海洋環境の変化がもたらす漁場内の水産資源の分布・生息数の変化によって、定置網漁獲物の漁獲組成[2]が大きく左右されます。

　また、定置網の漁獲量組成は、漁獲量全体の大部分を少数の魚種で占め、残りのわずかな部分を多数の魚種で占めるといった特徴を持ちます[3]。木幡(1994)によると、このような漁獲量組成の特徴を持つことは、自然界一般に認められる生態学上の常識であるとし、大量に漁獲される多産種を"優占種"、少産魚種は"付随種"と定義されています。優占種の漁獲量は常に安定しているとは限らず、ときに変化し、経営に大きな影響を及ぼすことがあります。例えば、相模湾や熊野灘の沿岸域では優占種のブリ成魚の漁獲量が減少し、地域の定置網漁業の経営が厳しくなりました[4]。したがって定置網漁獲物の漁獲量組成の変化を把握することは、定置網経営の安定を考える上で重要であるといえます。

　ただし、必ずしも大量に漁獲される優占種だけが経営上重要な魚種であるとは限りません。京都府沿岸域の定置網漁業の漁獲金額組成について分析した飯塚ら(1990)によると、優占種でないマグロ、その他イカのような魚種であっても、総水揚金額に占めるそれら魚種の水揚金額の割合が大きいことが明らかにされています。このように優占種でなくとも経営上重要な魚種が存在するため、漁獲量、漁獲金額の両面から漁獲組成について分析する必要があります。

また、漁獲金額組成の変動は、経営的視点で捉えれば収益構造の変動でもあるといえます。しかし、これまでの研究では、漁獲量組成に関する分析がほとんどで、漁獲金額組成に関する分析はあまり行われていませんでした[5]。

そこで以下では、京都府の大型定置網漁業を事例に取り上げ、個別経営体の定置網漁獲物の漁獲組成を明らかにし、各経営体の漁獲組成の変動について考察します。京都府の大型定置網漁業の漁獲組成に関する分析については、すでに飯塚ら(1989)、飯塚ら(1990)によって行われていますが、上田・的場(2009)や為石ら(2005)によると、近年の日本海ではレジームシフトによる影響で高水温化傾向により暖水性のサワラやブリの漁獲量が変動していることから、飯塚らが分析した当時と現在とでは海洋環境変化に伴い漁獲組成が大きく変化していることが予想されます。したがって、近年の漁獲組成を調べることは、京都府大型定置網漁業の経営を考えるうえで十分に意義があるといえます。

2. 分析方法

京都府内の大型定置網漁業は全部で16経営体(2010年時点)があり、そのうちの調査協力が得られたA～Iの9経営体を取り上げ、各経営体の市場銘柄別水揚量・水揚金額(2007～2009年)のデータ[6]を用いて分析を行います。

市場銘柄別の水揚量・水揚金額を用いる理由は、生物学的に同一魚種であっても、例えばアジの場合、大アジ、中アジ、小アジ、アジゴのようにサイズ(規格)の違いによって市場銘柄が分けられ単価も異なることから、同じ魚種でも市場銘柄の違いによって別財として取り扱われていることを考慮する必要があるためです。

次に、各経営体の水揚量・水揚金額のデータを用いて銘柄別構成比率を導出し、その値から各経営体・各年の漁獲組成をクラスター分析で分類します。クラスター分析により分類されたそれぞれのクラスターの漁獲組成の平均値を計算し、その値から各クラスターの重要銘柄(ここでは、漁獲組成に多く占めている市場銘柄を重要銘柄と呼ぶ)を特定し、各クラスターの漁獲組成の特徴と各経営体の属するクラスターの推移を明らかにします。その結果をもとに、京都府大型定置網漁業の経営安定化に向けた課題について考察します。

3. クラスター分析の結果と考察

3-1. デンドログラム

クラスター分析とは、分析対象となる各サンプルを類似性の指標をもとにいくつかのグループに分類するデータ解析手法の一つです。クラスター分析には、大きく分けて、階層的クラスター分析と非階層的クラスター分析の二種類があり、非階層的クラスター分析では、分析者があらかじめクラスター数を決定するという恣意性が存在します（石黒 (2008)）。そのため、ここでは一般的によく用いられている階層的クラスター分析（ward 法）を採用し、各経営体の 2007 ～ 2009 年にかけての単年及び 3 ヶ年平均の水揚量ベース及び水揚金額ベースの市場銘柄別の漁獲組成について分類しました。

　図 1 は、クラスター分析の結果をデンドログラム（樹形図）で示したもので、

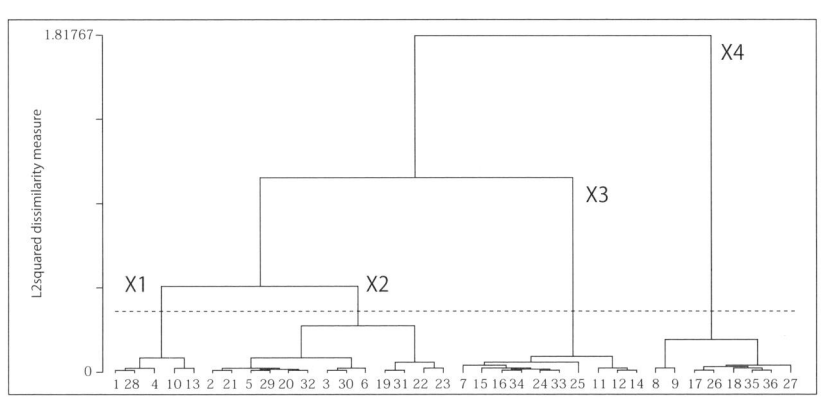

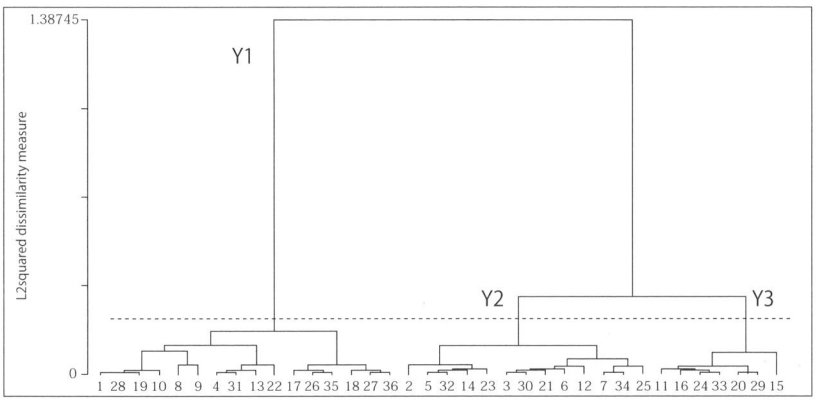

図 1　デンドログラム（上図：水揚量ベース、下図：水揚金額ベース）

第 4 章　海洋環境変化に伴う定置網漁業の漁獲組成の変動と経営問題

表 1　Calinski & Harabasz's pseudo-F index と Duda & Hart's_(2)/Je(1) index

Number of clusters	水揚量ベース Calinski&Harabasz' pseudo-F	Je(2)/Je(1)	水揚金額ベース Calinski&Harabasz' pseudo-F	Je(2)/Je(1)
1	―	0.5956	―	0.4868
2	23.08	0.5611	35.85*	0.6027
3	28.97	0.5716	27.57	0.6959*
4	30.46*	0.4926	23.48	0.6486
5	30.08	0.3890	20.83	0.6460
6	30.37	0.6733*	19.94	0.4163
7	28.11	0.4945	19.64	0.4880
8	26.88	0.4429	19.82	0.6024
9	26.66	0.3768	19.61	0.0000
10	25.83	0.6586	19.03	0.2829
11	25.13	0.5909	18.55	0.5565
12	24.39	0.5896	18.35	0.1735
13	23.95	0.2263	18.41	0.5238
14	23.26	0.5292	18.82	0.5011
15	22.64	0.0000	19.13	0.5571

注：最も高い値に＊印を付しています。

上図が水揚量ベース、下図が水揚金額ベースについての分析結果について表しています。クラスター数の決定については Calinski & Harabasz's pseudo-F index と Duda & Hart's (2)/Je(1) index の結果（表 1）を参考とし、分析しやすいようにクラスター数が少なすぎず多すぎないように、水揚量ベースではクラスター数を 4、水揚金額ベースではクラスター数を 3 となる位置で図 1 のデンドログラムを破線で区切り、それぞれのクラスターを X1、X2、X3、X4、Y1、Y2、Y3 に分類しました。図 1 の 1 から 36 の数字は、各経営体の 2007 ～ 2009 年および 3 ヶ年平均の漁獲組成について番号を振り付けたものです [7]。

3-2. 各クラスターの特徴

　分類したクラスターの特徴を調べるため、各クラスターの漁獲組成の構成比率（平均値）で 5% 以上を占めている市場銘柄を「重要銘柄」と定義し、重要銘柄以外の市場銘柄の合計を「その他の市場銘柄合計」とし、各クラスターの重要銘柄と構成比率について表 2 に示しました。
　表 2 から各クラスターの特徴について整理すると、以下のようになります。
［水揚量ベースにおける各クラスターの特徴］
X1：重要銘柄の中でもサゴシ (8) とカタクチイワシへの依存が極めて強い漁獲量組成を持ち、X2 と X4 の中間的なグループ。

X2：重要銘柄の中でもカタクチイワシへの依存が極めて強く、次いでアジゴへの依存が強い漁獲量組成を持つグループ。
X3：特に際立って依存する銘柄はないが、アジゴ、ツバス(9)への依存が強い漁獲量組成を持つグループ。
X4：重要銘柄の中でもサゴシへの依存が極めて強く、次いでツバス、ハマチへの依存が強い漁獲量組成を持つグループ。

［水揚金額ベースにおける各クラスターの特徴］
Y1：重要銘柄の中でもサゴシへの依存が極めて強く、次いでサワラへの依存が強い漁獲金額組成を持つグループ。
Y2：特に際立って依存する銘柄はないが、ブリの構成比率の高い漁獲金額組成を持つグループ。
Y3：重要銘柄の中でもブリへの依存が極めて強く、次いで中アジへの依存が強い漁獲金額組成を持つグループ

表2　各クラスターの重要銘柄と構成比率

	水揚量ベース				水揚金額ベース		
	X1	X2	X3	X4	Y1	Y2	Y3
カタクチイワシ	*19.6%*	*36.7%*	*7.3%*	0.0%	3.7%	4.3%	2.4%
アジゴ	4.5%	*8.8%*	*15.3%*	*8.3%*	1.8%	4.7%	4.4%
中アジ	4.3%	2.3%	4.4%	4.7%	*6.6%*	*6.5%*	*9.3%*
サゴシ	*23.0%*	*6.3%*	2.1%	*35.6%*	*27.4%*	*5.6%*	2.9%
サワラ	3.9%	1.7%	1.6%	*6.4%*	*13.8%*	*6.9%*	*6.1%*
シイラ	*5.6%*	2.1%	4.1%	0.7%	0.5%	0.6%	0.9%
ツバス	3.4%	*5.8%*	*10.0%*	*10.6%*	2.9%	4.3%	*5.1%*
ハマチ	0.7%	1.4%	4.8%	*11.0%*	*5.0%*	4.0%	2.1%
ブリ	0.5%	2.7%	4.7%	3.0%	3.3%	*10.3%*	*27.4%*
秋イカ（アオリイカ）	0.5%	1.2%	1.4%	0.5%	1.7%	*5.5%*	3.7%
その他の市場銘柄合計	34.1%	31.2%	44.2%	19.2%	33.3%	47.4%	35.6%

注：5％以上の重要銘柄の値は斜体で示しています。

3-3. 各経営体の漁獲組成の変化と特徴

次に、各経営体の属するクラスターの推移（表3）と前述の各クラスターの特徴から、2007年から2009年にかけての各経営体の漁獲組成の変化（短期変動）と3ヶ年平均での各経営体の漁獲組成の特徴について、以下のように整理できます。

■各経営体の漁獲組成の短期変動
［A、D経営体］
　2007年および2008年にはサゴシ、カタクチイワシを中心とした漁獲量組

第 4 章　海洋環境変化に伴う定置網漁業の漁獲組成の変動と経営問題

表3　各経営体のクラスターの推移

	水揚量ベース				水揚金額ベース			
	2007年	2008年	2009年	3ヶ年平均	2007年	2008年	2009年	3ヶ年平均
A経営体	X1	X1	X2	X1	Y1	Y1	Y1	Y1
B経営体	X2	X3	X2	X2	Y2	Y3	Y3	Y3
C経営体	X2	X3	X2	X2	Y2	Y2	Y2	Y2
D経営体	X1	X1	X2	X2	Y1	Y1	Y1	Y1
E経営体	X2	X3	X2	X2	Y2	Y2	Y2	Y2
F経営体	X2	X3	X3	X3	Y2	Y3	Y3	Y3
G経営体	X3	X3	X3	X3	Y2	Y3	Y2	Y2
H経営体	X4	X4	X4	X4	Y1	Y1	Y1	Y1
I経営体	X4	X4	X4	X4	Y1	Y1	Y1	Y1

成（X1）でしたが、2009年にはサゴシへの依存が弱まる一方でカタクチイワシへの依存をさらに強めた漁獲量組成（X2）へと変化しました。しかし、水揚金額ベースでは安定的に推移し、3ヶ年とも一貫してサゴシへの依存が極めて強く、またサワラへの依存も強い漁獲金額組成（Y1）となっています。
［B、C、E、F経営体］
　2007年から2008年にかけては、カタクチイワシに特に依存した漁獲量組成（X2）から、アジゴ、ツバスの構成比率が高いが際立って依存する銘柄のない漁獲量組成（X3）へと変化しました。2009年には、B、C、E経営体は再びカタクチイワシを中心とした漁獲量組成（X2）に戻りますが、F経営体については、2009年は2008年と同様の漁獲量組成（X3）となりました。水揚金額ベースでは、C、E経営体は3ヶ年とも特に際立った銘柄がないもののブリの構成比率が高い漁獲金額組成（Y2）で推移しました。B、F経営体については、2007年はC、E経営体と同様の漁獲金額組成（Y2）でしたが、2008年から2009年にかけては、より一層ブリへの依存を強めた漁獲金額組成（Y3）へと変化しました。
［G経営体］
　3ヶ年とも特に際立った銘柄はないもののアジゴ、ツバスの構成比率が高い漁獲量組成（X3）で安定的に推移しました。水揚金額ベースでは、2007年は特に際立った銘柄がないもののブリの構成比率が高い漁獲金額組成（Y2）でしたが、2008年にはより一層ブリに依存した漁獲金額組成（Y3）へとなり、2009年には再び2007年と同様の漁獲金額組成（Y2）へと戻りました。
［H、I経営体］

3ヶ年ともサゴシを中心にツバス、ハマチの構成比率が高い漁獲量組成（X4）で安定的に推移 しました。水揚金額ベースでは、3ヶ年ともサゴシを中心にサワラの構成比率が高い漁獲金額 組成（Y1）で安定的に推移しました。

■各経営体（3ヶ年平均）の漁獲組成の特徴

［A経営体］

水揚量ベースではサゴシ、カタクチイワシに依存した漁獲量組成（X1）ですが、水揚金額ベー スではサゴシ、サワラへの依存が強い漁獲金額組成（Y1）となっています。

［B、C、D、E経営体］

B、C、D、E経営体の水揚量ベースではカタクチイワシに特に依存した漁獲量組成（X2）ですが、 水揚金額ベースでは、B経営体はブリに特に依存し、また中アジへの依存も強い漁獲金額組成（Y3）となり、C、E経営体はブリの構成比率が高いものの特に依存した銘柄のない漁獲金額組成（Y2）、D経営体はサゴシへの依存が強い漁獲金額組成（Y1）となっています。

［F、G経営体］

F、G経営体は、水揚量ベースでは特に際立った銘柄はないもののアジゴ、ツバスの構成比率が 高い漁獲量組成（X3）に分類されていますが、水揚金額ベースでは、F経営体はブリに特に依存し、 また中アジへの依存も高い漁獲金額組成（Y3）に、G経営体はブリの構成比率が高いものの特 に依存した銘柄のない漁獲金額組成（Y2）に分類されています。

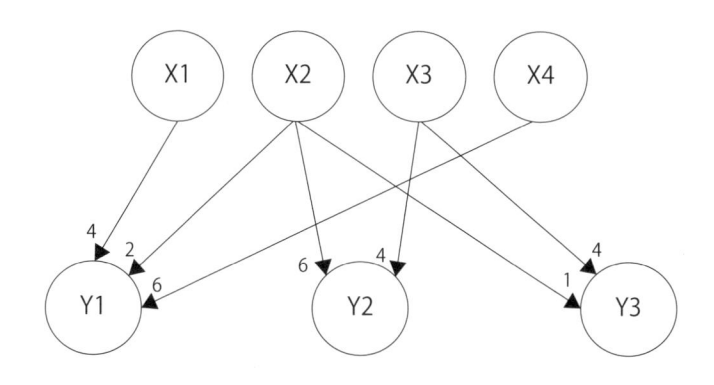

図2　水揚量ベースと水揚金額ベースのクラスターの対応関係

注：矢印の数値は、対応する 2007〜2009 年の間の経営体数です。

［H、I 経営体］

　H、I 経営体は、水揚量ベースではサゴシを中心にツバス、ハマチの構成比率が高い漁獲量組成（X4）に分類されています。水揚金額ベースではサゴシを中心にサワラの構成比率が高い漁獲　金額組成（Y1）に分類されています。

3-4. 水揚量ベースと水揚金額ベースのクラスターの対応関係

　図 2 は、表 3 で示した 2007 〜 2009 年における各経営体の水揚量ベースと水揚金額ベースのクラスターの対応関係を図示したものです。この図から水揚量ベースで X1 と X4 のクラスターに分類される経営体は、水揚金額ベースでは Y1 クラスターに属する傾向を持つことがわかります。また、X2 クラスターに分類される経営体は、Y1、Y3 クラスターに分類される場合もありますが、Y2 クラスターに分類される傾向が高いといえます。X3 クラスターに分類される経営体は、Y2、Y3 クラスターに分類される傾向を持つといえます。

　つまり、分析した経営体に関していえば、サゴシの水揚量の割合が高い経営体は、水揚金額でもサゴシに依存する傾向を持ち、カタクチイワシの水揚量の割合が高い経営体は、水揚金額ではカタクチイワシに依存しておらず、ブリ類（ブリ、ハマチ、ツバス）やサワラ類（サワラ、サゴシ）など他の魚種の銘柄に依存する傾向を持つといえます。また、サワラ類の水揚量の割合が低い経営体は、水揚金額ではブリ類の構成比率が高い傾向を持つといえます。

4. 長期における経営依存魚種の変化

　前節では短期（2007 〜 2009 年の 3 年間）での漁獲組成の変化についてみましたが、次に京都府大型定置網漁業の長期における経営依存魚種（水揚金額に占める割合が高い魚種）の変化についてみます。そこで、過去と近年の経営依存魚種の変化を比較するため、約 20 年前に飯塚ら (1990) が行った 3 ヶ年平均（1984 〜 1986 年）での各経営体の漁獲金額組成のクラスター分析による分類結果を下記にまとめてみました。

　飯塚ら (1990) によるとクラスターは 4 つのグループに分類され、ブリ類（ハマチ、マルゴ、ブリの合計）（22％）、マイワシ（19％）、その他イカ（スルメイカ除く）（11％）の水揚金額の割合が比較的高いグループ、カタクチイワシ（15％）、アジ類（大中アジ、小アジ、アジゴ）（13％）、カマス（11％）、ブリ類（9％）、マイワシ（8％）の水揚金額の割合が比較的高いグループ、カタクチイワシ（24％）、カマス（20％）、マイワシ（18％）の水揚金額の割合が

表4 各経営体の3ヶ年平均の重要銘柄別平均価格（円/kg）

	A	B	C	D	E	F	G	H	I	価格差 (最高価格/最低価格)
カタクチイワシ	*95*	*51*	*64*	*63*	*53*	50	62	100	17	6.0
アジコ	74	*79*	*118*	*55*	*69*	69	*73*	65	62	2.1
中アジ	583	*500*	599	*445*	506	*471*	590	*667*	343	1.9
サゴシ	*381*	349	324	*361*	313	329	311	*383*	338	1.2
サワラ	*948*	984	964	*932*	1,000	937	942	*989*	*932*	1.1
シイラ	143	88	73	55	55	52	53	95	104	2.8
ツバス	300	171	247	186	186	*192*	*197*	*298*	*246*	1.8
ハマチ	411	321	419	296	316	307	360	*580*	*446*	1.9
ブリ	999	*1,101*	*1,007*	953	*1,216*	969	*897*	885	663	1.8
秋イカ（アオリイカ）	767	623	997	800	790	882	774	1,498	755	2.4

注：斜体の値は、各経営体の漁獲組成で特に割合の高い銘柄の単価を表しています。

比較的高いグループ、ブリ類（26％）、マグロ（10％）、その他イカ（13％）の水揚金額の割合が比較的高いグループに分かれています。

このように約20年前ではマイワシやカマス、トビウオ等の魚種が主な経営依存魚種に含まれていましたが、前節の2007～2009年時点でのクラスター分析の結果では、各クラスター（Y1～3）におけるマイワシ、カマス、トビウオの構成比率はすべて5％未満となり、海洋環境の変化に伴い経営依存魚種が長期的に大きく変化していることが明らかとなりました。

5. 各経営体の重要銘柄別平均価格

本章第3節では京都府大型定置網漁業における重要銘柄を明らかにしましたが、ここでは個別経営体における重要銘柄の価格について少し触れておきます。

表4は、各経営体の重要銘柄別平均価格（2007～2009年の3ヶ年平均）について示しています。表4からサゴシ、サワラを除いた重要銘柄では、同じ京都府産の定置網漁獲物であっても経営体間に大きな価格差（1.8～6.0倍）が生じていることが把握できます。

特に漁獲量の多い銘柄や経営依存魚種に含まれる銘柄の価格の高低は、各経営体の経営に直接的な影響を及ぼすため、経営安定化のためにはこのような価格差が生じている要因や価格が低い要因を特定し、販売強化等によってこれらの銘柄の価格を向上させ高位安定化を図ることが重要といえます。

6. まとめ

第4章　海洋環境変化に伴う定置網漁業の漁獲組成の変動と経営問題

　京都府大型定置網漁業における漁獲組成は長期的に大きく変化し、約20年前ではマイワシやカマス、トビウオ等の魚種が経営依存魚種に含まれていましたが、近年ではそれらの魚種に依存していない漁獲組成へと変わり、海洋環境変化に伴って資源量が増大したサワラ類が経営依存魚種として高く位置づけられるようになりました。

　また、過去ではカタクチイワシが経営依存魚種に含まれていましたが、近年では漁獲量組成に占める割合が大きくても漁獲金額組成に占める割合は小さく、カタクチイワシによって経営を支えることが困難な状態になっているといえます。さらに、カタクチイワシの水揚量の割合が高い経営体（いわゆるイワシ定置網といわれるような経営体）であっても、水揚金額面では実質的にブリ類やサワラ類に依存した経営状況にあることがわかりました。他方、サゴシの水揚量の割合が高い経営体については、水揚金額でもサゴシに依存する傾向を持つことから、サゴシの漁況や価格によって経営が左右されるといえます。

　水揚金額ベースでのクラスター分析の結果からは、9経営体中6経営体が3年間同じ所属クラスターで推移し、3年間における短期変動において安定的な収益構造であることが示されました。しかし一方で、所属クラスターが変動した3経営体については、ブリへの経営依存の割合が短期的に変化することで所属クラスターが変化していることから、ブリだけに頼った漁業経営が不安定であることが示されており、ブリ以外の魚種（または市場銘柄）にも力を入れて経営安定化を図る必要があるといえます。

　また、優占種だけにとらわれずに収益構造に影響を与える銘柄の動きを常に把握しておくことも重要です。大量漁獲される優占種の漁獲量が変動し漁獲量組成に大きな変化が与えられたとしても、カタクチイワシのように価格が安ければ漁獲金額組成への影響が小さかったり、またブリのように比較的高価な銘柄の場合は、漁獲量に占める割合が小さくても漁獲金額組成に与える影響が大きかったりすることがあるからです。

　最後に、近年の海洋環境変化に伴う経営依存魚種の変動は、京都府大型定置網漁業の収益構造に大きな影響を与えており、その変動に対して臨機応変に対応できるかどうかが経営を左右するといっても過言ではないといえます。このような経営依存魚種の変動に対し、漁連や漁協だけでなく、産地仲買業者等との連携による産地全体での販路開拓や商品開発による経営依存魚種の付加価値化への取り組みが今後の定置網漁業の経営安定化への課題として求められているといえるでしょう。

注
(1) 竹内・秋山 (1994) を参照。
(2) ここでは、総漁獲量に占める魚種別漁獲量の構成比率を漁獲量組成、総漁獲金額に占める魚種別漁獲金額の構成比率を漁獲金額組成と呼び、それらの組成の総称を漁獲組成と呼ぶことにします。
(3) 木幡 (1994) を参照。
(4) 浜口 (1986)、三井田ら (1999) を参照。
(5) 定置網漁獲物の漁獲組成に関する既存研究は、三重県熊野灘沿岸域の定置網漁獲物の量的、質的特徴について分析を行った浜口 (1986)、京都府沿岸域の定置網漁獲物の特徴について分析を行った飯塚ら (1989)、漁獲物組成の地先間の類似関係に基づき相模湾沿岸域を漁業生産の特徴から区分した木幡 (1990)、神奈川県三浦地区の定置網漁獲物の特徴について分析を行った三井田ら (1999) などがありますが、漁獲量組成からの検討がほとんどです。漁獲金額組成による分析には、京都府沿岸域における大型定置網の海域を魚種別水揚金額によって類型化した飯塚ら (1990) があります。
(6) 京都府では京都府漁業協同組合連合会（以下、漁連）による一元集荷体制によって漁獲物のほとんどが集荷されているため、分析では漁連に水揚された市場銘柄別の水揚量・水揚金額のデータを漁獲量・漁獲金額の代わりに用います。なお、2007～2009 年の間に各経営体が出荷した定置網漁獲物に関する市場銘柄数は、多いところで 138 銘柄、少ないところで 97 銘柄でした。なお、漁連は、平成 25 年 7 月に京都府漁業協同組合に包括承継されました。
(7) 1～9 は A～I 経営体（2007 年）、10～18 は A～I 経営体（2008 年）、19～27 は A～I 経営体（2009 年）、28～36 は A～I 経営体（3ヶ年平均）の漁獲組成に対応しています。
(8) 出世魚であるサワラの地方名。概ね体重が 1kg 未満をサゴシ、1kg 以上をサワラと呼びます。
(9) 出世魚であるブリの地方名。概ね体重が 1kg 未満をツバス、1～2.5kg をハマチ、2.5～4kg をマルゴ、4kg 以上をブリと呼びます。

参考文献

[1] 飯塚覚・宗清正廣・河岸賢・和田洋蔵 (1989)「京都府沿岸域における定置 網漁場特性に関する研究 -」：漁獲物組成からみた海洋特性」、『京都海洋センター 研報』12、pp.53-60。

第 4 章　海洋環境変化に伴う定置網漁業の漁獲組成の変動と経営問題

[2]　飯塚覚・宗清正廣・和田洋蔵・田中雅幸 (1990)「京都府沿岸域における定置網漁場特性に関する研究 - Ⅱ：魚種別水揚金額からみた海洋特性」、『京都海洋センター研報』13、pp.41-47。
[3]　石黒格 (2008)「クラスター分析」、『Stata による社会調査データの分析―入門 から応用まで―』第 8 章、北大路書房、pp.119-132。
[4]　上田拓・的場達人 (2009)「サワラ漁獲量と水温との関係」、『福岡水海技セ研報』19、pp.69-74。
[5]　木幡孜 (1994)「漁業の生物的生産特性」、『漁業の理論と実際』、成山堂書店、 pp.49-98。
[6]　木幡孜 (1990)「回遊性浮魚魚類相による相模湾沿岸域の海域区分に関する研究」、『神奈川県水産試験場論文集』4、pp.1-56。
[7]　京都府水産事務所 (2010)『京都の水産』。
[8]　竹内正一・秋山清二 (1994)「ハイテク定置網の開発」、『ていち』86、pp.17-25。
[9]　為石日出生・藤井誠二・前林篤 (2005)「日本海水温のレジームシフトと漁況（サワラ・ブリ）との関係」、『沿岸海洋研究』42(2)、pp.125-131。
[10]　浜口勝則 (1986)「定置網漁獲物の特性と漁場の類型化に関する統計的研究」、『三重水技研報』1、pp.13-22。
[11]　三井田史親・根本雅生・竹内正一 (1999)「神奈川県三浦地区定置網漁場の漁獲特性に関する統計的研究」、『東京水産大学研究報告』86(2)、pp.55-67。

［謝辞］調査にご協力いただいた漁業者、京都府農林水産技術センター海洋センターの皆 様に感謝申し上げます。本分析に際して、京都府農林水産技術センター海洋センターの山崎淳博士、戸嶋孝博士、上野陽一郎氏から有益な助言や資料をいただきました。記して謝意を表します。

第1部　日本の漁業と地域経済

第5章　「由比桜えび」ブランド化戦略の実態と課題
―静岡県由比地区を事例に―

李　銀姫

1. はじめに

　日本漁業は資源減少、魚価低迷、コスト上昇という三重苦に直面しています（婁 (2008)）。排他的経済水域の設定に代表される新たな海洋利用秩序の確立による遠洋漁場の縮小、気候変動や地球温暖化、環境汚染・海洋汚染等による漁業資源へのダメージ、資源の過剰利用などにより、漁業資源の減少が深刻化しています。漁業生産量がピークを迎えた1984年の1,282万トンに比べ、3分の1ほどまで落ち込んだ2011年の漁業生産量(476万トン)がそれを物語っています。このような資源問題に対処するために、各地ではさまざまな資源管理の取組みが見られています。資源管理型漁業[1]の実施、資源回復計画[2]の策定、禁漁区・禁漁期の設定、稚魚の放流、藻場・干潟の造成等などがその代表的な政策として挙げられます。しかし、それにもかかわらず、厳しい経営状況に置かれている漁業地域が依然として多く存在します。それは、資源問題のほかにも、輸入水産物の増加や水産物の国内市場消費の低迷などを背景とする魚価の低迷や、燃油価格上昇によるコストの上昇等がこのような不安定な漁業情勢に拍車をかけているからです。資源管理への取組みだけで、いまの漁業危機を打開することはきわめて難しい状況を迎えていると言っても過言ではありません。

　そうした中、近年、限りある漁業資源を付加価値をつけて、安定的な経営につなげる取組みが全国的に広がっています。水産物ブランド化戦略がその代表的な取組みの一つとして挙げられます。とくに、2006年「地域団体商標制度」[3]が導入されて以来、その機運は一層高まっています（婁ら (2010)）。そこで、本章ではこのブランド化戦略の展開実態と課題を明らかにすべく、由比港漁業協同組合（以下「由比漁協」と呼ぶ）における取組みを事例として取り上げて検討することを目的としています。

由比地区は、サクラエビをめぐる漁業資源管理の先進地域として知られていますが、近年ではサクラエビのブランド化に積極的に取り組んでいます。そのブランド化への取り組みは多くの事例と同じように、完成しているものではなく、まだ試行錯誤の途上にあります。本章では、2006年11月に地域団体商標として登録され、地域ブランドとなった「由比桜えび」をめぐるブランド化戦略をケースとして取り上げて検証します。

2. 地域の概要

　2008年、静岡県の市町村合併により、由比町から静岡市清水区に編入された由比地区は、日本一深い湾として知られる駿河湾の奥部に位置しています(図1)。江戸時代には東海道由比宿の宿場町としても盛んであるなど、古くから東西を結ぶ交通の要衝地でもあります。また、海と山などの豊かな自然に恵まれ、ミカンやビワなどの農産物や、サクラエビやしらすなどの水産物が豊富な町として知られています。

　なかでもとくに、サクラエビは「駿河湾の宝石」とも呼ばれ、地域の経済を支える重要な地域資源となっています。それは、図2、図3からも伺うことができます。図2は、由比地区における主な漁業種類別の水揚量及びサクラエビの全体に占める割合を見たものです。まず絶対値から、サクラエビの水揚量

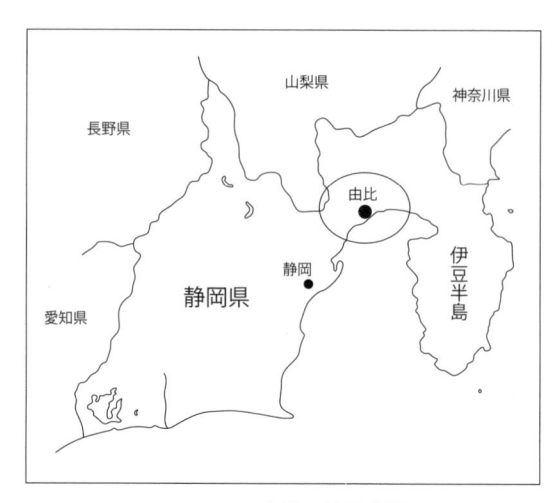

図1　由比の地理位置

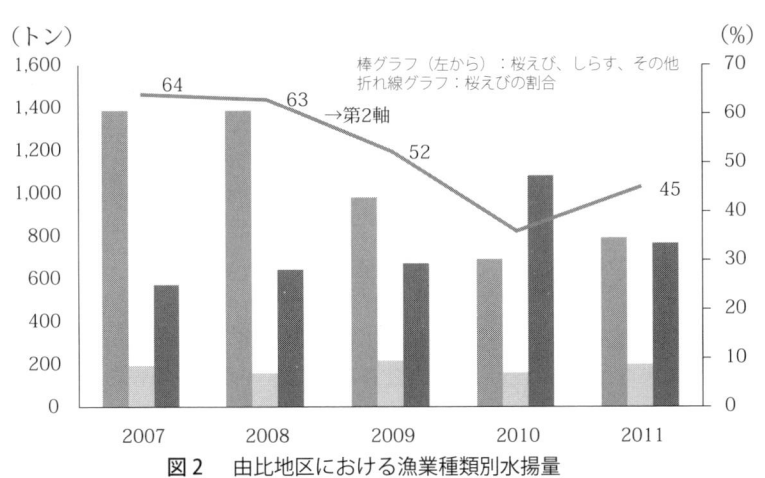

第1部 日本の漁業と地域経済

図2 由比地区における漁業種類別水揚量

棒グラフ（左から）：桜えび、しらす、その他
折れ線グラフ：桜えびの割合

桜えびの割合：2007年 64%、2008年 63%、2009年 52%、2010年 36%、2011年 45%

資料：由比港漁業協同組合のヒアリングにより作成。

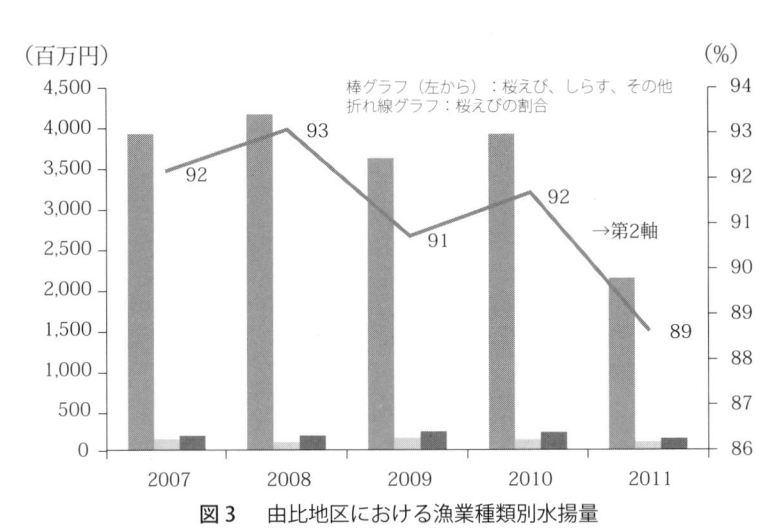

図3 由比地区における漁業種類別水揚量

棒グラフ（左から）：桜えび、しらす、その他
折れ線グラフ：桜えびの割合

桜えびの割合：2007年 92%、2008年 93%、2009年 91%、2010年 92%、2011年 89%

資料：由比港漁業協同組合のヒアリングにより作成。

は 1,300 トン台から 700 トン台で上下変動しており、2010 年を除くすべての年においてサクラエビの水揚量がトップとなっていることが分かります。また、全体に占めるサクラエビの割合からも、2007 年、2008 年は 6 割以上、近年では少し落ちてはいるものの依然として 4, 5 割以上を占めていることが分かります。図 3 は、主な漁業種類別の水揚金額及びサクラエビの割合を見たものです。サクラエビの水揚金額は 40 億円前後で推移しており、全体のおよそ 9 割を占めていることがよく分かります。

このような漁業を支える由比漁協は、2011 年度末現在、正組合員 268 名、准組合員 423 名が所属しています。サクラエビ漁業（42 経営体）、しらす漁業（32 経営体）を中心とする漁業経営体が計 121 を数えます。

由比地区では、サクラエビをはじめとする水産物の加工・流通を担う「由比桜海老商工業協同組合」（以下、「由比桜海老商工業組合」と呼ぶ）の存在があります。サクラエビのブランド化をはじめとするさまざまな販売促進活動を、生産者である漁協と密接に連携しているのがこの地域の特徴でもあります。

3. ブランド化取組みの概要

3-1. 経緯

サクラエビは、甲殻網サクラエビ科に属し、体長わずか 4～5cm 程で、国内では駿河湾にしか生息しない珍しい品種です。また、海外では台湾のみが生産しています。そのおかげで、競合が少なく、それなりの知名度を維持してきました。しかし、今日の漁業を取り巻く情勢の悪化や台湾産サクラエビの産地偽装問題などを背景に、由比産サクラエビの製品差別化を図り、更なる知名度の向上が必要となりました。そうした中、2005 年に地域産業の競争力強化を目的に「地域団体商標登録制度」が導入され、翌年から商標登録の出願の受付が開始されました。これをきっかけに、由比地区では地元出身の議員の情報提供や、「富士宮焼きそば」[4]の商標登録を担当した弁理士のアドバイスなどを基に、当時の由比町の支援を受けながら、サクラエビの商標登録に取り組んだわけです。商標を申請した主体は、生産者である由比漁協と、加工・販売業者である由比桜海老商工業組合です。このようにして、由比産のサクラエビは、2006 年 11 月に地域団体商標登録に許可され、新たな地域ブランドとして誕生したのです。

3-2. ブランドの定義

　表1のように、由比産サクラエビが新たな地域ブランドとして生まれ変わった正式な名称は「由比桜えび」です。写真1は、その商標マークです。そして、商標の権利者は申請者である由比漁協と由比商工業組合になります。登録対象としては、由比で水揚げ・加工・釜上げなどされたサクラエビです。

　登録対象品に関しては、さらに下記の4項目にわたる詳細な品質基準が定められています。すなわち、第1に、素干しサクラエビについては、水分含有量18%程度であって、色、つや、光沢のあるもので、丁寧に不純物の除去作業が行われているもの、第2に、釜上げサクラエビについては、塩度4.5度以下で煮沸したものであって、十分水切りをし、丁寧に不純物の除去作業が行われているもの、第3に、生(冷凍含む)については、特に鮮度の良い物

表1　「由比桜えび」の商標登録内容

商標名	由比桜えび（ゆいさくらえび）
権利者	由比港漁業協同組合、由比桜海老商工業協同組合
登録対象	由比で水揚げ・加工・釜揚げなどがされた桜えび
特記事項	三次加工品は含まない

資料：由比桜海老商工業協同組合へのヒアリングにより作成

写真1　「由比桜えび」の商標マーク

資料：由比桜海老商工業協同組合の提供。

第 5 章 「由比桜えび」ブランド化戦略の実態と課題

を使用し、各自の適した洗浄・滅菌方法、及び十分な水切りをしたものであって、丁寧な不純物除去作業が行われているもの、第 4 に、その他加工品については、素干し・釜上げ・生（冷凍含む）を原材料としたもの、の 4 つになります。
このように、「由比桜えび」とは、上述のすべての条件を満たしているものであると見ることができましょう。

3-3. 実施状況

　「由比桜えび」ブランドの商標名の使用に際しては、後述する「地域ブランド由比サクラエビ運営委員会」（以下、「サクラエビ運営委員会」と呼ぶ）の許可を受けた由比桜海老商工業組合またはその組合員、由比漁協の直売所、「桜えび運営委員会」の協議において認められた者、の 3 者に限ります。由比漁協のヒアリングによると、これまでは主に由比桜海老商工業組合又はその組合員、それから由比漁協の直売所による使用が多く、「桜えび運営委員会」の協議において認められた者の使用実績は、2012 年現在まだないのが現状です。使用形態としては、写真 2 のように、商標マークシールを商品に貼って販売する形をとっています。

生サクラエビ　　　　　　　　釜上げサクラエビ
写真 2 　「由比桜えび」商標の使用例
資料：㈱カタヤマキの HP より転載

　図 4 は、2006 年から 2011 年までにおける「由比桜えび」ブランドの商標シールの使用枚数を見たものです。商標登録しはじめた頃の 2006 年は 6 万枚台を使用しており、その後 8 万枚台から 9 万枚台へと伸びています。それから 2010 年に一旦 6 万枚台へと減ったものの、2011 年には 12 万枚台へと

急激に増えています。その背景には、2011年3月に、「桜えび運営委員会」による「由比桜えび」ブランドシールの使用販売先規制の緩和があったからです。具体的には、サクラエビの更なる販売の推進を図るため、当初の使用販売先として決められた「贈答品（ギフト商品）、自営直売所」という内容から、「贈答品（ギフト商品）、自営直売所、各自の納品先の販売所」というふうに規制緩和されたわけです。

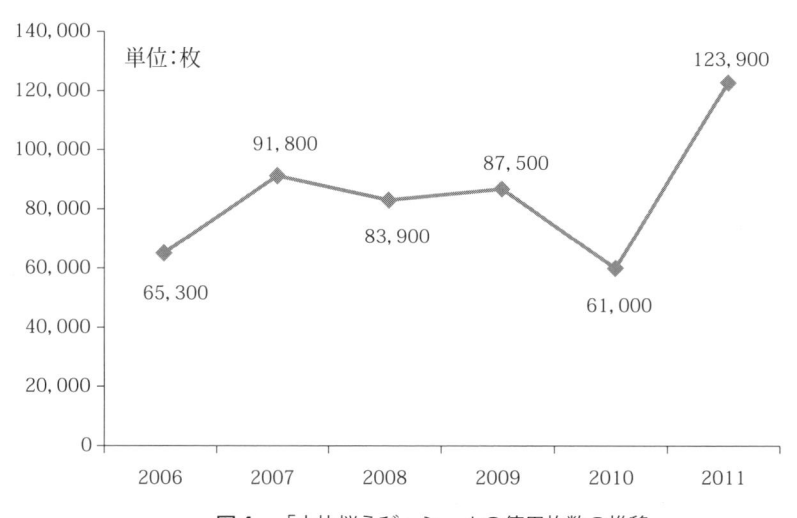

単位：枚

年	枚数
2006	65,300
2007	91,800
2008	83,900
2009	87,500
2010	61,000
2011	123,900

図4　「由比桜えび」シールの使用枚数の推移
資料：由比港漁業協同組合へのヒアリングにより作成。

4. ブランド化戦略の実態

4-1. マーケティング戦略

　一般的に、マーケティングの基本戦略として製品戦略（Product）、価格戦略（Price）、チャネル戦略（Place）、プロモーション戦略（Promotion）のいわゆる「4P戦略」があります。「由比桜えび」ブランドのマーケティング戦略としては、①製品戦略、②チャネル戦略、③プロモーション戦略、の三つを確認できます。

(1)　製品戦略

　製品戦略として、まず挙げられるのはブランド名の決定です。「由比桜えび」は、「由比」という地名と「サクラエビ」という水産物名を合わせたブランド

第5章 「由比桜えび」ブランド化戦略の実態と課題

名となっており、古くから地元の人たちに愛されてきた名称をそのまま生かすだけではなく、由比で生産された良質であるサクラエビというブランド品の特徴をよく表している名称がつけられています。

次に、高鮮度、良質、美しさ（色・つや・光沢）、美味しさなどの差別化要素を創り出す、「由比桜えび」の製品差別化戦略の取組みが挙げられます。漁場においては、プール制の導入や産卵調査、魚体サイズの事前確認による小型魚体の保護、県で定められた禁漁期以外の休漁などを実施しながら、サクラエビ資源の保護・管理に積極的に取組んでいます。また、船上から荷捌き所に至るまでは、先述した品質基準を満たすための最適な洗浄・滅菌、不純物の除去作業など、衛生管理と鮮度保持に細心の注意を払いながら品物を扱っているわけです。

その裏付けとして、2009年5月に由比漁協は、マリン・エコラベル・ジャパン（MELジャパン）[5]により、生産段階認証と流通加工段階認証を取得しています（写真3）。また、2010年には、由比漁協の「生サクラエビと冷凍生サクラエビ」が静岡県における農林水産物・加工品の認定制度である「しずおか食セレクション」[6]に認定されています（写真4）。このように、「由比桜えび」ブランドの製品差別化が図られているわけです。

写真3　MELジャパンのロゴマーク　　写真4　しずおか食セレクションの認証マーク

資料：由比漁協ヒアリング資料「MELジャパン生産段階認証を目指して」（前者）、及び「しずおか食セクションガイドブック」（後者）による。

(2) チャネル戦略

由比地区では、「産地→産地卸市場→消費地卸市場→小売→消費者」という伝統的な市場流通チャネルに加えて、非市場流通チャネルを開拓しており、漁協直売所や加工・販売業者との連携、インターネット販売など、チャネルの多様化戦略を展開しています。

漁協の直売所は、1999年11月にオープンし、年間の来客数およそ5万人、年間売上額およそ2億円の実績を有しています。サクラエビ・シラスを中心としたさまざまな商品を扱っています。漁協のホームページには、FAXによる注文用紙をアップしており、24時間注文受付を行っています。

また、先述したように、由比地区では生産者としての由比漁協と加工・販売業者としての由比桜海老商工業組合との連携が密接であることが特徴です。それがチャネル戦略としても功を奏しているわけです。2012年現在、由比桜海老商工業組合には、サクラエビを扱っている業者が38業者ほどあり、由比漁協から直接サクラエビを仕入れて、加工・販売を行っています。

(3) プロモーション戦略

プロモーション戦略は、顧客とのコミュニケーションを築くものであり、ブランドの信頼性を向上させる重要な役割を果たしています。由比地区におけるサクラエビのプロモーション戦略としては、サクラエビまつりの開催、浜のかきあげやの経営、体験学習・料理教室による食育活動、他県漁協とのブランド交流などが挙げられます。

まず、サクラエビまつりは、毎年の5月3日（憲法記念日）に開催されるもので、サクラエビやしらすなど地域特産品の直販や、サクラエビ漁船を利用した体験乗船などによる情報発信を積極的に行っています。2012年で18回目を迎え、来場者数も6万人を超えるなど、いまでは由比地区の一大行事となっています。

次に、浜のかきあげやによるPR効果が挙げられます。これは、2006年にオープンした漁協直営の簡易な魚食レストランで、「由比どんぶり」、「かき揚げ丼」、「サクラエビドーナツ」など豊富なサクラエビメニューを提供しています。オープンして以来、サクラエビの知名度アップのみではなく、由比漁協直売所の売上げの向上や観光客の増加などの相乗効果も現れています。

第3に、体験学習・料理教室による食育活動でPR効果を得ています。漁船乗船での海上遊覧、魚のおろし方・料理の仕方・食べ方の学習、マイナス40℃の冷凍庫体験などが主な内容となっています。2005年からスタートして

おり、2011年までに横浜市や八王子市を中心とする小学生およそ13,751人を受け入れています。

　最後に、他県漁協とのブランド交流が挙げられます。由比漁協は、2008年5月に富山県の新湊漁協と姉妹漁協提携を結んだことをきっかけに、由比産サクラエビの「紅」と新湊産白えびの「白」で、紅白のおめでたいえびのPRを兼ね、漁協間の定期的な交流を展開しています。例えば、2008年には新湊漁協より由比地区の小・中学校の給食へ紅ズワイガニを提供しており、翌年には由比のサクラエビが富山県射水市の学校給食に登場しています。

4-2. 取組み体制の確立

　「由比桜えび」ブランド化取組みの体制づくりとしては、「由比桜えび運営委員会」の発足が挙げられます。

　由比桜えび運営委員会の前身は、本格的なブランド化の取組みを目的に2005年10月に立ち上げられた「由比桜えびブランド専門部会」です。2006年の商標登録までは、ブランド取得例の勉強会・公聴会の開催や、品質基準、使用基準に関する規約の作成、ブランドシールの作成配布、出荷実績の調査、各種PRイベントの開催など、商標登録に向けたさまざまな準備作業を行っていました。その後、商標登録後の2007年から現在の名称に変更したわけです。由比桜えび運営委員会は、由比桜海老商工業組合と由比漁協を合わせた68名の組合員により構成されており、「由比桜えび」ブランドの管理者として位置づけられています。主な事業内容としては、組合員のための共同宣伝活動やブランドシールの作成、組合員へのシール販売、組合員の事業のための品質技術の改善・向上、後述する「地域ブランド由比桜えび規約」（以下、「由比桜えび規約」と呼ぶ）の作成・変更などがあります。

　表2の通り、「由比桜えび規約」は、駿河湾産のサクラエビの生産または役務に携わる者が協力し、需要者の認知を高め、商品または役務の内容の高度化と差別化、食の安全、品質の向上、イメージアップ等を目的として定められた規約です（第1条）。計10条となっており、2007年3月29日より実施されています。具体的には、「由比桜えび」商標の所有者は由比桜海老商工業組合と由比漁協であり、管理者は「由比桜えび運営委員会」であること（第2条）や、「由比桜えび」商標の使用に際しては、上記委員会の許可を受けなければならないこと（第4条）、申請資格者としては由比桜海老商工業組合またはその組合員、由比漁協の直売所、上記委員会の協議において認められた者であること

表2 「地域ブランド由比桜えび規約」の概要

目　的	第1条	需要者の認知を高め、高度化・差別化、品質向上、イメージアップ等を目的とする。
組織、管理・運営	第2条～第3条	・所有者は由比町桜海老商工業協同組合、由比港漁業協同組合である。 ・管理者は地域ブランド由比桜えび運営委員会（以下「委員会」という）である。 ・「由比桜えび」の管理・運営は委員会に委託する。
使用の申請、許可	第4条～第5条	・「由比桜えび」商標の使用は、委員会の許可を得なければならない。 ・申請資格者としては商工業組合またはその組合員、漁業の直売所、上記委員会の協議において認められた者である。
使用の基準、範囲	第6条～第7条	素干し桜えび、釜揚げ桜えび、生（冷凍含む）、その他加工品等の詳細な品質基準や「由比桜えび」商標の使用範囲について定めている。
クレーム等報告の義務、罰則	第8条～第10条	・クレーム等の対応は許可認定者が個々に行う。 ・規約違反について、委員会の協議の下罰則を課することができる。 ・委員会の協議の下、規約の変更ができる。
附則		2007年3月29日より実施する。

資料：由比桜海老商工業協同組合へのヒアリングにより作成

（第5条）などについて定められています。また、上記委員会の協議によって当該規約を変更することができること（第10条）についても明らかにしています。

このように、「由比桜えび」ブランド化の取組みは、由比サクラエビ運営委員会の発足や由比桜えび規約の策定など、しっかりとその体制が整えられています。

5. おわりに─効果と課題─

これまで見てきたように、「由比桜えび」ブランド化の取組みは2006年11月の地域団体商標登録から6年間ほど展開されてきました。それにより観光客の増加、漁協直売所、魚食レストランの売上高の向上など、さまざまな相乗効果が得られたと評価できましょう。しかし、由比漁協や由比桜海老商工業組合の関係者らは、由比産のサクラエビは古くからそれなりの知名度があり、とくにブランド化の取組みによる価格の向上効果は期待しにくいとみています。サクラエビの価格決定はセリ・入札取引を基本としている産地市場において、商工組合に属している産地仲買人の手によって行われている現状からして、こ

第5章 「由比桜えび」ブランド化戦略の実態と課題

のような評価はある意味予想されたことであります。価格を決定できないという点が当該ブランド化戦略の一番のウィークポイントであるかもしれません。より有効的なブランド化戦略を展開するには、まだ多くの課題が残されているようです。ここでは、とくに市場の明確化という視点からいくつかの課題を指摘し、本章を締めくくりたいと思います。

　まず、「由比桜えび」のコンセプトのより一層の明確化です。サクラエビに関しては、由比漁協と由比桜海老商工業組合が「由比桜えび」の地域団体商標を取得したほかに、蒲原桜海老商業協同組合・由比桜海老商工業組合・大井川港桜海老商業協同組合が「駿河湾桜えび」という名称の地域団体商標を取得しています。ほかにも、由比漁協や大井川港漁業協同組合、静岡県桜海老加工組合連合会が「しずおか食セレクション」の認定を受けており、みんなが「駿河湾で漁獲、色彩、美しさ、美味しさ」などの似たようなコンセプトでうたっているように思われます。せっかくブランドものとなってはいるものの、その他の商標との区別がつきにくく、消費者が混乱しやすい状況となっています。「サクラエビ」としてのコンセプトではなく、「由比桜えび」としてのコンセプトの明確化による他のブランドとの差別化が必要でしょう。

　第2に、「由比桜えび」の市場ポジショニングの明確化です。市場ポジショニングとは市場の中における位置づけを意味しており、高級品として位置づけるか、大衆品として位置づけるかなどの戦略があります。「由比桜えび」は、とくに市場ポジショニングを意識したものではないですが、価格の形成などから判断すれば、高級品、大衆品としてのポジションにあることが伺えます。これは、一つは「駿河湾桜えび」ブランドとの差別化が図りにくい点、もう一つは商標登録の効果・メリットが得にくい点が指摘できます。というのは、サクラエビは国内外を含めて生産地が限られているため、ほかの商品との競合が少なく、商標登録以前からもそれなりの知名度を有しているゆえ、売れ筋もそれなりによかったからです。「由比桜えび」ブランドとしての意識的な市場ポジショニングの検討や明確化がよりブランド効果をもたらすと考えられます。

　最後に、第1課題、第2課題を踏まえたうえ、それに関する更なるプロモーション戦略が必要でしょう。先述したようなサクラエビまつりの開催や魚食レストランの経営、体験学習・料理教室の開催などによる「由比桜えび」ブランドのPR効果は否めないが、それらはブランド知名度のアップを主目的としたものとはいえず、「由比桜えび」ブランドそのものの周知のための戦略が必要であると思われます。そのためには、由比漁協や由比桜海老商工業組合独自の

予算のみではなく、助成金・補助金、寄付金など、行政やその他の関連機関、企業などの連携による外部資金の獲得が課題となるでしょう。

注
(1) 資源管理型漁業とは、1980年代に入ってから日本において、それまでの「資源略奪型漁業」への反省から導入された概念で、漁業者の自主性を重んじた自主管理を基本として、資源管理や漁業管理、漁獲物の付加価値向上やコスト削減などの経営管理等を内容とする総合的な漁業管理活動であり、それによって持続的な漁業の実現が追求されています。
(2) 資源回復計画とは、同じ魚種を漁獲する漁業者が地域・漁業種類の枠を超えて協力し、漁獲努力量（魚を獲る作業量のこと）、漁場の保全、回復（海底清掃、海岸の掃除、海底耕運）、種苗の放流とその適切な管理などを行い減少した資源の回復を目指すものです（全漁連HP）。
(3) 地域団体商標制度とは、「地名＋商品（役務）名」からなる地域ブランドが商標権を得るための基準を緩和し、事業協同組合や農業協同組合等の団体が商標を使用することにより、一定範囲の周知度を得た段階で地域団体商標として早期に権利取得することを可能とした制度です（「商標登録専門サイト」HP）。
(4) 富士宮焼きそばは、静岡県富士宮市特産のやきそばです。一般の焼きそばに使われることの多い中華麺よりも、水分量の少ない硬くコシのある麺を使うことが特徴で、2004年12月には「富士宮やきそば」として商標登録されています。
(5) マリン・エコラベル・ジャパン（MELジャパン）は、水産資源と海にやさしい漁業を応援する制度として2007年12月に発足しました。この制度は、資源と生態系の保護に積極的に取組んでいる漁業を認証し、その製品に水産エコラベルをつけるものです。生産段階認証と流通加工段階認証があり、前者の要件としては、確立された実効ある漁業管理制度の下で漁業が行われていること、対象資源が持続的に利用される水準を維持していること、海洋生態系の保全に適切な措置が取られていることです。後者については、トレーサビリティが確保されていること、対象水産物以外の水産物の混入、混在が防止される管理体制があることなどが要件です（西村(2009)）。
(6) 「しずおか食セレクション」は、農林水産物やその加工品を対象とする静岡県独自の認定制度です。2010年度、由比港漁協の生サクラエビ・冷凍生サクラエビ、大井川港漁業協同組合の生サクラエビをはじめとする20品目が認定されています。

第 5 章 「由比桜えび」ブランド化戦略の実態と課題

参考文献

[1]　西村雅志 (2009)「マリン・エコラベル・ジャパン―川下から資源管理を促進する」、『海洋政策研究財団ニューズレター』208。

[2]　婁小波 (2008)「原油高時代の日本漁業について」、『海洋フォーラム講演要旨』、海洋政策研究財団。

[3]　婁小波・波積真理・日高健 (2010)『水産物ブランド化戦略の理論の実践―地域資源を価値創造するマーケティング』、北斗書房。

[付記] 本稿の執筆に際して、由比港漁業協同組合の宮原淳一組合長、由比桜海老商工業協同組合の望月由喜男理事長をはじめとする皆様に多大なご協力をいただきました。この場をお借りして感謝申し上げたいと思います。

第6章　魚類養殖業の新たな販売戦略
―養殖魚種の多様化から6次産業化へ向けた愛媛県の取り組み―

前潟　光弘

1．はじめに

　2012年版「水産白書」（水産庁(2012)）によれば、「我が国の漁業・養殖業生産量は、1984年の1,282万トンをピークに、1995年頃にかけて急速に減少し、その後は緩やかな減少傾向が続いている」とあります。さらに同書では養殖業をめぐる動向として、「国内生産のうち、養殖業が占める割合は、2010年において、生産量で22％（115万トン）、生産額で33％（4,886億円）」としています。また、国内生産量の半数以上が養殖業によって生産されている魚種として、ウナギ（99％）、マダイ（82％）、クルマエビ（75％）、ブリ類（57％）をあげています。

　本稿で事例として取り上げる愛媛県は、マダイ養殖の一大産地であり、これまでも多くの調査・報告がなされています。2010年度の地域漁業学会では大会シンポジウムテーマを「養殖マダイの価値再生―商品として、消費から生産～加工・流通を見直す―」として愛媛県松山市で開催されました[1]。

　養殖業の特徴の一つとして、養殖魚種の複合養殖が積極的に行われていることがあげられます。多くの産地では、価値拡大を目指すことを目的に地区全体として特定の魚種を生産する事に特化して、「産地名＋魚種名」を地域団体商標として用い、養殖魚種のブランド化を図る傾向にあります[2]。しかしながら愛媛県では、マダイの一大産地であるにも関わらず、マダイに特化するだけではなく、トラフグなど複数魚種を養殖している業者が多数存在します。特定の養殖魚種生産に特化した場合、市場価格が下落した時の被害が大きくなります。そのようなリスクを分散するために複合養殖を行っているわけです。

　本稿では、マダイ養殖に限定することなく、マダイ以外の養殖、特にトラフグやクエなどの高級魚の養殖から、養殖業者による加工・販売、いわゆる6次産業化へと、養殖魚の新たな販売戦略を行っている業者に焦点を当て、彼ら

の販売戦略の特質と課題を検証することを目的としています。

　ちなみに6次産業化とは、1次産業に分類される漁業者が従来のように生産を行うばかりではなく、生産した水産物を加工し（2次産業）、さらには生産物を流通・販売（3次産業）することにより、これまで第2次・第3次産業事業者が得ていた付加価値を漁業者自身が得ることによって水産業を活性化させようというものです。これらの数字（1次・2次・3次）を足し算して、6次産業と呼んでいます[3]。

2. 全国に占める愛媛県の位置づけ－マダイ・トラフグ養殖を中心に－

　愛媛県では、県庁内に「えひめ愛フード推進機構」を設置し、2002年より「愛媛県には愛がある」をキャッチフレーズとして農林水産物の消費拡大・販売拡大を図っています。これらの「愛」あるブランド産品の中に、水産物では「媛(ひめ)ふく」、「愛育ひめマハタ」、「ハーブ媛ひらめ」、「戸島一番ブリ」、「愛鯛」、「愛南ヒオウギ」が認定されています。さらに2012年には、愛媛県産養殖魚の愛称を「愛育（あいいく）フィッシュ」と名付け、県内のスーパーなどでロゴを商品に貼るなどして、さらなる販売促進に努めています。

　国内主要養殖産地の一つである愛媛県は、主な産地として県央部と県南部の二つに大きく分けられます（図1）。県央部の養殖業者の特徴としては、中・小規模の養殖業者が多く、養殖魚種もブリ、マダイを中心に複合養殖を行っています。これに対して県南部では大規模な養殖業者が多く、養殖魚種もマダイ専業の業者が多くなっています。

　ここではまず始めに、全国の養殖動向について、続いて事例とした愛媛県の養殖業、特に複合養殖業者について見ていきます。

図1　事例地位置図

2-1. 全国の養殖業の動向

　1990年以降の主な養殖魚種別生産量の推移を見たものが図2です。同図から、魚種別の養殖量はブリ（ハマチ、以下同様）が多いことがわかります。その生産量は、緩やかな減少傾向にあるとはいえ、2010年度で約140万トンと他の魚種と比べても圧倒的に多くなっています。

　次いで生産量が多いのはマダイです。ブリと比較すると約半分ですが、ヒラ

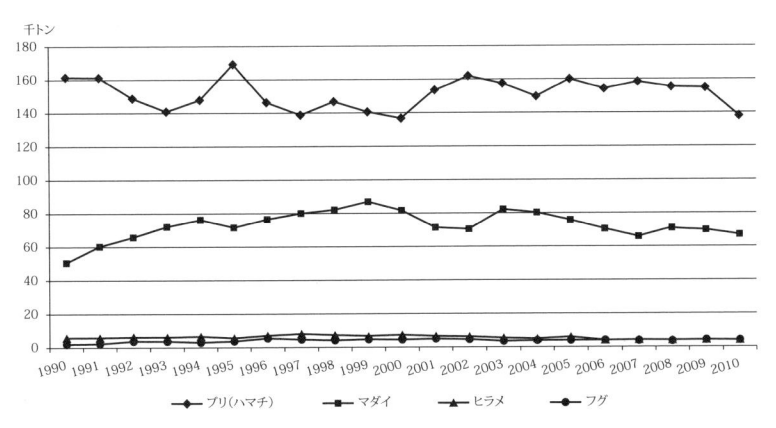

図2　養殖魚種別生産量の年次推移（全国）
資料：愛媛県庁資料より作成。

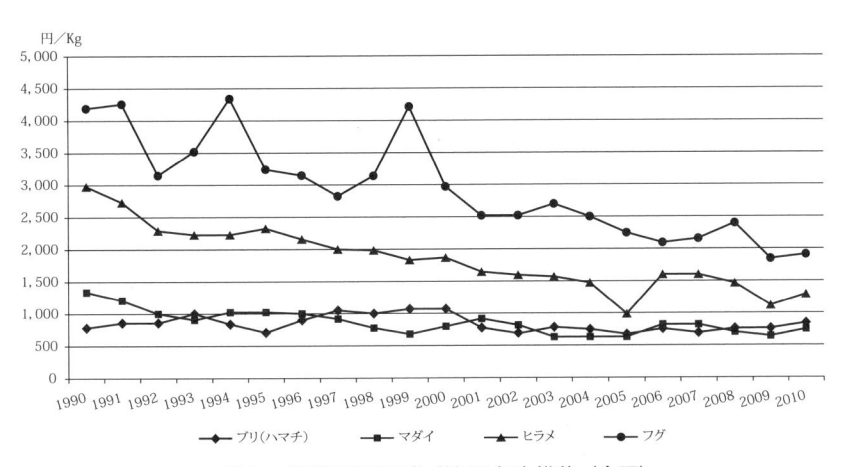

図3　養殖魚種別平均単価の年次推移（全国）
資料：愛媛県庁資料より作成。

メやフグと比較すると10倍以上の生産量となっています。

生産量で見れば、ブリやマダイが重要な養殖魚種ですが、価格面から見た場合はどうでしょう。図3に魚種別の平均単価の推移を示します。同図よりKg当たりの価格は、フグ（トラフグ）が最も高いものの、年々単価は下落していることがわかります。1990年以降、平均単価はピークであった1994年の約4,300円から、2010年には約1,900円にまで大きく下落しています。その要因の一つには、中国などからの輸入物の増加が考えられます。

同様にヒラメを見ると、ピーク時の半額以下に下落しています。これに対して、単価が1,000円前後のブリやマダイの下落率は低くなっています。さらに詳しく1990年と2010年を比較すると、ブリは単価が下落しているにもかかわらず、マダイは約30％価格が上昇しています。それでも2000年以降は単価が1,000円を超えることはなく、厳しい状況が続いていることは間違いありません。

2-2. 愛媛県における養殖業の特徴

先にも述べたように、愛媛県の養殖業の特徴は、国内養殖マダイ生産量及び生産金額が全国の半分以上を占めている点にあります（表1）。特に、生産量の割合と生産金額の割合を比較すると、生産金額の割合の方が高くなっています。つまり、愛媛県産養殖マダイは、高品質の点を評価されているということがわかります。生産量で見れば、マダイに次いでブリ類[4]、ヒラメの順であり、生産金額では、ヒラメ、ブリ類の順となっています。同表を見ると、フグ（トラフグ）は281トン（全国シェア6.4％）、6.47億円（同7.7％）と少ないように思えますが、産地別で見ると長崎、熊本に次ぐ第3位の位置であり、トラフグ養殖の重要な産地の一つということができます。

表1　全国及び愛媛県の養殖魚類生産量及び金額と愛媛県の割合（2010）

単位：トン　百万円

	生産量			生産金額		
	全国	愛媛県	割合(%)	全国	愛媛県	割合(%)
マダイ	67,607	35,457	52.4	50,609	26,993	53.3
ブリ類	138,936	24,565	17.7	117,630	20,680	17.6
ヒラメ	3,977	696	17.5	5,099	934	18.3
マアジ	1,471	192	13.1	1,253	178	14.2
フグ	4,410	281	6.4	8,394	647	7.7
その他	29,311	2,749	9.4	35,716	3,641	10.2
合計	245,712	63,940	26.0	218,701	53,073	24.3

資料：愛媛県庁資料より作成

また愛媛県では、マダイやハマチ主体の従来型の養殖・流通・販売形態を打開するため、45歳未満の後継者を対象に、認定漁業士養成講座を開講し、認定漁業士の資格を認定しています[5]。2008年には26名の認定漁業士が誕生し、2012年9月段階で45名が資格を得ています。これらの認定漁業士たちによって、県南部5市1町（愛南町・宇和島市・西予市・伊方市・八幡浜市・大洲市）に愛媛県認定漁業士協同組合が設立されました。同組合のホームページを見れば、飼育魚種や写真入りの組合員紹介もなされており、養殖魚の購入も可能となっています。
　以下、マダイ及びトラフグ養殖について見ていくことにします。

(1) マダイ養殖の特徴

　先にも述べたように、愛媛県では養殖マダイを「愛鯛」ブランドとして認定し、販売拡大を目指しています。ブランド認定[6]には、味、歯ごたえ、身質、栄養、鮮度の持続、生産管理、漁場環境、飼育環境、独自配合の餌料、厳しい肉質検査、HACCP認定の加工工場など厳しい条件をクリアする必要があります。しかしながら、このような愛媛県のブランド化の取り組みとは別に、愛媛県産マダイには数多くのブランドネームが存在（竹ノ内(2011)）p.78し、20を超える異なる名前の付いたマダイが販売されているようです。これは、愛媛県が目指すブランド化の妨げになる可能性が高くなると考えられます。

　一方で、愛媛県産養殖マダイは、海外へも活魚出荷されています。愛媛県では、愛媛県産業貿易振興協会が設立され、輸出に力を注いでいます。マダイの輸出先は、大韓民国(韓国)であり、2009年に日本から大韓民国へ輸出された養殖マダイの総輸出量は約5,100トンでした。そのうち愛媛県（宇和島）産が60％を占めていました（柳・山尾(2011).p.49）。しかしながら、大韓民国での販売は全て「日本産」としての流通[7]であり、愛媛県が望む「愛媛県産」では流通していなかったというのが現実のようです。

(2) トラフグ養殖の特徴

　愛媛県内のトラフグ養殖業者は宇和島市に集中しており、養殖業者数は9業者で、全てが複合養殖を行っています。トラフグ養殖業者が協力して、2011年7月には「宇和島ひめふぐ協同組合」が設立されました[8]。設立の目的は、魚類養殖魚及び加工品の共同受注・協同販売や養殖用資材等の共同購入にあります。

　主な出荷先である大阪中央市場の仲買人によれば、愛媛県産トラフグの評価は限定的であるようです（前潟(2009).p.25）。評価の厳しい点として、臭い

の問題が指摘されています。他方、価格面（単価が安い）や出荷量の少ない夏場の出荷が可能（周年出荷）である点などが競争力であるとの指摘もされています。

3. 養殖業者の販売事例―加工販売を行っている業者の事例を中心に―

ここでは、複合養殖を行っている養殖業者の生産及び販売方法について、養殖生産プラス従来型加工販売を行っている養殖業者と養殖生産プラス大型加工販売を行っている養殖業者のタイプの異なる2業者への聞き取り調査を基に生産及び販売形態の違いを見ていくことにします。

3-1. 養殖生産プラス従来型加工販売（A業者）

従来型加工販売とは、養殖中の魚類の一部を天日干しするなどして加工・販売している業者のことをいいます。つまり、積極的な加工・販売への参入ではなく、活魚として出荷できない養殖魚を無駄の無いような形で販売しようとすることです。

A業者は、1989年に筏（イカダ）台数10台で養殖業に参入しました[9]。参入年の春にアジ養殖を始め、冬にはメバル養殖を加えています。さらにトラフグ養殖も加えていますが、歩留まりが悪いといった理由から3～4年で撤退しました。1991年には、マダイ養殖をスタートさせ、年を追うごとにマダイ尾数を増加させ、近年の養殖魚種の中心はマダイになってきています。マダイ導入数年後にも、スズキやウマヅラハギを導入しています。

さらに2000年頃にはクエを導入し、2010年前後に韓国からの天然種苗のアジ・メバルの養殖を始め、2012年には人工種苗のメバル養殖にも取り組んでいます。特に、クエの養殖に関しては、愛媛県水産試験場での種苗生産技術の確立が大きな要因となっています。

新魚種の導入や撤退を繰り返し、2012年9月現在では、筏[10]台数50台を有し、養殖魚種マダイ（筏台数30台）、サバ（同4台）、スズキ（同3台）、マハタ（同3台）、メバル（同2台）、アジ（同1台）などを養殖しています。

複合養殖のメリットとして、それぞれの魚種の出荷時期が異なっており、年間を通しての出荷が可能であることや、資本の回転の速さがあげられます。A業者は、今後さらなる養殖魚種の多様化を示唆しています。

水産物の加工については、養殖している魚の中で活魚及び鮮魚で出荷できなくなった魚を「一夜干し」として加工・販売を始めたのが最初であ

り、魚種はマダイが中心で、そのほかにマハタや漁船漁業で漁獲されたイカ、カマスなども加工を行っています。

　販売については、これまで殆どが系統販売であったものの、近年共同で魚類の販売会社を設立した結果、その80％強を新たに設立した会社で販売しており、系統販売は僅か5％程度となっています。なお、加工品の販売先は岡山県が中心となっています。

3-2. 養殖生産プラス大型加工販売（B業者）

　B業者は、複合養殖を行っている中規模養殖業者の中でも、規模の大きい業者に含まれます。B業者の養殖業への参入は1968年からで、養殖業と同時に旋網漁業へも参入しています。養殖魚種は、ハマチからスタートしており、その後、シマアジ、マダイと魚種を増やし、1980年頃にトラフグを追加、2000年以降はクエの養殖も始めました。2012年現在、トラフグ、クエ、キジハタ、シマアジ、マダイ、カンパチ、ハマチの7魚種の養殖を行っています。その間、2002年には会社の法人化を行いました。

　所有する養殖生簀は高知県にまで及んでおり、愛媛県内2漁場（主にトラフグ、クエ、キジハタ）と高知県内2漁場（主にマダイ、ハマチ、カンパチ、シマアジ）で養殖を行っています[11]。2012年現在、最も養殖されている魚種はトラフグ（筏台数45台）で、次いでマダイ（同30台）、クエ（同26台）の順となっています。これらを養殖するため、従業員を6名雇用しています。

　B業者は、養殖魚種のうち高級魚であるトラフグとクエを中心に加工・販売も手がけています。トラフグについては、約20年前から香川県の業者と協力し、夏場の販売を始めました。夏場の需要については、量的には売れないものの、単価が高いため、2012年8月には5〜6,000本を出荷しています。

　また出荷の際、活魚として販売できないトラフグが10％程度出てくるといいます。これを鮮魚として出荷するとなると、非常に単価が安くなります。鮮魚で出荷する予定のトラフグを自社で加工・販売したところ、鮮魚出荷の2〜3倍の利益を得ることができたといいます。そこで、2009年から本格的に加工業に参入することになりました。2010年には、えひめ産業振興財団の「地域密着型ビジネス創出事業助成金採択事業」[12]に採択され、翌年には助成金を利用した冷凍施設[13]を併設する加工場の建設を行いました。

　販売に際しては、ブランドタグの採用とインターネットを利用した通信販売を行っています。ブランドタグの採用とは、B社産であることを明確にするた

めに養殖魚ごとにオリジナルタグを付けて販売することをいいます。タグを付け自社産であることを強くアピールすることで、国産であることや確かな品質であることを証明しています。また、インターネット及び電話注文で、トラフグ及びクエ鍋セットや刺身も販売しています。

これらの加工品販売の売り上げは、養殖魚販売を含めた全体の10％程度であるといいます。Ｂ社ではこれから加工・販売に力を入れていく計画で、売り上げに占める割合を30％にまで引き上げていこうと日々努力しています。

４．新たな販売戦略の動き－６次産業化の動きを中心に－

１次産業に従事する生産者は、従来のように生産に集中するばかりではなく、近年では加工・販売も自分たちで行うような、いわゆる６次産業への展開が推進されてきました。では、事例として取り上げた養殖業者のような６次産業への参入は、希望すれば誰でも可能なのでしょうか。現実的には，厳しいものであることが想像できます。その要因として、①養殖魚種の多様化、②資本の確保、③販売ルートの確立、④原魚確保問題があげられます。

例えば、魚屋の店先に１種類の魚しかなければ、消費者は多くの種類が陳列されている魚屋へ向かうでしょう。その点、愛媛県の養殖業者が行っている養殖の多様化は有利に働くと思われます。販売アイテムを多数抱えることは商品を販売する側にも購入する側にも利点となりえます。

加工・販売などの新たな事業展開を行うには、資本面での問題が大きいと考えられます。一定以上の規模がなければ新たな事業への参入は難しいといわざるをえません。そのためには、補助金などの拡充が課題となります。その際には、やる気のある養殖業者の選定が重要です。

また、出来上がった製品をどのようなルートで販売するのかといった課題も重要になります。商品を販売するといった経験のない漁業者へのケアが重要となります。前述のＢ社のようにネット販売が可能であれば問題はありませんが、小規模な業者ではそれもなかなか厳しいでしょう。県の物産展での販売など行政側の協力が重要となってきます。

最後に、加工・販売が軌道に乗り始めた後、注文に応じられるだけの原料（養殖魚）を確保できるかが問題となります。Ｂ社での聞き取りでも、今後加工・販売の割合を売り上げの30％まで拡大する希望を持っています。その際、加工原料をどのようにして確保できるかが課題となります。本来、養殖魚は活魚での販売を基本としています。養殖中の魚を加工用原料として販売できるで

しょうか。活魚出荷と加工品出荷との販売価格の差にもよりますが、価格面から見て、活魚出荷が優先されると考えられます。その際、同魚種を養殖している他の生産者とのやりとりが重要となります。

　地域内の養殖業者から加工用原料を買い取り、付加価値の向上によって養殖業者全体の収益が向上することが望まれます。そうなってこその6次産業化の成功といえるでしょう。

注
(1) その成果として、2011年6月発行の地域漁業学会誌にシンポジウム特集が掲載されました。また大会では地域交流ミニシンポジウム「水産振興に関する地域の対応－愛媛県を事例として－」も開催され、報告集が出版されています。
(2) 養殖魚ではありませんが、「産地名＋魚種名」で成功している最も顕著な事例は、大分県佐賀関漁協の「関サバ」、「関アジ」でしょう。他の産地でもアジ・サバのブランド化が行われていますが、佐賀関産には及びません。
(3) 各産業の数字をかけ算した値の「6次」といった考え方もありますが、ここでは「足し算」と考えます。その理由として、かけ算の場合、基礎となるべき「1次」が必要ない値でもあるからです。
(4) ブリ類の中には、カンパチも含まれます。2010年統計によれば、愛媛県におけるカンパチ生産量は5,038トンであり、全国に占めるシェア12.5％で、鹿児島県に次いで第2位の地位を占めています。
(5) 愛媛県水産課での聞き取り及び認定漁業士協同組合ホームページ（2013年1月21日検索。http://www.e-gyogyoushi.jp/intro01.html）を参照しました。
(6) 愛鯛ホームページ（2013年1月21日検索。http://aitai-ehime.jp/）を参照しました。同ホームページには、愛鯛を買える店など詳しい情報が掲載されています。
(7) 学会開催時の韓国側研究者からの聞き取りによります。
(8) 愛媛県中小企業団体中央会2011年度1号機関誌を参照。しかし、現地での聞き取りによれば、2012年9月段階で、大規模養殖業者が諸事情により組合から脱退しています。
(9) 養殖業に参入する以前は、漁船漁業者として漁業に従事しており、漁業外からの参入ではありません。
(10) 筏の大きさは、縦10m×横10m×深さ10mです。
(11) B社ホームページ（2012年12月20日検索）を参照しました。
(12) 2010年第3回募集では、水産業・農業の中で、B社を含め13事業が採択されています。

第 6 章　魚類養殖業の新たな販売戦略

（13）冷凍施設は、保管用の− 60℃の冷凍庫を始め、冷凍用の− 45℃の冷凍庫やドライアイス用の− 80℃の冷凍庫を備えています。

参考文献
[1]　水産庁編 (2012)『水産白書 平成 24 年版』、農林統計協会。
[2]　竹ノ内徳人 (2011)「産地流通業者による養殖マダイ価値創造に向けた取り組み」、『地域漁業研究』、51(3)、pp.67-84。
[3]　前潟光弘 (2009)「大阪におけるフグ流通と養殖フグの評価」、『養殖フグの流通に関する調査研究』(社) 全国海水養魚協会 / 下関水産市場研究会、pp.12-28。
[4]　柳珉錫・山尾政博 (2011)「韓国における日本産養殖マダイの価値」、『地域漁業研究』51(3)、pp.45-66。

第7章　水産業を基軸とした6次産業化の意義と課題

宮田　勉

1．はじめに

　日本の水産物消費量は減少傾向にあり、特に近年、相対的に価格の安い鶏肉や豚肉にシフトしています[1]。一方、漁業生産においては、燃油価格や石油化学製品である漁業用ロープなどの資材価格が高止まりしており、漁業経営は厳しい状況下にあります[2]。このことから漁家の収益性改善は喫緊の課題となっているのが現状です。

　このようなことから漁業者人口は減少の一途を辿っていますが、漁業には多面的な機能が指摘されており、「豊かな自然環境の形成」「海の安全・安心の提供」「やすらぎ空間の提供」の3つがあげられています[3]。水産業は国民に魚介藻類を供給するだけでなく、このような点からも国民生活に貢献していると指摘されております。

　ところで、国内水産物生産量は474万トンであり、輸出量は73万トン、輸入量は484万トンであることから、国内で消費される水産物の概ね半分は輸入品に依存していることになります（2010年データ[2]）。その輸入水産物はエビ・カニ、マグロ類、サケ・マス類などの高級水産物が多く、そして、それらを輸入することによって、日本のグルメ文化を発展させてきました。

　エビ・カニの輸入量は1990年代中盤をピークに減少し、マグロ類は2000年代中盤をピークに減少に転じ、サケ・マス類は現在も高位でありますが横ばい状態であります[4]。その一方で、世界の水産物需要量は右肩上がりで推移しています。すなわち、日本における大量輸入・大量消費の構造は転換期を迎え、近年、国産水産物でグルメな日本国民の食を満たす必要が高まっております。

　これらのように、水産業は国民生活において必要不可欠な存在ではありますが、漁家の低収益性問題、高度化した消費者ニーズ対応問題などを水産業は包含しております。これを総合的に解決しようとする取組が6次産業化であり、

第7章 水産業を基軸とした6次産業化の意義と課題

1次産業、2次産業、3次産業を融合した概念であります。

農業では、道の駅などの直売、インショップ販売、農家レストランなど、6次産業化を通じて、生産者と消費者の距離がかなり近づいてきております。一方、水産物は、（ⅰ）腐敗性が高いため、販売や鮮度保持に専門的知識が必要であり、（ⅱ）加工されてない原魚、特に知名度の低い地魚は、消費者は料理方法が分からない、（ⅲ）消費者が内蔵等の生ゴミを嫌うこと、（ⅳ）小旅行の途中で購入した鮮魚の保存が困難など、水産物が十分に新たな販路を獲得するには至っていない状況であります（宮田 (2012)）。

水産関係者は、これらのような問題が解決できることを期待して、6次産業化の新たな展開を見つめているのが現状であります。

2. 6次産業化の目的と役割

農山漁村の6次産業化法[5]という法律の第1章総則の第1条に目的があり、次のとおり明記されています。「この法律は、農林漁業の振興を図る上で農林漁業経営の改善及び国産の農林水産物の消費の拡大が重要であることにかんがみ、農林水産物等及び農山漁村に存在する土地、水その他の資源を有効に活用した農林漁業者等による事業の多角化及び高度化、新たな事業の創出等に関する施策並びに地域の農林水産物の利用の促進に関する施策を総合的に推進することにより、農林漁業等の振興、農山漁村その他の地域の活性化及び消費者の利益の増進を図るとともに、食料自給率の向上及び環境への負荷の少ない社会の構築に寄与することを目的とする。」

また、6次産業化に期待される役割としては（ⅰ）雇用の創出、特に高齢者や女性、（ⅱ）生産者手取り割合の向上、（ⅲ）1、2、3次産業統合による1次産業の維持・発展、（ⅳ）多用な実需者との取引が拡大、（ⅴ）多用な実需者との取引によって多様な資源が利用可能、（ⅵ）取引先とのコミュニケーション能力向上、（ⅶ）未利用資源の利用促進、（ⅷ）生産から消費に至るローカルフードシステムの構築、（ⅸ）労働力を媒介として地域レベルに成果が波及することが指摘されております（斉藤 (2011b)）。

これらの目的と役割を達成するためには、6次産業化法の「資源を有効に活用」及び前段の（ⅴ）（ⅶ）から、顕在的な資源及び潜在的な資源を最大限有効活用することが求められます。沿岸地域資源としては、生物（食料）資源、レジャー資源、アメニティ資源、文化資源があることが指摘されています（婁 (2005)）。その他、漁港等の社会資本、海洋深層水などの水資源、医薬品など

の生物資源（非食用）、漁村で形成された社会関係資本／ソーシャルキャピタル(6)、さらに、将来的に期待されている、海底に存在する鉱物資源、天然ガス（メタンハイドレート含む）・風力・潮力等のエネルギー資源などがあります。このような資源のうち、水産業が盛んな地域においては、やはり漁業・養殖業がコアコンピタンスであることから、これらのような資源を漁業・養殖業という枠に統合、連結させたうえで、6次産業化を展開することが望ましいといえます（図1）。特に、未利用・低利用の生物資源の活用、レジャー資源、アメニティ資源、文化資源、さらにソーシャルキャピタルは6次産業化において重要な役割を果たすと考えられます。

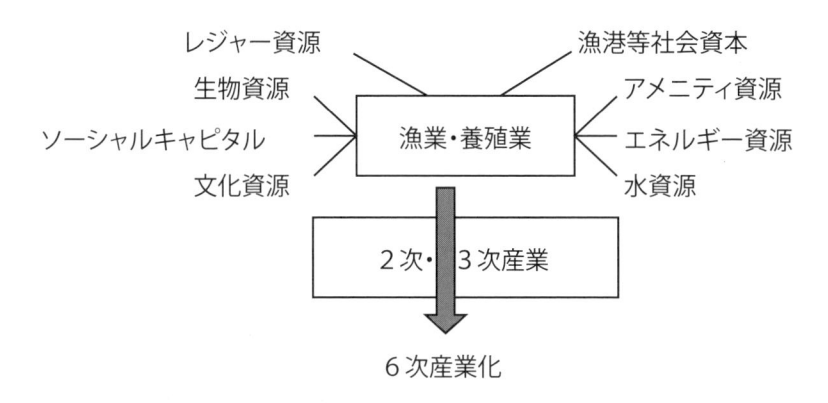

図1　沿岸地域資源から創造される6次産業化

3. 水産業を基軸とした6次産業化の事例詳解

3-1. 1次産業、2次産業、3次産業の範囲

　本報告では、1次産業とは漁業・養殖業であり、その定義は明確であります。ただし、2次産業及び3次産業にはやや曖昧な点があることから、ここで明確にしたいと思います。

　水産業に関連する2次産業は、「日本標準産業分類」では製造業の中の水産食料品製造業が該当し、一般的には水産加工業が該当します。さらに、「加工食品品質表示基準Q&A（第1集）消費者庁では「「加工」とは、あるものを材料としてその本質は保持させつつ、新しい属性を付加すること。」としています。

第7章　水産業を基軸とした6次産業化の意義と課題

これらから、一般的な水産加工製品である、缶詰、ねり製品、冷凍食品、素干し品、塩干品、煮干し品、塩蔵品、くん製品、節製品、生鮮冷凍水産物、焼・味付けのりなどに加え、内臓を除去することによって消化酵素による腐敗を遅らせた鮮魚も2次産業の範囲とここでは解釈することにします。

さて、3次産業ですが、経済産業省の統計「第3次産業活動指数」では、卸売業・小売業、宿泊業・飲食サービス業、生活関連サービス業・娯楽業など水産業に関連する分類がありますので、この範囲とします。

3-2. 事例詳解

ここでは3-1で述べた条件に合致し、6次産業化の視点で取組んでいる経営体を詳解します。

利用した資料は、6次産業化の取組事例集【123事例】（農林水産省生産局）2010年6月、6次産業化の取組事例集【100事例】（農林水産省総合食料局）2011年4月、水産物産地販売力強化事業事例集（株式会社ぐるなび）2010年度です。

6次産業に取組んでいる経営体は、ほぼ漁協あるいは漁協の女性部（主

表1　水産業を中心とした6次産業化の先行事例

経営体／実施主体	業態
漁協、女性部	直売（朝市）及び加工
漁協及び水産加工場LLP	卸売及び加工
漁家女性グループ	卸売及び加工
漁業生産者等	直売（店舗）及び卸売
漁協	直売（宅配・朝市）
漁協及び企業	卸売
漁業生産者等	外食、直売（店舗）、卸売、加工、漁業
漁協	直売（インターネット）
漁家女性グループ等	直売（朝市）、加工・卸売
漁協、女性部	直売（店舗）、加工（弁当など）
漁協、女性部	直売（移動販売）、加工
漁協	直売（インターネット、店舗）、加工
漁業生産者等	外食
漁協、女性部等	外食、直売（店舗）、加工
漁協	外食、直売（店舗）、加工
農山漁村女性グループ等	直売（移動販売）
漁業生産者等	直売、加工
漁協	外食、直売（朝市）
漁業生産者及び加工業者	直売（インターネット）、加工
漁協	卸売及び加工
漁協	卸売（量販店に販売スペース有り）
企業	直売（テナント）、卸売、加工
漁協	卸売及び加工
漁協及び加工業者	直売、卸売、加工
漁協	直売（移動販売、店舗）、卸売
漁協	卸売及び加工
漁協、女性部及び企業	直売（インターネット）、卸売、加工
漁協	卸売（給食）
漁協	卸売及び加工（開発）

出所：6次産業化の取組事例集【123事例】（農林水産省生産局）2010年6月、
　　　6次産業化の取組事例集【100事例】（農林水産省総合食料局）2011年4月、
　　　水産物産地販売力強化事業事例集（株式会社ぐるなび）2010年度。

に漁家の家族)となっており、漁業生産者の協同作業によって成り立っている特徴があります(表1)。

その経営体が営んでいる業態は直売が多く、朝市あるいはインターネット販売が主流となっており、経営体が自ら店舗を建てるなどの大規模な初期投資をすることなく、営んでいることが推察されます。また、直売とともに水産加工を営む経営体が多い実態があります(表1)。

直売に続いて多い業態は、卸売となっており、ここでも水産加工と組み合わせて営まれております。ただし、通常の卸売とは異なり、何らかの理由で流通に乗らない低利用魚の活用であったり、量販店内に専属売場を設けたり、高度衛生管理加工場との組み合わせであったり、給食に焦点を絞り種々の取引先を確保したり、商品開発を行うなど様々な特徴を有しています。卸売に続いて多い業態は、外食であり、地場魚介藻類を料理して提供しております。

各経営体が商品対象としている魚介藻類は、特定の種類でないケースが多くなっております。その魚介藻類は海面漁獲物・養殖物であり、淡水魚を対象としたケースは僅か1経営体となっております。また、低利用魚を対象としているケースもある程度あります(表1)。

経営体の所在地は九州地方が最も多く、次いで中部

対象魚介藻類	所在地
低利用魚	宮城県亘理町
ハモ	山口県下関市
へしこ(サバ)	福井県美浜町
地場魚介類	長崎県五島市
ホタテガイ	青森県野辺地町
地場魚介類	静岡県熱海市
地場魚介類	京都府伊根町
低利用魚・少量漁獲魚	福島県相馬市
エソ、アジ、シイラなど地魚	大分県佐伯市
地場魚介類	兵庫県たつの市
低利用魚	石川県輪島市
サンマ	北海道釧路市
アユ、ウナギ、コイ等川魚	鹿児島県霧島市
地場魚介類	山口県下関市
カンパチ	鹿児島県垂水市
鯛等地場魚介類	山口県柳井市
地場魚介類	徳島県阿南市
地場魚介類	神奈川県大磯町
ホッケなど底魚類	北海道小樽市
イワシ、小アジ、サバ等	千葉県南房総市
生シラス、未利用魚、カキなど	静岡県静岡市
未利用魚、低利用魚	愛知県蒲郡市
地場魚介類(定置網等)	富山県魚津市
マグロ	和歌山県那智勝浦町
低利用魚、ベニズワイ、ハタハタ等	兵庫県香美町
カナトフグ	福岡県福岡市
ノリ(B級品)	佐賀県佐賀市
養殖マダイ、地場魚介類(定置網等)	長崎県五島市
ノリ原藻	熊本県熊本市

第7章　水産業を基軸とした6次産業化の意義と課題

地方となっています（表1）。
　これらのことから、水産業を基軸とした6次産業は、漁業生産者が中心となって営んでおり、特に漁家の女性がメーンとなっておりました。さらに、直売＋水産加工の業態及び卸売＋水産加工が主流であり、その一方で、外食は僅かでありました。対象魚介藻類は、営んでいる人々が漁業関係者であることから地場魚介藻類を利用することは当然のこととして、その他の特徴としては低利用魚の活用となっておりました。

3-3. 6次産業化の成果

　6次産業化の成果情報は、参考にした資料には僅かしかありませんでしたが、先ず、その情報を紹介します。外食に取組んだある経営体では、来客数が2.6倍となり、売上額も急増し、また別の外食に取組んだ経営体では売上額が約45倍となったことが報告されています。
　さらに参考として、6次産業に取組んだ農業生産者を対象としたアンケートでは、6次産業化のメリットとして75％の経営体が所得の向上を挙げています[7]。さらに、経営規模拡大を検討している経営体は76％となっており、十分な成果が得られていることが推察されます。

4. 水産業を基軸とした6次産業化の課題

4-1. 6次産業化における低位な外食展開及び観光業の取組

　第1節で述べた、水産業を基軸とした6次産業化の課題、（ⅰ）腐敗性が高いため、販売や鮮度保持に専門的知識が必要であり、（ⅱ）加工されてない原魚、特に知名度の低い地魚は、消費者は料理方法が分からない、（ⅲ）消費者が内蔵等の生ゴミを嫌うことなどは、前節を概観する限り解決策が蓄積されつつあることが推察されました。しかし、（ⅳ）小旅行の途中で購入した鮮魚の保存が困難などの問題解決においては、その場で地場魚介藻類を食べること、つまり外食/レストランの拡大が考えられますが、前節の事例では、外食は直売や卸売と比較してかなり低位でありました。
　ところで、国内旅行の主な目的及び国内旅行先の主な行動を、最も回答が多い順に並べると「美しい自然・風景を見る」「温泉で休養」「旅行先の土地の郷土色豊かな料理等を食べる」・・・そして第15番目「体験型レクリエーション」あるいは「都市での観光・体験」となっており、郷土料理を食することはベスト3に入っており、観光客のニーズが非常に高いことを分かります[7]。また、

我が国においてはフード・ツーリズム現象が各地に見られるにもかかわらず、食産業と観光業の統合による地域振興の視点が低位であることが指摘されております（尾家 (2012)）。このような実態があるにも関わらず、水産業を基軸とした 6 次産業化では、外食経営は農業と比較して低位であります[8]。

さらに、農業を基軸とした 6 次産業化の事例では、観光農園をある程度営んでいますが[9]、水産業では、レジャーを基軸とした 6 次産業化の事例（前節）は 1 件のみでした。

4-2. 生産者と消費者ニーズのギャップ

沿岸には数多くの優れた資源が顕在的にも潜在的にも存在します。観光客にとっては「美しい自然・風景を見る」は最も重要な要素であり、多くの有名リゾート地がビーチ沿いに立地していることから、沿岸の自然・景観の魅力は高いことが分かります。また、獲れたての魚介藻類を食べたときの感動、例えば、漁獲したばかりのウニやホヤの甘さ、釣ったばかりのスルメイカの食感、生ワカメを湯き冷却したときの鮮やかな緑と食感などは産地に行かないと味わえないことでしょう。

しかし、漁業生産者あるいはその関係者であれば、大自然はいつも見る風景で、獲れたての魚介藻類はいつでも味わえるため、消費者の視点で産地の資源を洞察することは困難だと考えらます。

農林水産省の 6 次産業化事業は生産者中心の事業であることから（斉藤 (2011a)）、当該事業を展開するにあたり、3 次産業である卸売業・小売業、宿泊業・飲食サービス業、生活関連サービス業・娯楽業の視座を意識的に取り入れるとともに、消費者のニーズ・ウォンツを意識的に把握することが必要であるといえます。

4-3. 経営管理問題

農業を基軸とした 6 次産業化では、黒字になるまでに平均 4.1 年間掛ることがアンケートから分かっております[9]。つまり、平均 4 年間は赤字であり、その経営管理が問題となります。

赤字が続く厳しい期間、その事業を率いるリーダーの存在と質が問われることになります。中小企業研究で議論されているリーダーシップ論を援用してある一定レベルまでその質を高める必要がありますが[10]、このような視点が一般的に漁業生産者及びその関係者は弱いと想像されます。さらに、調査に基

第 7 章 水産業を基軸とした 6 次産業化の意義と課題

づいた将来予測を加味したプランニングは当然必要ですが、その予測を超えた難題が発生した際、如何に回避するか前もって準備する必要があります。また、リーダーシップを発揮しても解決できないような課題が山積した最悪の場合も想定し、スムーズな撤退ができる仕組み作りの準備が必要となります（宮田(2012)）。

4-4. 大量生産される魚介藻類を対象とした 6 次産業化の困難さ

一般的に 6 次産業化では大量生産される魚介藻類の価格向上につながらないという指摘がありますが、表 1 ではサンマ、ホタテガイ、ノリ、カンパチなど幾つかの大量生産される魚介藻類の事例がありました。この事例で当該地域の漁獲物を 6 次産業の枠組みで全て販売できていないと推察されますが、6 次産業化の取組は、このような魚介藻類の販売戦略に何らかのアイディアを提供することが期待できます。このアイディアを如何にして有効活用するかが課題となります。

さらに、もう一つの特徴として大量生産される魚介藻類＋加工があり（表 1）、加工が要となっています。そこには高度衛生管理できる加工場、かつ差別化できる商品開発の事例がありました。大手量販店や生協との取引においては、高度衛生管理が必要不可欠であり、このため工場建設あるいは改修の投資リスクが生じます。この投資リスクを低減する経営戦略構築が課題となります。

5. おわりに 〜 6 次産業化の課題解決を意識して〜

水産業は一般国民に対して多面的な役割を果たすとともに、多種多様な水産物を供給しています。僅かな種類で大半を占める輸入高級魚介類では、消費者の満足が得られなくなりつつあり、他方、観光客の地場魚介藻類ニーズは高い状況にあり、国内の水産業が果たす顕在的、潜在的役割は大きいと推察されます。

さて、水産業を基軸とした外食/レストランの進展が芳しくないと上述しましたが、一般的に農家レストランは高コストで、利益の確保が困難であることが指摘されており（斉藤(2011b)）、漁家/漁協でもこの点がボトルネックになっていると推察されます。

一方で、漁家あるいは漁協が経営している簡易レストラン、カキ焼き小屋では、その産地全体のカキの浜値が上昇するほどの人気となり、収益性も高まっております（宮田(2011)）。カキ焼き小屋は主要なカキ産地に拡大しており、十分な収益が得られていると推察されます。この背景には低投資によって建築

／購入／＋リースした小屋があり、顧客も半野外のようなカキ焼き小屋の雰囲気には満足しているようです。つまり、ローリスク・ミドルハイリターンがカキ焼き小屋の拡大を支えていると推察されます。外食ではこの仕組み作りがカギになると思われます。

このカキ小屋の顧客はカキ以外の地場魚介類に対してとても高いニーズを有しており（宮田(2011)）、上述の一般観光客ニーズとも一致します。表1にもありましたが、地場の未利用・低利用魚介藻類や少量漁獲魚介藻類の活用は今後益々高まることが予想され、そのような魚介藻類を如何にして魅力的に販売するかが今後求められる課題であると思われます。一般消費者は見知らぬ魚介藻類を好んで食べないことから、工夫が必要となります。このような魚介藻類を積極的に販売している成功事例（鈴木(2012)）もあります。

表1ではインターネットによる直売が多くみられました。近年のインターネット販売では、利用者による評価が新規購買者に大きな影響を及ぼしており（広義のSNS: Social Networking Service）、このマーケティング戦略が重要となっております（Philip et al.(2010)）。また、減少の一途を辿っていた漁家の担い手ですが、近年、若手の専業漁業者が増加に転じたことから、インターネット環境に慣れ親しんだ若手世代がSNS戦略を積極的に展開することを期待するとともに、6次産業化事業でそのような研修の積極的な開催を期待したいと思います。

最後に、水産業を基軸とした6次産業化で観光業に対する取組が低位でありましたが、郷土料理を食することは観光の主目的であるうえ、沿岸には遊漁船・遊覧船、ダイビング、エコツーリズムなど豊富な観光資源が存在します。さらに、観光客の視点に立ち地元を見渡せば、新たな観光資源が創造できると考えられますので、これらの種々の観光資源と地場魚介藻類を使った郷土料理を組み合わせた枠組みをコアとした、6次産業化が展開できれば、1次産業の維持・発展だけでなく、地域振興にも寄与することでしょう。

注
(1) 鶏肉、牛肉、豚肉、鶏卵、牛乳、生鮮魚介類は家計調査報告（総務省）のデータを利用し、加えて、魚介類（生鮮以外の魚介類含む）については国民栄養調査（厚生労働省）及び国民健康・栄養調査（厚生労働省）を利用しました。
(2) 平成23年度水産白書を参考にしました。
(3) 水産業・漁村の多面的機能については水産庁資料を参考にしました。

(http://www.jfa.maff.go.jp/j/kikaku/tamenteki/index.html)
(4) 財務省貿易統計を利用して算出しました。
(5) 正式な名称は「地域資源を活用した農林漁業者等による新事業の創出等及び地域の農林水産物の利用促進に関する法律」です。
(6) 社会関係資本／ソーシャルキャピタル蓄積は、地域に種々の恩恵をもたらすとされており、そこには信頼、(共通の)規範、人との繋がりが重要とされています。漁村には共同・協同作業が多くあることから、漁村のソーシャルキャピタルは、一般的な地域と比較して大きいと推察されます。
(7) 内閣府大臣官房政府広報室(2003)「自由時間と観光に関する世論調査」(http:// www8.cao.go.jp/survey/h15/h15-jiyujikan/index.html) のデータを利用しました。
(8) 日本政策金融公庫(2012)「平成23年度農業の6次産業化に関する調査」(http://www.jfc.go.jp/n/findings/pdf/topics_111202_1.pdf) のアンケートでは23.6%が農家レストランを営んでいることに対して、表1では17.2%でありました。
(9) 日本政策金融公庫(2012)「前掲」のデータを参考にしました。
(10) 近藤(2001) などが参考となります。

参考文献

[1]　Philip Kotler, Hermawan Kartajaya, Iwan Setiawan(2010) "Marketing 3.0 (恩蔵直人監訳、藤井清美、訳)(2010)『コトラーのマーケティング3.0 ソーシャルメディア時代の新法則』、朝日新聞出版。

[2]　尾家建生(2012)「地域の食文化とガストロノミー」、『大阪観光大学紀要』12、pp.17-23。

[3]　近藤正浩(2001)「第7章　境界融合時代の経営者の役割」、寺本義也・原田保　編著『新中小企業経営論』、同友堂。

[4]　斉藤修(2011a)「序章　農商工連携とフードシステムの革新」、『農商工連携の戦略 - 連携の深化によるフードシステムの革新 -』、農山漁村文化協会。

[5]　斉藤修(2011b)「第3章　6次産業(地域内発型アグリビジネス)の新たな役割と地域活性化」、『農商工連携の戦略 - 連携の深化によるフードシステムの革新 -』、農山漁村文化協会。

[6]　鈴木裕己(2012)「「出口を作れ！」生産者と流通業者の共存共栄への取組 - 低利用資源・未利用資源の広域流通の実践的手法について -」、『日本水産学会漁業懇話会報』60、pp.11-16。

[7] 宮田勉(2010)「第19章 水産物ブランド化戦略の基本問題」、婁小波・波積真理・日高健編著『水産物ブランド化戦略の理論と実践』、北斗書房。
[8] 宮田勉(2011)「漁村内地産地消による地域活性化 - 福岡県におけるカキ焼き小屋を対象に -」、『フードシステム研究』18(3)、pp.239-244。
[9] 宮田勉(2012)「水産六次産業化の現状と課題そして展望」、『日本水産学会漁業懇話会報』60、pp.2-5。
[10] 婁小波(2005)「漁村地域経済を振興するための海業の創出と育成に関する経済政策的研究」、『(財)漁港漁場漁村技術研究所 調査研究報告』18、pp.83-85。

第 8 章　沿岸域のレクリエーション管理における漁業者の適性

浪川　珠乃

1．沿岸域のレクリエーションの管理という課題

　沿岸域は、砂浜や港の護岸・堤防といった水際線を境に海域と陸域を帯状に含む空間です。人々はこの沿岸域を漁業や海運の場だけではなく、浜での散策、海水浴、潮干狩り、釣りといったレクリエーションの場としても利用してきました。近年はその形態も多様化し、プレジャーボートによるクルージングや釣り、ダイビングやサーフィン・ウインドサーフィン等の海洋性レクリエーションが沿岸域で営まれています。高度経済成長期に都市部の沿岸域が開発された結果、レクリエーションに利用できる都市近郊の沿岸域は貴重な空間となり、様々な活動に重層的に利用される傾向にあります。

　もちろん、都市近郊の沿岸域でも漁業は営まれています。沿岸域のレクリエーション利用が多様化・多層化するにつれ、漁業利用とレクリエーション利用は次第に対立の構図を見せ、利用調整面での管理が必要となりました。

　日本の沿岸域の管理は個別法による部分管理の集合と言われています。港湾・漁港・海岸という区域や、船舶航行や海底資源の採掘等にかかる様々な法律が様々な主管庁の下に制定され、個別法に従って管理がなされてきたのです。しかし、国連海洋法条約の批准（日本は 1996 年）や沿岸域の利用の輻輳の問題や過剰利用の問題等から、統合的な視点による管理の必要性が認識されました。2008 年に成立した海洋基本法でも統合的沿岸域管理の理念のもと、多様な主体の参加による合意形成がうたわれています。

　このように、利用ニーズが多様化し、統合的な沿岸域管理が進められようとする今日の沿岸域では、漁業者と海洋性レクリエーション活動者など様々な主体の協力によって利用管理体制の確立は避けては通れない課題です。海洋性レクリエーションニーズが増大している都市近郊の沿岸では、その利用をめぐって漁業者と海洋性レクリエーション活動者が対立し、訴訟等に発展している事例もあり、沿岸域の適正な利用をいかにルール化し、利用者に浸透させるか、

いわゆる沿岸域における利用秩序の形成に関するメカニズムの解明が求められています。

このような問題意識を背景に、本稿では、漁業者と海洋性レクリエーション活動者との間に成立する協力関係について分析し、沿岸域のレクリエーション管理における漁業者の適性について考察します。沿岸域という地域で過剰利用や利用の輻輳による環境悪化を回避し、資源を適性かつ持続的に利用する手法を明らかにすることは、地域振興にとっても重要な問題であるからです。

2. 誰が沿岸海域を管理してきたのか？

多様な価値が見出され、多様に活用されている沿岸域ですが、どのように利用・管理がされてきたのでしょうか。

水産や海運が主な利用であった時代から、埋立てによる工業地帯開発、レクリエーション利用、干潟・藻場等の環境機能の再評価など、沿岸域は、利用の多様化に応じて様々な価値が見出され、その管理の対象や方法も変化してきました。管理の対象としては、沿岸域を活動の場とする漁業やレクリエーション等の利用の管理、開発や国土保全空間としての場の管理に大別されますが、ここでは、これらの利用・管理の歴史的経緯を概観し、誰が実質的に沿岸域を管理してきたのかを明らかにします。

2-1. 漁業の管理

漁業は古くから日本の各地で営まれており、その漁業秩序のルーツは奈良時代の大宝律令にまでさかのぼるとされています。徳川幕府が定めた『律令要略』では「磯猟は地附根附次第也、沖は入会」と記されており、地先海域は村の管理、沖合は自由に操業できる入会空間でした。

この一村専用漁場[1]という漁業秩序は漁場での勢力争いや漁村同士の境界争い等の漁業紛争の歴史から生まれてきたもので、資源の利用者自身が自らの行動を制限して資源を管理する、利用者管理とも言うべきスタイルです。実際、東京湾でも資源保全のために漁具や漁法の自主規制[2]が漁業間で取り決められていました。

明治時代になると、近代国家設立に向けた法整備が進められ、政府は1975年（明治8年）に太政官布告23号（雑税廃止）、195号（海面官有宣言）、太政官達215号（捕魚採藻のための海面所用出願と許可による海面借区制）を発布し、江戸時代の貢租と密接に結びついた慣習的な漁場利用権を消滅させ、

官有の海面を貸与して借用料を集めるという漁業制度の近代化を試みました。しかし、慣習的な漁業秩序が乱れた結果、漁業の現場は混乱し、紛争が多発したため、1976年（明治9年）に海面官有宣言は取り消され、以降は従来の慣行による漁業資源管理が行われました。

1986年（明治19年）には近代的法体系における個人と慣習法上の権利団体である村や仲間と言った中間団体の差を埋めるために個人を集団化させた漁業者団体が漁業組合準則により定められ、漁業慣習を重視した1901年（明治34年）の漁業法（旧漁業法）成立を経て、1910年（明治43年）に漁業法（明治漁業法）が定められました。この明治漁業法では「磯は地附」という慣行が「地先水面専用漁業権」として整理され、成文化されました[3]。1949年（昭和24年）の漁業法でもその基本理念は変わっておらず、現行の共同漁業権、特定区画漁業権及び入漁券という「組合管理漁業権」における漁協とその組合員との関係に引き継がれている、とする意見があります[4]。

共同漁業権に入会的性質をみとめるかについては異なる見解があるものの、その資源管理においては「資源利用者による資源の保護・培養」という理念（牧野・坂本(2003)）が貫かれており、旧来の慣習から来る時期の制限や免許制・漁法の規制などのインプットコントロールによる資源管理が行われていることから、漁獲圧調整や水産資源の保護・培養といった水産資源の管理の多くは主として漁民らにより自主的に行われてきたといえます。

2-2. 空間の管理

商品経済の高まった江戸時代には、港湾は藩の特産品を諸国に流通させ、諸国の物産を藩に運ぶ物流の要でした。当時は河口港が多く、土砂堆積が課題であり、港湾機能維持のための治山・治水も為政者の重要な管理政策でした。また、人口増加に伴う新田開発も行われたため、沿岸域は水産資源獲得の場としてだけではなく、港や田の開発空間としての需要も大きかったのです。新田開発等は大掛かりな土木工事が必要で、藩や富商がその役目を担いました。開発には徳川幕府の許可が必要であり、政策としての空間管理は為政者が行っていたといえます。

重工業化が進んだ明治から昭和にかけては港湾開発が進められ、戦後の高度経済成長期には埋立て等による工業的・都市的利用がなされるようになりました。大正10年に制定された公有水面埋立法により「公の水面を埋め立てて土地を造成する」行為に対して知事の免許が必要となりました。埋立工事完了後

の竣工認可でもその土地の所有権を取得できるという、開発者にとって都合のよい制度(追認制度)が組み込まれたものでしたが、沿岸域の埋立により貴重な水面が失われ自然環境が悪化したという批判を受け、昭和48年には法改正され、環境配慮と必要最低限の埋立というように条件が厳正化し、無免許埋立への追認制度が廃止されました。さらに、相次ぐ沿岸域での工業地帯開発の中、都市部の沿岸域では公害問題が頻出しました。また、沿岸域の陸域側の多くが企業の所有地となった結果、地域住民が沿岸域へのアクセスを確保できない事態が生じました。このような状況から「公害を絶滅し、自然環境を破壊から守り、あるいは自然を回復させる運動[5]」である「入浜権」運動が兵庫県高砂市を皮切りに各地で活発化しました。埋立の増加、河川からの流入水質の悪化等、沿岸域の環境機能低下に対する危機感から、埋立反対運動や河川水質向上を目的とした市民運動が各地で生じ始めました。

　このように、開発空間の管理は基本的には行政が担ってきましたが、沿岸域の環境的価値が社会で広く認識され始めると、地域住民等の沿岸域の新たな価値の利用者が新たな権利を主張し、法改正等を迫るという形で、行政管理という枠内では収まらない管理の在り方をつきつけたのでした。

　また、日本は台風の進路にあたり、海象条件は厳しいといえます。地震多発地帯でもあり、高潮や津波の危険にもさらされています。沿岸域はこれらの災害から国土を守る防護空間としても機能してきており、その管理は行政が担いました。1956年(昭和31年)に制定された海岸法は海岸の防護を主目的とし、高潮や津波等から国土を保全する海岸施設の整備を行うための法律です。所定の防護水準を早期に達成する必要から、事業効率性を重視した海岸整備が進められてきました。治水を主目的とした河川の管理が私権を制限する方向で進んできたのと同様に、国土保全を主目的とする海岸事業も私権を制限する方向で管理が進められてきたのです。

　しかし、環境の重要性に関する社会的関心が高まると、陸域と海岸の分断や消波ブロック等による海岸景観の悪化が問題視されるようになりました。平成15年に国土交通省がまとめた「美しい国づくり大綱」でも海岸ブロックが批判されています。そして、平成9年の河川法に続き平成11年には、海岸法も改正され、防護のみならず利用や環境への配慮が法目的に追加され、計画策定にあたっての住民意見の反映も盛り込まれたのです。

　このように、開発空間の管理において環境保全という視点から利用者の意見が行政管理に影響をおよぼすようになったのと同様に、防護空間管理という点

においても、沿岸域の利用者を含む新たな管理体制が模索されているのです。

2-3. レクリエーションの管理

　海洋性レクリエーション利用が増加した1980年代以降、利用の輻輳のトラブルも生じるようになりました。このトラブルはまず漁業と遊魚の間で始まりました。これは対象とする資源が同じであるためのトラブルで、地先海面の利用秩序形成や資源管理と言う点でどのように遊魚者を規制し得るかと言う問題と言えます。例えば、1993年（平成5年）に兵庫県家島では漁業者と遊魚者との間の漁場利用協定を不服とした遊魚者が周辺全域の遊漁船への開放を主張して訴訟をおこしています（牧野(2002)）。1995年には漁業と遊魚の調整として海面利用協議会体制が整備され、最終的には遊魚との共存共栄策の模索という展開になりました。遊漁問題の次には漁業とダイビングの間のトラブルが注目されました。これはダイビング参加者に対して多くの漁協が課している潜水料や利用料の法的根拠の複雑性で注目されたものです。例えば伊豆の大瀬崎ではダイビングスポットの利用にあたり漁協が潜水料を徴収するという協定が、地域のダイビング業者と漁業者の間で結ばれました。この協定を不服として地域外のダイビング業者が訴訟を起こした事例があります[6]。また、宮古島では漁業権侵害に対する受忍料の支払いをめぐる対立[7]も発生しています。従来、優先的に沿岸域を利用してきた漁業者が様々な名目でダイビング利用者に課した金銭に対し、利用者が疑問の声を上げるようになったのです。

　この背景には、近年の漁業を取り巻く環境変化が大きく影響しています。漁業者は他の利用者と比較して、准物権としての漁業権を有するという点で沿岸域の利用に関する権利関係上大きな存在感を示すものの、魚価低迷と後継者不足の中、地域経済における水産業の地位は低下し続けています。さらに、漁業者が沿岸環境問題の被害者としての側面と加害者としての側面をもつことも近年一般的な認識になってきており[8]、このような漁業に対する認識の変化と地域経済における総体的地位の低下が、漁業の優先的利用に関する疑問となって表れてきていると考えられます。

3. ローカルコモンズとしての沿岸域

　以上のように、水産資源採取の場として利用者である漁業者自身が一定のルールの下で管理をしてきた沿岸域は、開発空間的価値、環境的価値が見出される中、沿岸域資源の多様な利用と管理の方策が模索され、多様な利用者の意

見を反映した管理という枠組みに変化しつつあります。したがって、沿岸域の管理の一つの課題として、拡大した利用者の個々の目的を満足する管理の在り方、そして、管理主体のあり方が課題となってくるのです。これは特にレクリエーション利用管理の問題領域で顕著でしょう。

先に見てきたように、漁業利用が特化していた時代には、沿岸域は実質的に「地先の村々の住民＝漁業者」の海でした。沿岸域の利用が地先の住民に特化している地域では今でもそのような感覚が強いのです。このように、明文化されないまでも、インフォーマルなルールで利用者の範囲が規定され、この規定された範囲の集団が資源の利用のルールを定めて管理している場合、この資源をローカルコモンズと呼びます[9]。

沿岸域は長らくローカルコモンズでした。しかし、沿岸域の利用が多様化・重層化する今日、海洋性レクリエーションの利用者や海辺に暮らす都市住民等の漁業者以外の人々が沿岸域の利用者の中に含まれ、利用者の範囲は拡大しています。つまり沿岸域はローカルコモンズからオープンなコモンズへと転換しつつあり、「コモンズの悲劇」を生みだす土壌を持つことになったのです。

コモンズの悲劇とは、非排除性を持つ共有地の荒廃を指摘したハーディン[10]の論です。コモンズとは、元来イギリスにおける近世・近代の歴史過程で土地の私有化作用にもかかわらず日本の「入会」に相当する慣行を存続させていた共同地の事を指します。このコモンズにおける利用者らによる持続的な管理制度の存在を明らかにし、コモンズの悲劇論に対抗したのがオストロムらです[11]。以降、オストロムらの議論をベースに、共同地一般を舞台に主として自然と人間との関係を論じるコモンズ論が様々な分野で議論されています[12]。近年はそれらコモンズを管理する主体に関しても議論が始められ、宮内ら(2005)は様々なコモンズを持続的に利活用している事例を示し、持続的利活用を担う主体の正当性について考察し、婁(2009)は日本の漁業資源管理の仕組みを漁業コモンズとし、持続的な沿岸漁業が可能となった条件を漁業管理組織の組織特性より分析しています。

では、利用者が拡大し、ローカルからオープンなコモンズに拡大しつつある現代の沿岸域でも、漁業者は管理主体として機能しうるのでしょうか。

漁業者は、地先の沿岸域に対する深い知識や研究機関・行政の協力を得てローカルコモンズの持続的管理に関するルールを定めることはできます。ですが、魚介類の生産という一側面に特化しがち（日高(2002)）な資源利用や、乱獲、不合理利用などの問題が指摘され、伝統的な管理主体としての漁業者の立場は

第 8 章　沿岸域のレクリエーション管理における漁業者の適性

揺らぎつつあります。このような状況において、利用者は漁業者の定めたルールに従うでしょうか。従わなかった例が、冒頭に述べたダイビングの紛争でしょう。

　では、漁業者は今日の沿岸域の管理主体としては適さないのでしょうか。必ずしもそうとはいえません。漁業者が沿岸域の管理主体として機能している地域もあります [13]。本稿では、冒頭のダイビング問題への答えとして、漁業者がダイビングルールを策定し、秩序ある利用制度を構築している熱海市初島の事例を示します。これは沿岸域の利用の多様化という社会的な要請を受け、ダイビングという新たな利用を受入れつつ、沿岸域をローカルコモンズとして管理している事例です。初島におけるダイビング管理のルールを分析することにより、漁業者が沿岸域の管理主体として管理の中心的存在となりえた理由を明らかにします。

4. なぜルールが成立するのか？
　　〜初島におけるダイビング利用ルールを踏まえて〜 [14]

4-1. 初島の沿岸域利用〜漁業からレクリエーション利用へ

　初島は、静岡県熱海市の南東約 10km の相模湾上に位置し、熱海港より高速船で約 25 分の位置にある、首都圏から一番近い離島です。面積は 0.437km^2、周囲約 4km の小さな島で、人口は 316 人（平成 22 年国勢調査）です。主要産業は漁業及び観光ですが、観光の比重が高くなっています。

　初島は、現代でもなお共同体としての生活様式を色濃く残している島です。島内の戸数は江戸時代から現在まで 41 戸前後が維持され、限られた耕作地や漁業の協働によって得られた漁獲等はこれら 41 戸で等分に分けられてきました。初島漁業協同組合、観光・民宿案内などで大きな役割を果たしている初島区事業共同組合、法人格をもつ地縁団体としての初島区という、初島にある 3 つの組織の役員が原則同じであり、現在でも区長がこれらの組織の長を兼務していることからも、共同体的な結びつきの強さが垣間見えます。

　日本の多くの地域と同じように、初島の沿岸域は、そもそも漁業に利用されてきました。各戸の家族労働を中心とした主漁副農の生産構造でしたが、棒受網が導入された 1920 年頃より共同漁労形態をとるようになり、収益の各戸均等分配制度が導入されました。テングサ漁も盛んで、磯売りや漁協の直営事業で得た利益もやはり各戸均等に分配されてきました。このように、耕地の乏し

い初島では沿岸域でとれる水産物が地域の貴重な資源であり、共同利用により利益を確保した上で、島民に均等分配してきたのです。

　一方、初島は戦前から観光地としても注目されていました。度重なる観光開発計画に対し、1945年以来土地譲渡禁止の申し合わせを島民全戸でかわしていたため、大規模開発こそ行われませんでしたが、土地の賃貸という形で航路運航業者の開発は許容していました。定期航路の就航（1949年）、離島振興法の適用による港湾機能の拡充（1964年）、海底ケーブルによる本土からの送電（1967年）や海底送水管による本土からの送水（1980年）等、基盤整備が進み、沿岸域は釣りや海水浴といった海洋性レクリエーションの場としての価値が高まっていき、島民も観光客の受け入れに積極的になっていきました。島民の参加を条件として進められたリゾートホテル「初島クラブ」[15]の開発（1994年）は島の面積の三分の一以上を占めるものであり、これを契機に島の生業は観光に転換していきました。

　島民は民宿業・食堂経営を主な生業とするようになり、共同で営まれていたテングサ漁もなくなり、商業的に営まれる漁業は、個別の利益取得が古くから認められてきたエビ刺網（イセエビ）と潜水漁（サザエ）のみとなりました。1993年の漁業センサスによると初島地区は兼業漁家のみとなっていることから、漁業が観光の副次的産業となったことがわかります。しかし、利益の公平分配の精神は健在で、食堂の多くは島内の初島区有地に位置しますが、店の権利は3年単位の入札で定められるなど公平性に配慮したルールが作られています。

　このような観光化の波の中で、漁業協同組合は観光事業と同時に営める「見せる漁業」への転換を図りました。当時盛んであった伊豆半島のダイビング事業を見学し、調査を重ね、伊豆半島ダイビング事業の草分けともいえるダイビングショップを事業パートナーとして、1998年に初島ダイビングセンターを設立し、「採るから見るへ」を合言葉にダイビング事業を開始しました。ショップツアーのみの受け入れ、島内宿泊者特典など、環境保全と島内利益確保のためのルールを設け、沿岸域のレクリエーション的利用においても漁業者が利用の管理を行っているのです。

　以上みてきた初島の沿岸域利用・管理の制度は、資源の持続的活用と利益の公平分配という二つの柱に支えられています。

　まず、資源の持続的活用ですが、島という限られた資源環境を健全な状態で次世代に引き継ぐという島民の義務感を根底に、様々なルールが設けられたと

第8章　沿岸域のレクリエーション管理における漁業者の適性

考えられます。次世代に島の土地を残そうという意志が島内の土地売譲渡止の申し合わせでしたし、初島クラブ開発にあたっても、島民の参加を絶対条件として海水汚濁の防止などの島民側の発言権を残しています。すなわち、島民は祖田 (2004)[16] の言う「責任者」として資源を管理したのです。海域に関しても「獲るから見るへ」の言葉とともに漁業を観光資源として活用し、資源の保全に配慮しています。

　また、限られた資源を効率的に活用した結果得られた利益は公平に分配することで、競争による過剰利用を回避し、協働を成立させたと考えられます。初島のダイビング利用ルールも、これらの二つの柱を軸に制度設計されています。次にこのダイビング利用ルールを例に、資源の持続的利活用のためのルールの成立要因について分析します。

4-2. ダイビングの利用管理ルール

　初島のダイビング事業の事業主体は漁協であり、ダイビングセンターの受付・案内業務をダイビング事業者に委託する形をとっています。ツアーはダイビングショップが主催するツアーのみを受け入れる完全予約性であるため、器材干し場や椅子・テーブルなどの機能施設を人数分確保することができ、充実した

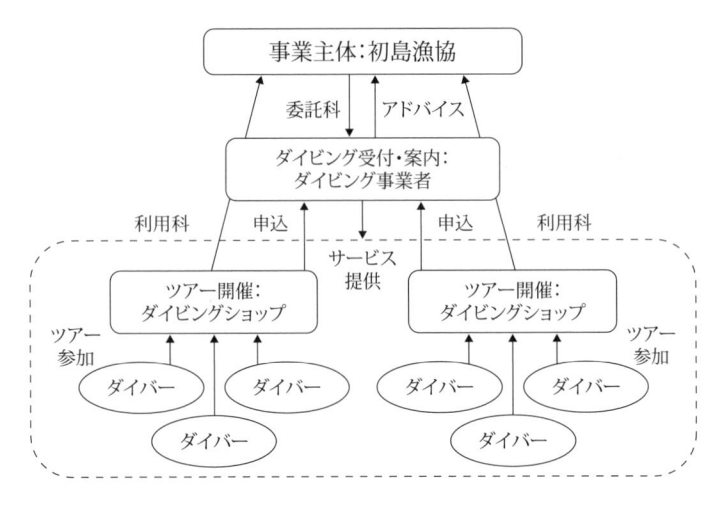

図1　初島におけるダイビング事業のしくみ

資料　：ヒアリングにより作成

サービスを提供することができています(図1参照)。

　ダイビングセンターの利用にあたって配布される『初島ダイビングセンターご利用案内書』(以下『利用案内書』とする)には様々なサービスや利用法、利用に当たってのルール等が示され、これらはツアーを主催するダイビングショップを通して利用者に伝えられます。主なルールを列挙すると表1の通りです。

表1　初島の主なダイビング利用管理ルール

ルール	概　　要
ショップツアーに限定	一貫した安全管理と貴重な生態系を守るためのダイビング技術のチェックが必要という理由で、ダイビングショップ所属のインストラクターが引率したツアーのみを受け入れることにしている。 ショップでしか潜れない初島をダイビングショップの事業利益に役立てることも意図されている。
潜水エリアの設定	ダイビングは設定された4か所のポイントのみで行う。潜水禁止区域も定められている。
潜水時間の申請	エントリー時間・エキジェット時間を潜水票で申請し、厳守してもらう。これにより漁業操業との輻輳を避ける。
要求スキルの明示	ポイントに応じて、中性浮力能力や経験本数等を限定
節水	機材の洗浄・シャワーの節水
屋外での洗剤使用禁止	汚水処理施設の不十分な屋外シャワーでの洗剤使用禁止
昼食の持ち込み禁止	島内の商業施設活性化のため昼食等のお弁当持ち込み禁止。昼食時は島内の食堂を利用することとしている。
宿泊者特典	島内宿泊施設を利用した場合、宿泊翌日のダイビングが通常より早くエントリーすることができる。

資料：『初島ダイビングセンター』及びヒアリングにより作成。

　最も特徴的なルールとして「ショップツアー限定」という利用制限ルールが挙げられます。初島には簡易診療所しかなく、安全管理の徹底が観光事業を営む上で重要な課題となるため、個々のダイバーのダイビング技術をチェックできるショップの引率を義務付けるルールなのです。また、ダイバーの増加による沿岸域の環境悪化が懸念されたことも大きな理由です。その他、漁業者との調整が容易であること、密漁防止にも役立つこと等も理由となっています。このように、ダイビング利用ルールの目的の第1に環境保全と安全管理が挙げられています。

　次に、『利用案内書』に挙げられているのは、ダイビングセンターを利用するショップが『ショップでしか潜れない初島』を差別化要因として活用し利益

第8章　沿岸域のレクリエーション管理における漁業者の適性

を確保できるようにという配慮です。

また、昼食の持ち込み禁止や島内宿泊者に対する特典などのルールもあり、地域内へ利益を誘導しています。

すなわち、ダイビング利用管理制度の目的としては、①環境保全、②安全管理、③地域利益誘導、という3つが設定され、先に示したダイビング利用ルールはこの3つに分類できるのです（図2参照）。

4-3. ルールの成立要因

他地域では漁業者が設定した利用管理ルールを不服とするトラブルが発生する事例があるにも関わらず、このような利用自体を制限するルールが、初島ではなぜ機能しているのでしょうか。ダイビングショップやダイバー等の利用者は、なぜ、自発的にルールに従っているのでしょうか。ルールが利用者に承認されている要因を分析していきます。

まず、ダイビング利用ルールの根幹をなす利用制限ルールを取り上げます。このルールにより、①過剰利用の防止（年間1万人程度）による環境保全、

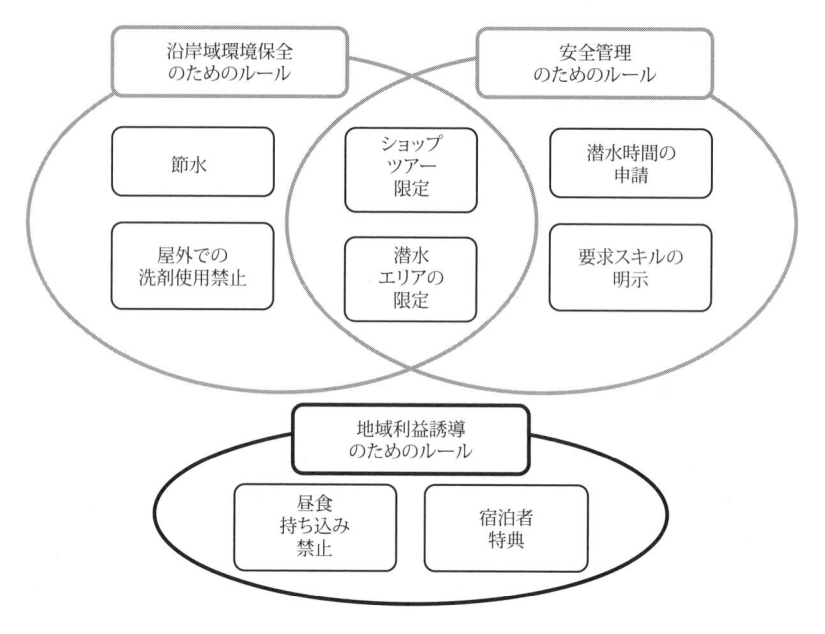

図2　初島のダイビング利用管理ルールの分類

②利用者の安全管理、③利用者数に見合った適切なサービスの提供、が可能となっています。

　このうち、環境保全や安全管理は、現代の社会的規範にも合致し、万人に承認されやすいという正当性[17]を持っています。さらにこのルールは島民の伝統的な生活スタイルを基としている点でも正当性を持ちます。資源の限られた島という環境を居住者として享受せざるを得なかった島民は、様々なルールを作り、それに従いながら資源の持続的利用を行ってきました。この当事者性と伝統性が、島民すなわち漁業者の管理主体としての正当性を補強し、ルールが認知・承認されやすくなっているのです。地域利益誘導のためのルールにより飲食店や宿泊施設でダイバーと漁業者が接する機会が多いこと、ダイビングスポット近隣で行われる潜り漁自体が豊かな環境の指標として評価されていることも、ルールの制定者である漁業者の存在感を強め、ルールの承認に役立っていると考えられます。

　また、利用制限ルールは、関係する各者にインセンティブを設定しています。利用者であるダイバーにとっては、①良好なレクリエーション空間の確保、②安全確保、③適切なサービスの享受、がルールに従うインセンティブとなり得ます。また、ダイビングショップにとっては、①ツアー催行による利益という経済的インセンティブ、②ルールに従わない限り利用できないという、負のインセンティブも設定されています。

　では、管理者にとってはどうでしょうか。利用者の制限は事業規模を拡大し、利益の拡大の妨げとなりますが、初島ダイビングセンターでは利用者増という短期的な利益の拡大よりも、施設の容量に見合った人数を受け入れることによる利用者満足度の向上および環境保全の維持を方針としています。このため、利用制限ルールは、利用者満足の向上による事業の継続的運営、環境保全による事業環境維持という事業主体にとって正のインセンティブとして認識されています。また、安全管理とともに密漁の監視も容易であり、管理費用の低下につながることもインセンティブとなります。

　すなわち、利用制限ルールは、利用者満足と言う点で利用者のインセンティブを構築し、事業の継続性、管理費用の低下という事業主体側のインセンティブも構築しています。利用を管理する事業主体のみならず管理をされる側である利用者にもそのルールに従うインセンティブが設定されていることがルール成立の要因と言えるでしょう。さらに、ルールの規範性およびそのルールが島民の伝統的生活スタイルを基にしているという点で、利用者が、ルール自体の

正当性とともに、ルール制定者である漁業者の正当性を認識しているという点もルール成立の要因として挙げられます。

一方、島内利益誘導ルールはどうでしょうか。このルールの成立には漁業権および土地所有という漁業者(すなわち地域住民)の伝統的な優位性が背景にあります。ダイビング事業において利用者に適切なサービス(利用者のインセンティブ)が提供され、利用者に対してルールの正当性が周知・承認されていれば問題ありませんが、伝統的優位性のみを主張し地域利益を過剰に確保した場合、漁業者がルールを設定し、利用を管理するという正当性がゆらぐ可能性があります。したがって、島内での食事や宿泊が利用者の納得を超える高価なものとなり、島内利益が過剰に誘導された場合には反発が予想されます。

5. 漁業者は沿岸域管理主体として機能し得るか?

多様な利用を調整し、沿岸域の過剰利用を回避し、持続的に資源を利用するためには、利用者は何がしかの制限を受入れなければなりません。沿岸域の管理を担っていくものは、利用者がそれらの制限を納得して受入れることができるような制度設計を行い、利用者に協力を求めていく必要があります。

社会的要請を受けて沿岸域の価値が拡大していく中、初島の漁業者は沿岸域の新たな利用を促すとともに、利用者を制限することで沿岸域をローカルコモンズとして管理してきました。管理主体である漁業者は歴史性・当事者性といった正当性を持つと同時に、経済的インセンティブを確保することで制度を維持し、かつ制度によって行動を規制される各主体にも制度順守のインセンティブが設定されている点で制度が成立しています。この正当性とインセンティブがルールの成立要因でしょう。

原田 (2009) はローカルコモンズとしての管理が持続的利用に有効としており、ローカルコモンズへの管理のインセンティブが地域内利益循環にあるとしています。ここでは、インセンティブと正当性の確保の両立が重要であろうことを指摘します。管理上の規制に従うには、インセンティブが重要です。特に、監視の負担を受け持つ管理の中心的な主体には管理に参加する経済的インセンティブが必要です。漁業者は沿岸域の持続的利用が経済的インセンティブにつながるような仕組みを作っていくことが求められます。一方で、沿岸域の利用が多様化する現在、沿岸域の利用の先発者という理由のみで漁業者が沿岸域利用の優位性を示せる時代ではなくなり、漁業者であることのみを理由に沿岸域の管理主体となることは、現在の社会環境にはなじまなくなっています。した

がって、漁業者が管理の主導的役割を担い、他のユーザーの権利を制限してまでそれらの制度を維持・運営していくためには、漁業者は自らの正当性を明確に構築し、拡大しつつある利用者に示し、利用者の協力を促していくことが重要です。

注
(1) 一村専用漁場とは、その漁村に住む村民が地先水面において、その漁村が定めた「オキテ」に従い、各自が採貝採藻を行う漁業慣習で、「海の入合」とでも呼ぶべきものです（浜本 (1996)、p.22）。明治漁業法では、その慣行を専業漁業権および入漁券として整理しました。
(2) 江戸時代に急激に高まった水産物需要にこたえるため、東京湾では乱獲、新漁法の開発等による他漁場の侵食などが問題となっていきました。漁業者は各漁村の共存・共栄のために、神奈川浦に湾内の浦方44ヶ村の代表者が集まり、新規の漁具漁法の無断使用を禁止し伝統的な三十八職を固定化する「江戸内湾漁撈大目 三十八職」を1816年（文化13年）に制定しました（小林 (1992)、p.14）。
(3) 「磯は地先」という慣行は次のように整理されました。まず、漁村部落単位に部落漁民で構成される「漁業組合」を作らせその部落漁民を「漁業組合の組合員」と位置付け、「磯は地附」という慣行を「地先水面専用漁業権」という漁業権に構成し、これは漁業組合だけに免許されるものとし、漁業組合をその権利主体として漁業権の管理をさせる一方、漁業組合の組合員たる部落漁民各時には「漁業を行う権利」（各自行使権）を認めて、漁業権から生み出される収益は各組合員に帰属させることとしたのです（浜本 (1996)、pp.22-24）。
(4) 浜本 (1996)、p.24 ではそのように解釈される一方、「共同漁業権は入会の性質を失った。」とする最高裁平成元年七月一三日判決もあります。これに対する批判は浜本 (1996) を参照ください。
(5) 入浜権宣言（起草、提案：高崎裕士）より。
(6) 共同漁業権を有する漁業協同組合が漁業権設定海域でダイビングをする。ダイバーから半強制的に徴収する潜水料の法的根拠が争われた裁判であり、地裁、高裁、最高裁、最高裁差し戻しによる高裁判決等、場所を移して争われ、世間の衆目を集めました。（佐竹・池田 (2006) に詳しい。）
(7) 漁協とダイビング事業者との間で受任料の支払いに関する合意が得られず放置された結果、漁協が妨害予防請求権を持って実力行使によるダイビング業務の妨害行為を行い、ダイビング観光客の減少までを招くようになった事件。漁協が原告

となりダイビング行為の禁止の仮処分を求めたが、最終的に申し立ては最高裁で棄却されました（佐竹・池田他 (2006) に詳しく掲載されています）。
(8) 資源管理型漁業の推進や海域環境保全での積極的な役割を評価する声がある半面、乱獲や海岸漂着物としての漁具等沿岸環境の加害者的側面を指摘する声もあります。さらには、漁業者が沿岸域の「生産機能」しか意識していないことの問題点を指摘する声もあります。
(9) ローカルコモンズとは「自然資源を利用しアクセスする権利が一定の集団・メンバーに限定される管理の制度あるいは資源そのもののこと」です。日本の入会制度あるいは入会林野もローカルコモンズと言えます（井上 (2004)、p.51）。
(10) 生態学者ギャレット・ハーディン。1968年に『サイエンス』誌に「TheTragedy of the Commons」を発表。多数の利用が可能な共有資源は乱獲による資源荒廃を招くことを牧草地における牛の放牧を事例として論じた。
(11) McCay & Acheson eds. (1987), Ostrom (1990), Keohane & Ostrom eds. (1994) Burger et al. eds.(2001) などがあります。ハーディンの論に反し、コモンズでは住民自身による共的な所有や管理のしくみが有効に働いていることを示し、その設計原理を提示しました。
(12) 玉野井 (1995) で地先の海を地域住民が多様に利用する仕方から「コモンズとしての海」を論じ、多辺田 (1990) はコモンズを地域の共同の力とした。井上 (1995) は環境社会学の分野でインドネシアの森林利用の実態から住民が森林管理に主体的に関わっていく必要性を感じ、そこからコモンズの議論を展開しました。タイトなコモンズ、ルースなコモンズなどの分類を示し、宮内 (2005) は共有資源の持続的管理の担い手の正当性に着目しています。
(13) 例えば、平塚の例（浪川・原田ら (2008)）、横浜の例（浪川・原田ら (2010)）等が挙げられます。また、小野らにより沿岸域学会の助成のもとに進められた「沿岸域のワイズユースとルール化」の諸研究では、水産サイドからみた沿岸域利用・管理をめぐるルール化の実態を分析していますが、ルール化において漁業が主導的役割をはたしている事例が報告されています（小野・李ら (2009)）。
(14) 本稿は基本的に浪川 (2011) に依拠します。特に本節に関しては、前述の博士論文を基に書いた、浪川 (2012) を参照しています。
(15) ホテル「初島クラブ」はバブル崩壊とともに経営が行き詰まり、会社更生法の適用を受け、現在ではリゾートトラストによる「エクシブ初島」として経営されています。
(16) 祖田 (2004) は初島を分析する中で「責任者」としての島民の役割に言及しています。
(17) 本論では legitimacy の訳語として正統性という表記を用いてます。legitimacy

第 1 部　日本の漁業と地域経済

の訳語としては正統性正当性がありますが、正統性という語が伝統的な権威をイメージさせる要素が強いと筆者が感じるためです。

参考文献

[1] Burger,J. Ostrom.E., Norgaard, R.B Policansky,D and Goldstein,B.D (eds) (2001) *Protecting the Commons.* Island Press.
[2] Keohane, R O.andOstrom,E., (eds)（1995）Local Commons and Global *Interdependence.* SAGE Publicatons
[3] Mcay,B.J. and Acheson, J.M. (eds.)（1987）*The Question of the Commons.* The University of Arizona Press.
[4] Ostrom ,E (1990) *Governing the Commons.* Cambridge University Press
[5] 井上真 (1995)『焼畑と熱帯林―カリマンタンの伝統的焼畑システムの変容』、弘文堂
[6] 井上真 (2004)『コモンズの思想を求めて』、岩波書店。
[7] 小野征一郎・李銀姫・原田幸子 (2009)「沿岸域のワイズユースとルール化―現状と課題―」、『沿岸域学会誌』22(3)pp.26-37。
[8] 小林輝夫 (1992)『巨大都市と漁業集落―横浜のウォーターフロント―』成山堂書店
[9] 佐竹五六・池田恒男他 (2006)『ローカルルールの研究』、まな出版企画。
[10] 祖田修 (2004)「初島―洋上の形成的均衡世界とその変容」、『地域公共政策研究』9、pp1-11。
[11] 多辺田政弘 (1990)『コモンズの経済学』学陽書房。
[12] 玉野井芳郎 (1995)「コモンズとしての海」、中村尚司・鶴見良行編『コモンズの海―交流の道、共有の力』第 1 章、学陽書房、pp.2-10。
[13] 浪川珠乃・原田幸子・婁小波 (2008)「沿岸域管理主体問題と漁業者の役割―神奈川県平塚市を事例に―」、『沿岸域学会誌』20(4)、pp.39-52。
[14] 浪川珠乃・原田幸子・婁小波 (2010)「沿岸海域の環境管理における漁業者の役割―横浜市漁協柴支所を事例に―」、『沿岸域学会誌』22(4)、pp.77-91。
[15] 浪川珠乃 (2011)『沿岸域管理の秩序形成における漁業者の役割と機能条件に関する研究』、博士学位論文（東京海洋大学）。
[16] 浪川珠乃 (2012)「漁業・漁村の現場から (65) 漁業者によるダイビング利用管理：初島漁協の取組」、『月刊漁業と漁協』50(8)、pp.24-28。
[17] 浜本幸生監修 (1996)『海の「守り人」論　徹底検証　漁業権と地先権』、まな出版企画。
[18] 原田幸子 (2009)『地域資源の価値創造に伴う利用と管理のあり方に関する研究』、

第 8 章　沿岸域のレクリエーション管理における漁業者の適性

　　　 博士学位論文（東京海洋大学）。
[19]　日高健 (2002)「沿岸域利用の特徴と管理の課題―漁業と沿岸域利用管理との関わり―」、『地域漁業研究』43(1)、pp.1-18。
[20]　牧野光琢 (2002)「漁業権の法的性格と遊魚」、『地域漁業研究』42(2)、pp.25-41。
[21]　牧野光琢・坂本亘 (2003)「日本の水産資源管理理念の沿革と国際的特徴」、『日本水産学会誌』69(3)、pp.368-375
[22]　宮内泰介編 (2005)『コモンズをささえるしくみ　レジティマシーの環境社会学』、新曜社。
[23]　婁小波 (2009)「漁業コモンズの機能と管理組織の役割」、浅野耕太編著『環境ガバナンス叢書 5　自然資本の保全と評価』第 8 章、ミネルヴァ書房、pp.151-173

第9章　地域経済の発展と地域資源の利用
－沖縄県八重山圏域のケーススタディ－

婁　小波

1．問題意識―地域経済活性化と地域資源の価値創造

　地域再生が時代の課題として論じられています。地域おこし、地域づくり、さらには地域活性化や地域振興などの多くの同義語が、1980年代以降とくに地域政策のキーワードとなって語られてきました。しかし、長引く経済低迷と地域社会の荒廃、さらには日本経済の構造変化などを背景に、近年、地域再生問題は新しい時代的イシューとして再び脚光を浴びるようになっています。これまで、かつての一村一品運動や地場産業論、さらには1.5次産業論や内発的発展論から（保母(1996)）、今日の6次産業論に至るまで、地域をどのように再生し振興するかに関しては、多くの議論が展開されていますが、その喫緊度は以前にもまして高まっています。

　この課題への対処はとくに沿岸漁村地域においてこの課題への対処は緊急性を要しています。漁村地域経済を支えてきた漁業の縮小再編がつづく中、現業漁業者が高齢化し、後継者が不足していて、近い将来、自立的に運営できなくなる漁村地域が急増することが予想されるからです。沿岸漁村地域はその経済基盤を漁業においてきており、漁業がいわば基幹産業としての役割を果たしてきましたが、今日漁業だけでは沿岸漁村地域経済が成り立たなくなるところが現れるようになりました。

　もっとも、個別漁家経営を中心に前提としてきた日本的漁業経営形態の下では、漁業はまた漁村の存立によって支えられていることも否めない事実です。健全な漁村があるからこそ、漁業を営む人々が地域で豊かに暮らすことができるのです。個別漁業経営を前提とする限り、漁村の存否においては、効率性で議論されがちな漁業の産業的な側面とは異なり、地域に住む人々の「生活の原理」が大きく作用するからです（婁(2013)）。つまり、人々が地域に定住するか否かは、生活を安定的に営むことのできる一定の所得が確保される（いわば、

第9章　地域経済の発展と地域資源の利用

雇用の場が確保される）かどうかのみならず、当該地域社会における教育、医療、社会生活の利便性、くらしの質などの生活面にかかわる社会的基盤の充実の程度にも大きく依存しているからです。漁村地域の所得水準を支えている漁業と、生活の社会的基盤を提供する漁村とは、いわばコインの裏表の関係にあります。

　地域でのくらしを維持しうる社会的基盤を保証してくれるのは地域経済です。従って、地域経済の維持は、直接地域漁業を存続させるための必要不可欠な前提となります。こうして考えると、われわれは、沿岸漁村地域経済をどのように健全化させるか、あるいは地域をどのように再生し振興させるか、という問題に対峙せざるをえなくなるわけです。

　近年、地域経済活性化の一手法として、地域に存在する農林水産物、産業文化、自然・景観・伝統文化などの地域資源を新たに価値創造して、新たな経済活動を展開する取り組みが注目を集めています。例えば、農山漁村の活性化を推進する重要な法律に「6次産業化法」がありますが、その主眼に一つは、農林水産物という地域資源を新たに価値創造をすることにあります。確かに、農林水産物は農山漁村地域の最も大切な地域資源であり、その価値創造にもとづく地域経済活性化の取り組みはきわめて重要であることに多言を要しません。しかし、農山漁村地域には農林水産物以外にも多くの地域資源があります。沿岸漁村地域を念頭におくならば、海洋性レクリエーション資源や地域の文化・伝統などの有形・無形な沿岸地域資源が豊富に分布してことを忘れていけません。

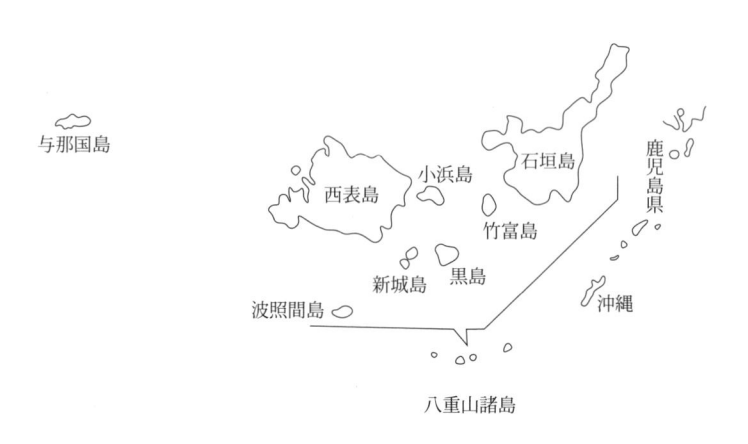

図1　八重山圏域の地理的位置

水産物資源をも含めた、沿岸地域に広く存在する地域資源を価値創造することで展開される地域の「なりわい」を、筆者は「海業（うみぎょう）」と定義し、その振興を通じた地域経済の活性化を提唱しています（婁 (2000)）。

本稿では、こうした沿岸地域資源を価値創造することで、成長を遂げた、八重山圏域（石垣市、竹富町、与那国町）の経済構造を素描することを通じて、地域の再生に果たす地域資源としての「海」の価値創造の可能性を論じていきます。すなわち、八重山圏域において一体どのような経済的なパフォーマンスが達成されているのか、その成果はどのような経済の下で得られているのか、さらにはその経済構造を支える要因とは何かについて分析することを通じて、地域においてその役割が期待される沿岸地域資源を利用管理することの有効性を提起したいと考えています[1]。

2. 八重山圏域の地域経済

2-1. 地域の構成

八重山圏域は、沖縄県八重山群島に立地する石垣市、竹富町、与那国町の1市2町で構成されています（図1）。石垣市は、平成23年12月現在、圏域人口の88%に相当する48,755人（21,891世帯）が集中し、地域内で唯一高等学校が立地する中心都市です。竹富町は、9つの有人離島（竹富島・西表島・鳩間島・小浜島・黒島・波照間島・新城島・嘉弥真島・由布島）より構成され、町の役場が行政区域外の石垣市に置かれる特異な行政形態をとっています。9つの離島に4,025人（2,164世帯）の人々が分散して生活しています。他方、与那国町は、那覇から509km、石垣島から127km、台湾の花蓮から約111kmに立地する有人離島の与那国島に設置されています。島には3つの集落があり、786世帯、計1,601人が暮らしています。

2-2. 地域経済の成長

地域経済の動向を確認してみると、表1の通りとなっています。「平成不況」に突入するまでは高い成長率でしたが、その後、国際経済や日本経済の変動の影響を受けながらも全体として成長傾向をみせています。昭和59年から平成19年までの平均成長率をみると、沖縄全体では2.2%、八重山圏域では2.3%となっています。「バブル崩壊」後に長期低迷に喘ぐ日本経済ではありましたが、八重山圏域を含めた沖縄全体では着実な経済成長をつづけていることが伺えます。

第9章 地域経済の発展と地域資源の利用

　地域経済の成長は村民一人当たりの所得水準の推移からも伺うことができます。図2は、各年の沖縄県全体の市町村民一人当たりの純所得を100とした場合の、八重山圏域の所得水準指数の推移を示したものです。平成に入るまでは、総じて沖縄県平均を下回っていた所得水準が、その後急上昇しています。とくに、与那国町と竹富町の上昇が著しいことがわかります。さまざまなハンディを抱えて長らく低迷していた地域経済が急速に改善に向かい、成長していることがうかがえます。全国平均に比べると、沖縄県の所得水準は未だに低位で推移しているものの、着実に上昇しており、さらに、沖縄県平均と比較して、八重山圏域に属する各地域の相対的な地位が上昇していることがわかります。

表1　八重山圏域における純生産の推移

年	市町村純生産（百万円）					市町村純生産対前年度成長率（％）				
	沖縄県計	八重山計	石垣市計	竹富島計	与那国町計	沖縄県	八重山	石垣市	竹富町	与那国町
S.57	1,453,412	65,046	55,213	6,150	3,683	—	—	—	—	—
58	1,542,076	70,136	60,710	5,729	3,697	6.1	7.8	10.0	△6.8	0.4
59	1,648,331	75,685	65,028	6,590	4,067	6.9	7.9	7.1	15.0	10.0
60	1,786,923	78,663	68,129	6,450	4,084	8.4	3.9	4.8	△2.1	0.4
61	1,895,614	86,090	74,500	7,596	3,994	6.1	9.4	9.4	17.8	△2.2
62	1,960,440	89,591	76,778	8,053	4,760	3.4	4.1	3.1	6.0	19.2
63	2,036,451	92,149	78,890	8,240	5,019	3.9	2.9	2.8	2.3	5.4
H.1	2,195,468	97,709	83,434	9,230	5,045	7.8	6.0	5.8	12.0	0.5
2	2,272,126	94,227	80,018	9,514	4,695	3.5	△3.6	△4.1	3.1	△6.9
3	2,370,824	99,347	84,182	10,678	4,487	4.3	5.4	5.2	12.2	△4.4
4	2,453,923	103,582	88,979	9,774	4,829	3.5	4.3	5.7	△8.5	7.6
5	2,529,847	106,808	90,516	11,470	4,822	3.1	3.1	1.7	17.4	△0.1
6	2,479,412	106,721	90,992	11,020	4,709	△2.0	△0.1	0.5	△3.9	△2.3
7	2,475,832	106,554	91,051	10,692	4,811	△0.1	△0.2	0.1	△3.0	2.2
8	2,513,288	108,571	93,028	11,120	4,423	1.5	1.9	2.2	4.0	△8.1
9	2,524,216	113,261	96,797	10,954	5,530	0.4	4.3	4.1	△1.5	25.0
10	2,545,624	109,361	91,895	11,547	5,919	0.8	△3.5	△5.1	5.4	7.0
11	2,559,030	108,000	90,659	11,779	5,562	0.5	△1.2	△1.3	2.0	△6.0
12	2,592,460	106,117	92,392	11,836	4,889	1.3	1.0	1.9	0.5	△12.1
13	2,624,113	107,441	91,017	11,319	5,105	1.2	△1.5	△1.5	△4.4	4.4
14	2,603,854	106,403	89,751	11,427	5,225	△0.8	△1.0	△1.4	1.0	2.4
15	2,636,527	109,918	91,294	13,130	5,494	1.3	3.3	1.7	14.9	5.1
16	2,605,123	109,545	91,057	13,331	5,157	△1.2	△0.3	△0.3	1.5	△6.1
17	2,592,180	107,714	90,312	11,613	5,789	△0.5	△1.7	△0.8	△12.9	12.3
18	2,599,188	108,318	93,306	10,774	4,238	0.3	0.6	3.3	△7.2	△26.8
19	2,590,088	111,626	96,244	10,943	4,439	△0.4	3.1	3.1	1.6	4.7
20	2,541,368	103,644	89,211	10,544	3,889	△1.9	△7.2	△7.3	△3.6	△12.4
21	2,595,369	105,446	91,665	10,051	3,730	2.1	1.7	2.8	△4.7	△4.1
22	2,596,973	106,113	92,060	10,047	4,006	0.1	0.6	0.4	△0.0	7.4

資料：『沖縄県統計年鑑』より作成。

2-3. 地域社会へのインパクト

　経済の成長が地域社会に及ぼすインパクトを測る重要な指標の一つとして人口が挙げられます。八重山圏域における人口の推移を示したのが、表2です。戦後の人口増加と、その後のとくに町部における昭和50年代初頭までの人口減少がみられ、時代とともに人口が大きく変化していることがわかります。人口の減少傾向は与那国町において著しいですが、増加傾向はとくに石垣市において顕著です。圏域全体では昭和50年代から人口が増加に転じています。

　こうした人口動向を全国および全国の離島平均と比較したのが図3です。昭和50年の値を100とした場合の人口指数の変化をみると、離島全体の人口が大きく減少し、全国の人口も平成12年以降横ばいから減少傾向を示しているのに対して、八重山圏域では全体として上昇傾向を示しています。全国傾向とは対照的にとくに平成12年以降の大きくなっています。

　しかも、八重山圏域の人口構成をみると、図4のように生産人口（15～64歳）が多く、その比率が上昇しつづけていることがわかります。老齢人口（65歳以上）の割合も増えてきてはいますが、図4が示すように、全国の動向と比べると、高齢化率が低く、また高齢化現象も平成17年以降は止まっています。

　このように、八重山圏域においては人口の増加と高齢化現象の回避という、離島や全国の動向とはまったく異なった動きをみせています。人口減少と高齢

表2　八重山圏域における人口の推移　　（千人、%）

年	石垣市	竹富町	与那国	八重山圏計	沖縄県計	増加率 八重山圏	増加率 沖縄県
S.25	27.9	9.9	6.2	44.0	698.8	-	-
30	33.1	9.3	5.3	47.7	801.1	8.3	14.6
35	38.5	8.3	4.7	51.4	883.1	7.9	10.2
40	41.3	7.0	3.7	52.0	934.2	1.1	5.8
45	36.6	4.9	2.9	44.4	945.1	△14.7	1.2
50	34.7	3.5	2.2	40.3	1042.6	△9.2	△10.3
55	38.8	3.4	2.1	44.3	1106.6	10.0	6.1
60	41.2	3.5	2.1	46.7	1179.1	5.4	6.6
H.2	41.2	3.5	1.8	46.5	1222.4	△0.3	3.7
7	41.8	3.5	1.8	47.1	1273.4	1.2	4.2
12	43.3	3.6	1.9	48.7	1318.2	3.4	3.5
17	45.2	4.2	1.8	51.2	1361.6	5.1	3.3
22	48.9	4.0	1.7	54.6	1393.5	6.8	2.3

資料：『国勢調査』より作成

第 9 章　地域経済の発展と地域資源の利用

図2　八重山圏域における住民一人当たり所得水準の推移

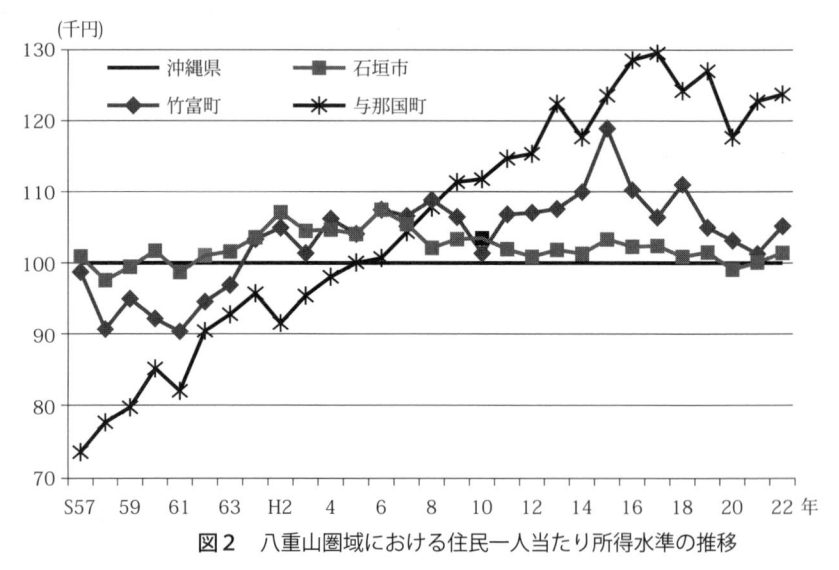

注：図中の数値は沖縄県計の値を100としたときの相対値です。
資料：『沖縄県統計年鑑』より作成。

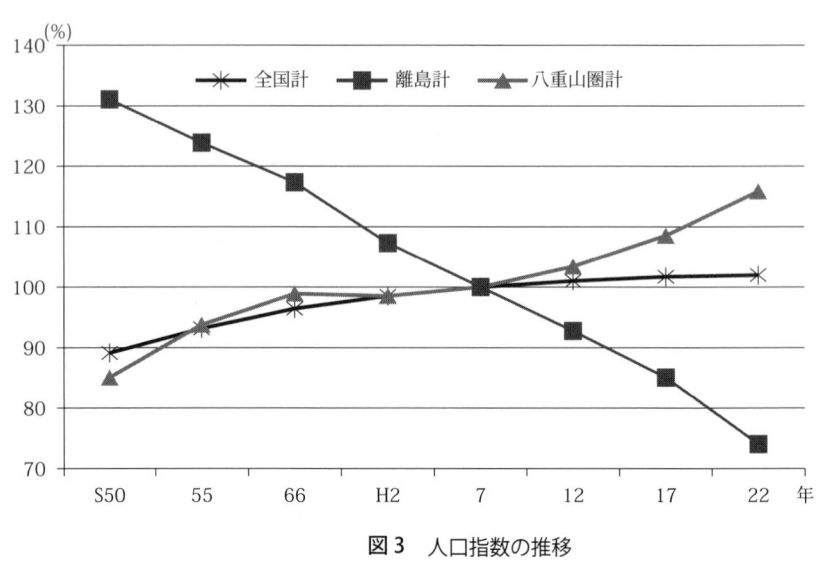

図3　人口指数の推移

注：平成7年のデータを100として算出しました。
資料：『国勢調査』により作成。

第 1 部　日本の漁業と地域経済

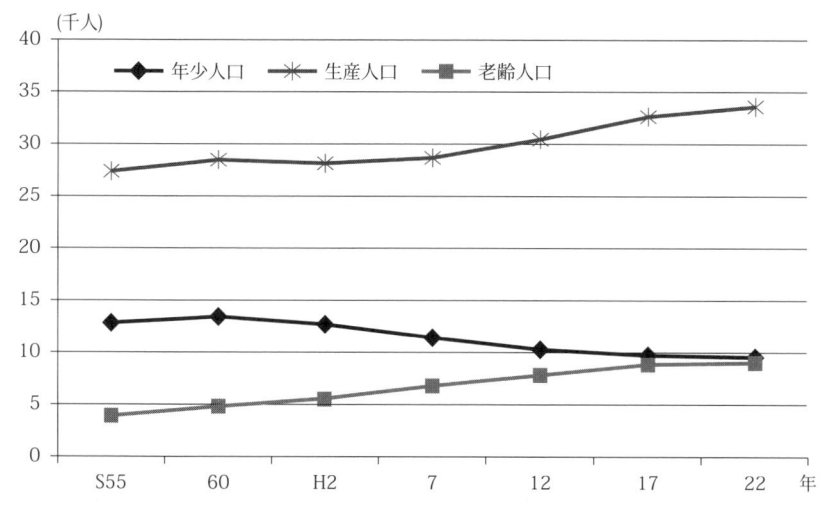

図 4　八重山圏域における 3 年齢階層別人口構成の推移

注：年少人口とは 0 〜 14 歳、生産人口とは 15 〜 64 歳、老齢人口とは 65 歳以上の人口を指します。
資料：『国勢調査』により作成。

化社会を迎えた日本社会において異彩を放っているといえます。先にみた経済的成長がこうした人口動態の背景をなしていることはいうまでもありません。

3. 八重山圏域の地域経済構造の変化

3-1.　第 3 次産業の伸長

　八重山圏域の地域経済の成長を支えてきたのが第 3 次産業です。産業部門別就業者数の推移をチェックしてみると、図 5 が示すように、昭和 45 年には、第 1 産業が 6,857 人、第 3 次産業が 6,673 人、第 2 次産業が 3,867 人であり、第 1 次産業と第 3 次産業の就業者数はほぼ同じでした。しかし、その後、第 1 次産業の就業者数が減少に転じて、平成 22 年には 2,518 人と急減しているのに対して、第 3 次産業の就業者数は逆に増加しつづけて、平成 17 年には 17,149 人へと 2.6 倍になっています。他方、この期間における第 2 次産業の就業者数の推移をみると、当初の 3,697 名から変動を伴いながら増加し、平成 7 年の 4,639 名をピークに減少に転じて、平成 22 年の 3,568 名へと落ち着いています。

　このように八重山圏域においては、その産業構造は伝統的な第 1 次産業から

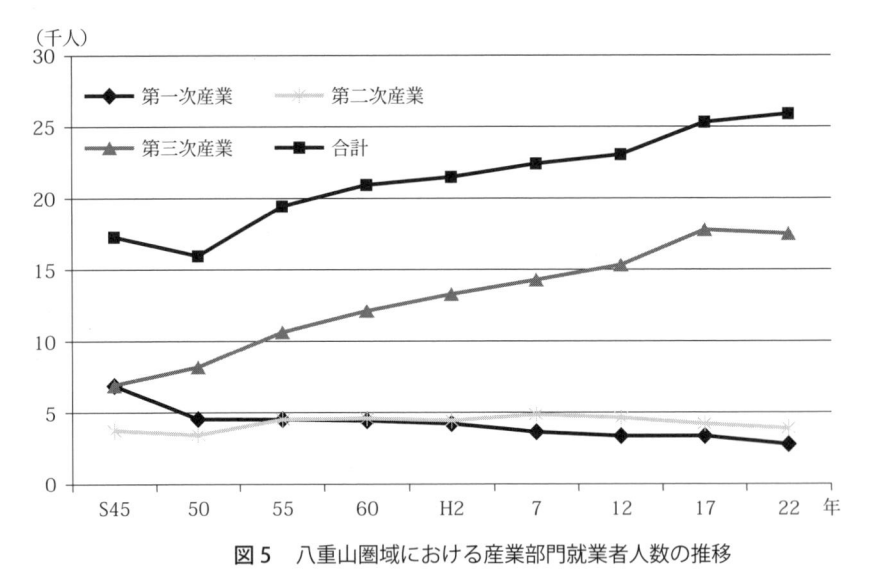

第9章　地域経済の発展と地域資源の利用

図5　八重山圏域における産業部門就業者人数の推移

資料：『八重山要覧』より作成。

第3次産業への転換を遂げ、平成17年における部門構成割合をみると、就業者数ベースでは第1次産業が10.8%、第2次産業が15.3%、そして第3次産業が73.8%となり、純生産額ベースでは、それぞれ5.2%、16.0%、78.9%となって、第3次産業が主役の座に躍り出ていることがわかります。

3-2. 第3次産業を支えるサービス業・観光業

　経済が発展するにつれて、第1次産業から第3次産業に転換すること自体は、取り立てて珍しい現象ではありません（原(1996)）。しかし、八重山圏域において、第2次産業の成長過程を飛び越して第3次産業が急成長し、しかもその成長の原動力がサービス業であり、観光業であるという点がきわめて特徴的です。

　沖縄統計書によれば、第3次産業の中でも特にサービス業の就業者数が、昭和55年の3,988人から平成17年の10,621人へと約2.7倍に増加しています。また、サービス業の純生産額も昭和57年の83.6億円から平成17年の163.6億円へと約2倍に拡大しています。その結果、同期間において経済全体に占めるサービス業の割合は12.7%から27%へと倍増し、サービス業はトップの

産業分野として成長しています。

平成17年度における八重山圏域のサービス業における就業者数構成をみると、飲食・宿泊業が3405人（32%）、医療・福祉業が1,985人（18.7%）、教育・学習支援が1,303人（12.3%）、複合サービス業が322人（3.0%）、その他のサービス業が3,606人（34.0%）となっています。このように、飲食・宿泊業、その他のサービス業に係る就業者が大宗を占めています。つまり、八重山圏域においては、飲食・宿泊などの観光・リゾート業が主要産業としての地位にあることがうかがえます。

4．観光業の成長と地域資源の利用

4-1. 八重山圏における観光業の成長

そこで、改めて八重山圏域における観光業の展開過程を確認してみることにします（宮平観光(2003)）。沖縄統計書によると、入込客数ベースでみると、当該地域における観光業は、昭和47年の本土復帰を契機に、拡大基調をつづけています。昭和47年にわずか3.8万人であった入込客数は平成元年には30万人、平成14年の61万人を経て、平成22年には73万人に達しています。

八重山圏域における観光業の成長を支えた大きな要因の一つが、交通条件の改善だといわれています。例えば、空では昭和54年に飛行機のジェット化が実現され、平成元年には南西航空とエアーニッポンの2社が石垣島航路を開設し、平成5年には「東京－石垣間」の直行便と、翌年は「大阪－石垣島」直行便と、相次いでそれぞれ開通され、平成9年にはエアーニッポンによる福岡と名古屋の二航路が開通しました。また平成11年に与那国空港が拡張され、ジェット化が実現されるとともに那覇への直行便や台湾へのチャーター便が開通し、さらには平成25年に石垣島新空港が供用されるようになりました。海上では海外クルーズ航路の誘致を成功させるなど、交通条件整備への努力が続けられています。また、昭和50年における沖縄本島での「沖縄海洋博覧会」の開催や、それを背景とした航空会社によるキャンペーンの展開、平成9年の石垣市による「観光立市宣言」やそれにもとづく観光リゾート政策の推進や自然体験型観光「エコツーリズム」の推進、さらには平成13年のNHKドラマ「ちゅらさん」の放送や、平成15年の同続編「ちゅらさん2」の放送なども、当該地域の観光業の発展を支えてきた出来事として指摘しておきます。

もちろん、観光業は景気の動向にもっとも影響を受ける産業です。そのため

第 9 章　地域経済の発展と地域資源の利用

表3　八重山圏域における経済活動別純生産の推移

年度	昭和57年度 金額（百万円）	構成比（%）	平成22年度 金額（百万円）	構成比（%）
総額	65,046	100.0	106,113	100.0
第1次産業	7,889	12.1	5,479	5.2
農林業	5,876	9.0	4,592	4.3
林業	-	-	18	0.0
水産業	2,013	3.1	869	0.8
第2次産業	18,982	29.2	16,981	16.0
鉱業・製造業	5,942	9.1	3,309	3.1
建設業	13,040	20.0	13,672	12.9
第3次産業	40,469	62.2	83,653	78.8
電気・ガス熱・水道業	1,162	1.8	1,704	1.6
運輸・通信業	4,381	6.7	7,520	7.1
卸売・小売業	6,204	9.5	9,515	9.0
金融・保険・不動産業	5,634	8.7	12,890	12.1
サービス業	8,476	13.0	27,728	26.1
政府サービス生産者	14,173	21.8	22,488	21.2
対家計民間非営利団体	439	0.7	1,808	1.7

資料：『沖縄県統計年鑑』より作成。

に、当該地域においても国内外の経済の好不況や地域経済を取り巻く環境条件の変化、さらには国の政策変更などによる影響を強く受けざるをえません。たとえば、「バブル」の崩壊、それを背景とするマリノベーション計画やリゾート開発ブームの終焉、円高等による海外観光ブームの定着、リーマンショック、新型インフルエンザの流行、さらに東日本大震災などが当該地域の観光業にも大きな影を落としています。

4-2.　地域資源としての「海」

それでもなお、八重山圏域の観光業は大きく伸長してきています。それを支えているのは「海」に代表される豊富な地域資源の存在です。

八重山圏域における観光も、かつては沖縄観光業にみられるような「異文化体験」や「戦跡観光」からスタートし、地域の豊かで独特な自然景観や文化体験へと広がっています(上江洲(1993))。いまでは、多様な地域資源が観光資源として用いられていますが、その中でとくに海洋レジャー資源が主要な地域資源として利用されています。

図6は、(社) 石垣市観光協会のHPに掲載されています観光施設とレジャー

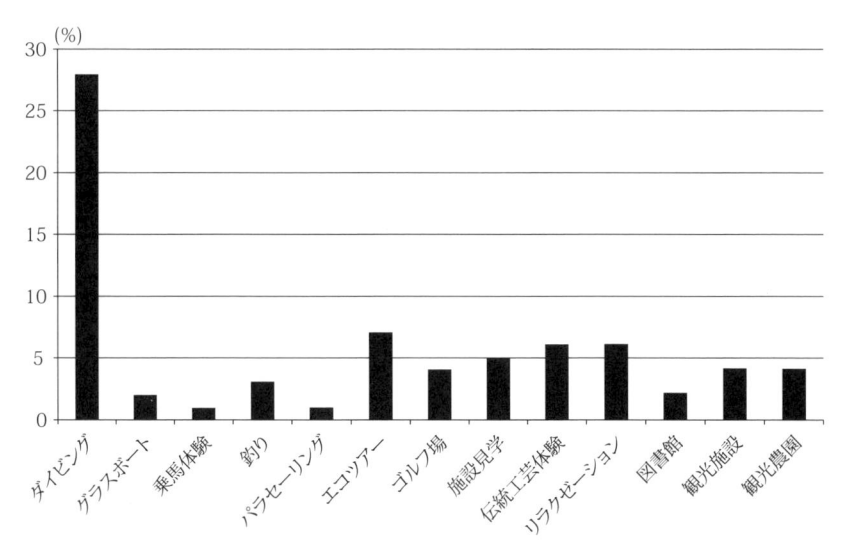

図6 石垣市における観光施設とレジャー事業所の構成割合
資料：一般社団法人　石垣市観光協会HP（平成24年）より作成。

事業所の構成割合を推定してみたものです。それによると、ダイビング、グラスボート、釣り（遊漁船業）、パラセーリングなどの海洋レジャーが圧倒的に多く、その比重が高いことがわかります。なかでもとくにダイビングショップは全事業所数の38％も占めて、平成24年現在八重山ダイビング協会に加盟している数だけでも、石垣市で83、竹富町で3、与那国町で4の事業所を数えており、観光業において重要な役割を果たしています。このように、八重山圏域においては、観光業が対象とする地域資源の中でも特に海洋レジャーなどの海の資源を価値創造することで地域経済が成長していることがうかがえます。

5．地域資源の利用と管理をめぐって

5-1．地域資源としての「海」の自由利用

これまでの分析からわかるように、海洋レジャー資源を価値創造することで八重山圏域の地域経済が大きく伸長してきました。これは1980年代に入ってからの全国的な海洋レジャー・ニーズの拡大傾向と相通じていることは指摘するまでもありませんが、全国的な動向と大きく異なっている点は、レジャー的な海域利用がしばしば海の先発利用者である漁業側とのコンフリクトを引き起こしてきた中で(上田(1996))、ここ八重山圏域においては、海洋レジャーに

よる海の利用は比較的にスムーズに行われてきたことです。

八重山圏域において、ダイビング事業者は既存の漁業による海面利用を妨げずに、安全が守られる限り、基本的にはどの海域でも自由な活動が可能となっています。もちろん、パイオ(浮漁礁)などが設置されている海域や一部の好漁場においては海洋レジャーによる利用はきびしく制限されていますし、釣りやシュノーケリングやシーカヤックなどの一部の海洋レジャーについては、場所によっては漁業権制度や地域の慣習にもとづき、地元の人や海人に限定された利用といったようなインフォーマルなローカルルールやフォーマルなルールは存在しています。しかし、それらのケースはあくまでも地元住民による優先的利用がルールの暗黙的な前提となっています。これまでのところ、八重山圏域において、海洋レジャーと漁業とのコンフリクトがあまり表面化せずに済んできたのは、このような暗黙の約束事を前提とした、「自由」な海の利用があったからだといえます。

従って、ある意味では、暗黙のローカルルールともいうべき、地域独特の海面利用慣行の存在が、漁業とレジャーとの共存関係を形作っているともいえますが、その根底には共栄関係ともなりうる域内利益循環システム(婁(2013))が形成されていることにも注視する必要があります。

5-2. 海の利用慣行 [2]

八重山圏域の海には昔から、沖縄県沿岸にみられる沿海域住民による「イノー」＝「地先の海」の自由利用という慣習がある。近世以降における琉球王府の徹底した勧農政策を背景に、永らく自給自足的世界に留めたことが、村民による地先の海(イノー)の自由な利用慣行を形成してきました(上田(1984))。つまり、村民なら誰しもが沿岸域を自由に利用でき、自家用のために、魚介類を採捕していました。このような村民あるいは村落による地先の海の占有的な利用は、1719年に琉球王府によって定められた、沿海村落に地先海の占有的な利用を認める代わりに入漁料の支払いなどの一定の義務を負わせる「海方切」と呼ばれる海の利用制度に起因しているようです(沖縄タイムズ(1983))。つまり、沖縄固有の海の利用形態がここにおいても貫徹されていたのです。

この慣習の下で、地域住民ならだれでも海を自由に利用することが可能となり、海洋レジャーによる海面利用への新規参入もスムーズに行われ、その結果海洋レジャー産業がどの地域よりも順調な発展を遂げたといえます。

5-3. 漁業者による海業への取り組み

　このように、八重山圏域においても漁業権にかかわる海の利用管理をめぐってはそれぞれの浜の独自のルールがあり、地域住民による管理が行われています。とはいえ、以上みてきたような伝統的な海の自由利用慣行は漁業者による海の統合的な管理意識と管理機能を相対的に弱体化させていることもまた事実です。となると、海の自由利用を条件として成長を遂げつつある八重山圏域の地域経済において、果たして漁業者はどのような関わり方をしているのでしょうか。結論を先に述べると、地域の漁業者が発展する地域経済に対応し、海業（うみぎょう）を展開することを通じて、一定の経済的利益を確保しうる域内利益循環の仕組みを形作っているのです。

①「鮮魚店」

　その典型的な仕組みの一つが、漁家経営の兼業形態としての「鮮魚店」です。
　石垣島の街を歩くと、所々「鮮魚店」という看板を掲げる店が目につきます。目抜き通りに面した看板の数を数えただけでも20を超えています。店を覗いてみると、生鮮マグロの刺身、地物の魚、魚のてんぷらや唐揚げやお惣菜物などを販売する、文字通りの鮮魚店が眼前に広がります。聞けば、こうした鮮魚店は地域住民の日々の食卓や、地元飲食店の需要に応える鮮魚小売店としての役割を果たしているといいます。それだけだと、一般的な「魚屋」とは何ら変わりはないように思えますが、よく聞けばこのような「鮮魚店」のほとんどは海人の奥さんやその兄弟親戚などの漁業関係者の手によって営まれているというので、いわゆる「魚屋」とは明らかに性格が異なっています。

　石垣島には産地卸市場や公設市場がなく、地域内における魚の流通はもっぱらこの「鮮魚店」によって担われています。「鮮魚店」が地元住民の消費のみならず、地域に訪れる観光客の需要にも応えることになります。従って、地域に訪れてくる観光客が多ければ、その分だけ「鮮魚店」の需要も増えます。観光業の発展は、そのまま「鮮魚店」の売り上げの向上に寄与することになります。このように、石垣島では鮮魚の直接販売を行う形で、観光業と漁業者との経済的なつながりが作られています。

②「海業観光」

　もう一つは、海人が直接海洋レジャー事業に進出することです。「海業観光」（うみわざかんこう）」がその好例として挙げられます。

　「海業観光」とは、八重山漁協の元組合長を務めた地元の海人である比嘉氏が経営する、石垣島を代表する遊漁船業を営む法人です。シーズンによって、

第9章　地域経済の発展と地域資源の利用

釣り愛好者や趣味グループをターゲットとしたマグロ釣りや、ファミリー層や初心者を対象としたグルクン釣りなどの多様なメニューが用意されています。また、夏場には家族連れなどをターゲットとした海遊びガイドや漁業体験などのサービスも提供し、多様なニーズに対応しています。最盛期にはパート従業員を1、2名雇い、海洋レジャーに関する魅力的なサービス業務を展開しています。

　経営者の比嘉氏は元々は底物釣りを専門とするプロの海人ですが、1990年代に入って、底物の資源状況が鹿児島船団の漁獲圧に晒されて悪化し、漁業経営が苦境に立たされていました。当時全国漁業青年連合会の副会長という立場にあった同氏は、参加したある講演会がきっかけとなって海業への取り組みを思い立ち、「海業観光」という法人を立ち上げたのです。そして、「海業観光」は成功を収め、それまでの漁船新造時に借りた借金を順調に返済することも可能としました。

　このように、比嘉氏はその青年部活動を通じて新しい情報と知識を獲得して、社会のニーズに応える形で新たな事業領域に経営を展開するようになりました。そして、常日頃から顧客の満足を得られるような最高のサービスの提供を心掛けて、漁業に加えて海業にも取り組むようになりました。

③漁業者とリゾートホテルとの連携

　小浜島は、石垣島からフェリーで20分ほどで着く小島です。島は小さいですが、いくつかの大型リゾートホテルが立地しており、八重山諸島のなかでも知る人ぞ知るリゾートの島です。島にはいまでも十数名の海人が、モズク養殖や定置網漁業、刺し網漁などを営んでいます。彼らは、事前の約束事に基づき、提携先のリゾートホテルに、自分たちの漁獲物を継続的に納入したり、島にある二つの商店に魚（大抵は刺身パックの商品）をおいて委託販売したりしています。

漁場条件や海況条件などに制約されて、取引高はそれほど高くはありませんが、この漁業者とリゾートホテルや地域の商店との提携関係によって、漁業者にとっては安定した販路を確保でき、ホテル側や店側にとっては魅力的な地元の漁獲物を安定的に確保することができます。それによって、食サービスの観点から余所との差別化を図る有力な一つの武器を手に入れることになります。そこにおいても、観光業の発展が漁業者にも利益をもたらすことが可能な地域経済的な仕組みが作り上げられています。

6．地域資源の管理に向けて

　本章では、八重山圏域を対象事例として取り上げ、地域経済の再生において、海を中心とした地域資源の価値創造がきわめて重要であることをみてきました。しかし、すでに多くの議論が展開されていますように、「海が国民みんなのもの」であることも周知の事実です。つまり、地域資源のほとんどはコモンズであり、いわゆる「共有」的な性格をもつみんなの資源となっています。したがって「コモンズの悲劇」をいかに回避するかが課題として浮上します。

　今日多くの沿岸域において、伝統的な漁業的利用に海洋レジャー的利用が加えられて、沿岸域をめぐる利用の輻輳がみられ、互いの調整が課題となってきている中、この漁業権制度をバックとした新たな利用調整のシステムが形成されつつあります。「みんなの海」であることと、漁業権や漁業許可を内容とする日本の漁業制度と相いれないものではないのです。そもそも、日本の漁業制度は、「みんなの海」であるからこそ、「共有の悲劇」を回避すべく、漁業権制度を導入して漁業禁止の解除を制度化したものだからであります（青塚(2004)）。だからこそ、特に沿岸海域において、漁業権によって漁業的な利用にもとづく海の利用秩序が整序され、多くの地域においてはその漁業的秩序の上に、海洋レジャー的な海面利用秩序を形作り、合理的な利用管理ルールを作ってきています。

　そうした中で、八重山圏域は日本における唯一の例外と言っていいぐらい、海面をめぐる利用の「自由度」が高く、漁業サイドによる利用への整序は行われてはいません。その背景には、地域資源のケイパビリティが高く、ダイビングガイドやシュノーケリングなどの海洋レジャー的な利用を十分に収容できる環境収容力が高い状態が続いていることがあると考えられますが、地域資源がみんなのものとして利用される以上、今後の持続的な利用を図るためにはやはり何らかの形で管理することが求められます。

　従って、地域資源となる海の利用に際して適切な管理が今後重要な課題となるでしょう。つまり、持続的な利用のためにはどのような利用管理の仕組みが必要なのか、漁協も含めて今後誰が合理的な管理主体となりうるのか、その管理主体がどのようにしてレジティマシーを獲得しうるのか、といったような議論が求められるでしょう。

第 9 章　地域経済の発展と地域資源の利用

注

(1) 本稿は早川 (2012) を参考に作成されたものです。
(2) 本稿は婁（2013.pp.186-187) を加筆修正したものである）

参考文献

[1] 青塚繁志 (2004)『漁協役職員のための漁業権制度入門』、漁協経営センター出版部。
[2] 上田不二夫 (1984)「海と村」、木崎甲子郎・目崎茂和編著『琉球の風水土』、築地書館。
[3] 上田不二夫 (1996)「宮古島ダイビング事件と水産振興―海洋性レクリエーション事業への 対応と漁協事業―」、『沖大経済論叢』19(1)、pp.27-72。
[4] 沖縄タイムス (1993)『沖縄大百科事典』。
[5] 上江洲薫 (1993)「沖縄県恩納村における観光地域形成」、『地域研究』33(2)、 pp.39-47。
[6] 早川渓子 (2012)『八重山圏域における地域経済構造の変化と地域振興の研究』（東京海洋大学大学院堤出修士学位論文）。
[7] 原洋之介 (1996)『開発経済論』、岩波書店。
[8] 保母武彦 (1996)『内発的発展論と日本の農山村』、岩波書店。
[9] 宮平観光 (2003)『八重山観光の歴史と未来』、南山舎。
[10] 婁小波 (2000)「海業の振興と漁村の活性化」、『農業と経済』66(15)、pp.69-78。
[11] 婁小波 (2013)『海業の時代―漁村活性化に向けた地域の挑戦』、農文協。

第 2 部 漁業のグローバル化と日本の水産物市場

第 10 章　国内市場の縮小と国際戦略

第 11 章　世界の水産貿易と日本
　　　　　　－ズワイガニを事例として－

第 12 章　水産物需要増大に向けた取組の方向性
　　　　　　－「鱧料理」用食材ハモの事例－

第 13 章　漁協と大手量販店の直接取引が
　　　　　　水産物流通に何を問いかけているか

第 14 章　国内水産業における HACCP 普及の可能性

第 15 章　我が国のクロマグロ需給動向と国際競争力

第10章　国内市場の縮小と国際戦略

有路　昌彦

1. はじめに

　我が国は非常に多くの水産物を消費する魚食文化の国であると同時に、世界有数の水産生産国でもあります。国内に巨大なマーケットを有することは、国内水産業にとって、身近な市場にターゲットを定めることができるのと同時に、流通コストが少なくて済むという面でこれまで有利な条件として働いてきました。しかし、近年「魚食離れ」(あるいは「魚離れ」と呼ばれる現象)が発生し、国内マーケットも縮小傾向にあるとされ、これが日本の水産業の存続を危うくする大きな問題であるとする論調が生じています。その為国の重要な政策の一つに「魚食離れ対策」が挙げられるようになり、2000年代以降の「水産白書」では、この「魚食離れ」対策が必ず内容に盛り込まれるようになっています[1]。事実、水産物の需要量は減少傾向にあります。しかしこの「魚食離れ」に関してその要因あるいは実態に関しては様々な見方があります。秋谷(2007)は、「魚食離れは消費形態の変化の結果である」としています。水産白書ではやや表現は強くなり、「食の多様化によって様々な動物性タンパク質源を入手できるようになったことで、食の欧米化がすすみ、結果として水産物消費が他の肉類の消費に移った」という論旨が展開されています（小野(2009)）。その為より食育やPR活動を通じた啓もうが必要であるとして様々な施策が行われています。
　しかし、現象面でみる場合、水産物の消費が他の肉類に移ったということは家計調査年報でシェアを追えば（因果の「結果」として）自明であり、その原因が「食の欧米化」ということは、若干トートロジー的な論旨であるとも考えられます。なぜならば、水産物以外の肉類の消費量が増加した場合、それを材料にした料理が食卓の中心になるのは必然であり、因果関係の「結果」として食の欧米化が進んだともいえるからです。このため因果関係の「原因」を特定化したことにはならず、また原因を特定していない状態での対策は十分な効果を生まない可能性もあります。

そこで、いわゆる魚食離れと言われる水産物消費量の減少が、なぜ発生したのかを定量的に明らかにすることを目的にした研究を行います。

経済学の視点、特にミクロ経済学の消費効用理論では、消費量を規定するのは対象となる財や競合財の価格および所得といった要素が初めに挙げられます。一方水産物の場合、生鮮食品であることから生産起点消費特性があり、供給量が消費量を規定してきた可能性も否定できません。しかし現在は多くの魚種で供給量が増大しても価格が上昇しない現象、および養殖や輸入で供給量の増大が容易な状態でありながら消費量が減少している点から、供給量の減少による需要量の減少ではなく需要関数自身のシフトによる影響が強いと考えるのが妥当なのではないでしょうか。

もちろん価格や所得といった市場条件の変化では説明がつかない場合は需要関数の形状を規定する消費者の効用関数自体が変化したと考えることも可能です。しかし通常はまず市場条件の変化に対して、消費がどのように変化しうるのかという需要の姿を十分に分析した上で、嗜好の変化があるのかどうかを検討すべきであり、先行研究ではこの10年間の水産物需要の減少の要因を市場条件の変化に対応して分析した例は、少なくとも定量的な分析としては見られません。ゆえに、市場条件の変化がどのように消費に影響したのかを分析する必要があります。AIDSによる需要体系分析は、松田(2000a)、松田(2000b)、澤田(1981)らを中心に広く分析されていますが、穀類に重きが置かれ水産物の分析が必ずしも十分でないこと、またこの過去10年が対象ではないことから、空白部分となっています。有路(2005)、有路(2006)はAIDSECMによる分析を行っていますが、この10年間の魚食離れを説明する分析にはなっていません。

こういったなか、市場条件の分析を十分に行わない状態で、単に嗜好が変化したとして、魚食を普及させようと、PR活動に政策的に強い期待を置くのは「根本的な対策になるかどうか判断できない状態で対処療法的な政策と行っている」ことになってしまうため、少なくとも需要減少の要因を市場条件の変化の中にあるかどうかを吟味することは不可欠です。

そのため本分析では、「魚食離れ」とよばれるこの10年特に強く発生している現象に対して、市場条件の変化がどのように生じていたのかという点からアプローチします。

2. 分析対象と方法

2-1. 消費金額の推移

　図1は、消費者の実所得を示すものです。家計調査年報より一人あたりの実所得、消費支出、食料支出の3つを指数で示したものですが、実所得と消費支出が1997年以降減少傾向にあることが分かります（実所得は1997年から2011年で8.6％の減少、消費支出は同期間7.9％の減少）。食料支出は1976年以降1988年まで横ばいで1992年以降減少傾向にあることが分かります（1992年から2011年で12.5％減少）。我が国の家計の実所得が、この10年で減少しているということは、極めて重要な政策的視点であり、我が国の水産物市場は所得減少局面の中にあるということを認識する必要があります。

　次に動物性タンパク質源全体の家計消費支出金額の近年の変化をみます（図2）。データは家計調査年報の月別データによるものを年次に集計したもので、一人あたりの消費支出をStone幾何指数でデフレートしたものです（松田(2000a)）。2000年以降一貫して減少傾向にあるが2008年以降の減少が著しい事が確認できます（2000年から2011年で21％減少）。

　さらに内訳の変化を図3で確認すると、水産物の消費支出金額の動物性タ

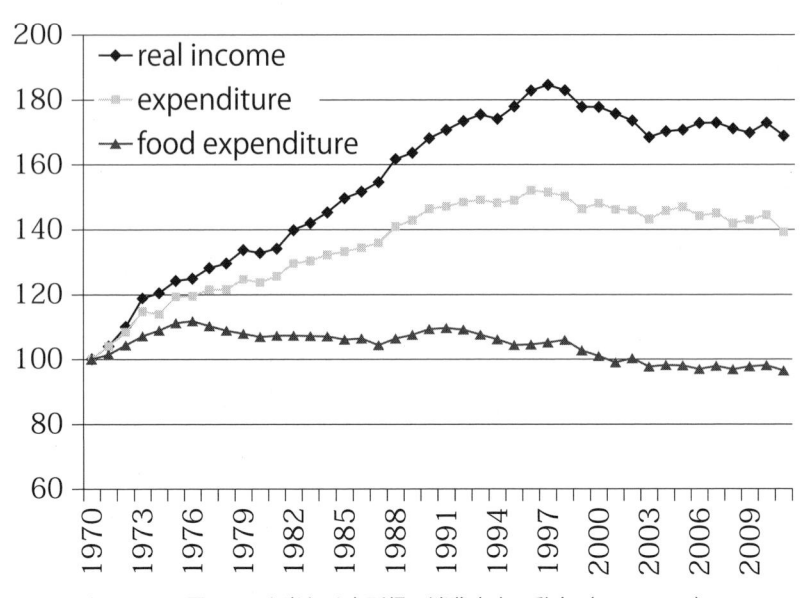

図1　一人当たり実所得・消費支出の動向（1970＝100）
資料：総務省「家計調査年報」。

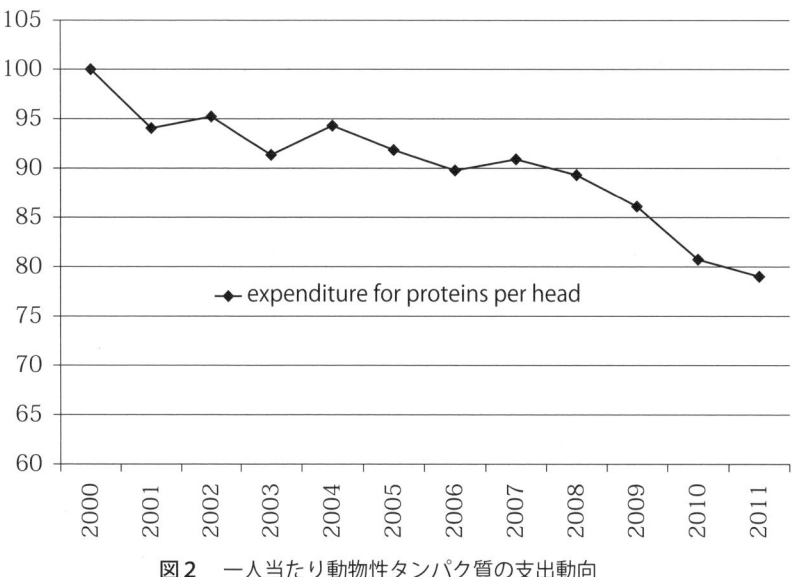

第2部　漁業のグローバル化と日本の水産物市場

図2 一人当たり動物性タンパク質の支出動向
資料：総務省「家計調査年報」。

ンパク質源消費支出金額におけるシェアが減少している事がわかります（2000年平均62％で2011年平均54％）。同時に牛肉の消費支出金額のシェアも減少しています（2000年平均15％で2011年平均13％）。一方で、豚肉と鶏肉の消費支出金額のシェアが拡大していることが分かります（豚肉は2000年平均12％で2011年平均17％、鶏肉は2000年平均6％で2011年平均9％）。図4で動物性タンパク質源消費量におけるシェアの変化をみると、消費支出金額と同様に、水産物と牛肉の消費量シェアは縮小しており（水産物が2000年平均43％で2011年平均37％、牛肉が2000年平均8％で2011年平均6％）、鶏肉と豚肉の消費量のシェアが拡大しています（豚肉は2000年平均13％で2011年平均17％、鶏肉は2000年平均9％で2011年平均12％）。

　以上からは、我が国の家計では一人当たりの所得はこの10年間で減少局面にあること、その中で水産物と牛肉の消費シェアが減少し、鶏肉と豚肉の消費シェアが拡大したということが分かります。

2-2. 需要体系分析
　次に所得減少局面での消費シェアの変化がどのような経済学的なメカニズム

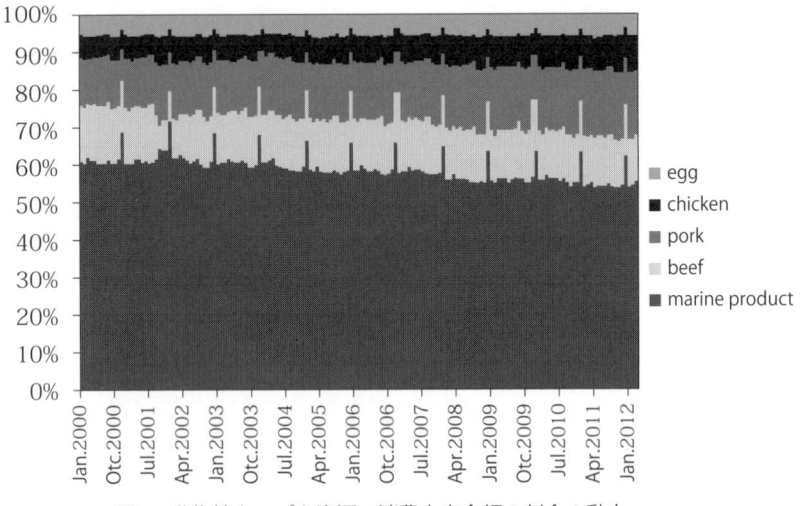

第 10 章　国内市場の縮小と国際戦略

図3　動物性タンパク資源の消費支出金額の割合の動向
資料：総務省「家計調査年報」。

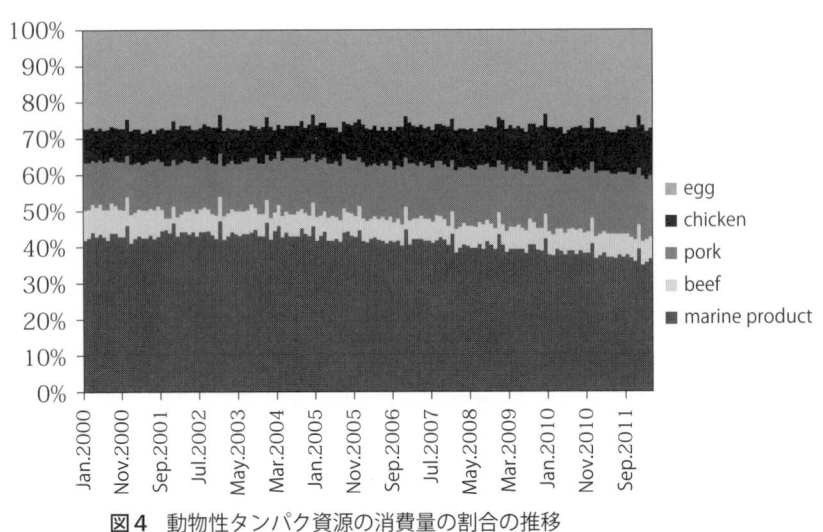

図4　動物性タンパク資源の消費量の割合の推移
資料：総務省「家計調査年報」。

になっているのかを明らかにするため、需要体系分析を行いました。需要体系分析とは、ある財の需要体系内での代替関係を明確化する分析方法であり、構造方程式の一つです（松田 (2000a)）。今回は動物性タンパク質源という需要体系の中での代替補完関係がどのようなものであるのかを明らかにするため、水産物、牛肉、豚肉、鶏肉、鶏卵の5種類の財による需要体系を想定しました。家計調査年報の分類上の制約にもよります。鶏卵は補完財的な要素が強いですが、1）支出割合では無視できないほど大きいこと、2）補完的性質のものがないままの計算では LA-AIDS のモデル上の制約で推計が困難であること（実際に計測結果は状況を説明できない）、3）先行研究の多くが計測に含めていること、の3つの理由でこの5種に選定しました。なお鶏卵は単独料理（出汁巻き、卵焼きなど）では低級の肉類と代替関係のある財とも考えられ、所得の低い状態あるいは低下傾向のある時は、肉類に対する代替側面があると考えられます。本分析では、需要体系分析の中で最も広く扱われる LA/AIDS を用いました（松田 (2000a)、澤田 (1981)）。

　式展開に関しては、松田 (2000a)、牧ら (1998) を参照した。LA/AIDS は以下のように導かれます。消費者の費用関数を以下のように定義します。

$$\ln C(u,p) = a(p) + ub(p) \quad (1)$$

u は効用であり、p は価格である。a(p) と b(p) は一次同次の凹関数と定義します。

i 財の支出シェア wi は、$w_i = \dfrac{\partial \ln C}{\partial \ln p_i}$ を用いて1式を変形すると Working and Leser 型のエンゲル関数 $w_i = \alpha_i + \beta_i \ln X$ の支出シェアが総支出 X の対数関数になります。

ここで、$a(p) = \alpha_0 + \sum_k \alpha_k \ln p_k + \left(\dfrac{1}{2}\right)\sum_k \sum_j \gamma_{kj} \ln p_k \ln p_j$ というトランスログ型を仮定し、$b(p) = \beta_0 \prod_k p_k^{\beta_k}$ と仮定します。

ただし、α_k、β_k、γ_{kj} は定数です。

C(u,p) は仮定により p について同次であるので、$\sum_k \alpha_k = 1$、$\sum_k \gamma_{kj} = \sum_k \beta_k = 0$ です。これらの式を (1) 式に代入し、$w_i = \dfrac{\partial \ln C}{\partial \ln p_i} = \dfrac{p_i q_i}{C} = \dfrac{p_i q_i}{\sum p_j q_j}$ を用い

て、uを消去すると以下の式が導かれます。qは消費量です。これが計測式となります。

$$w_i = \alpha_i + \sum_j \gamma_{ij} \ln p_j + \beta_i \ln(X/P) + \varepsilon_i \tag{2}$$

ただし、Pは総合物価指数であり、

$\ln P = \alpha_0 + \sum_k \alpha_k \ln p_k + \left(\dfrac{1}{2}\right)\sum_k \sum_j \gamma_{kj} \ln p_k \ln p_j$ と表されますが複雑な非線形になり、多重共線関係の発生から推定が困難であるため、3式のようなStone幾何指数と呼ばれる近似式が用いられます。

$$P = \sum_k w_k \ln p_k \tag{3}$$

各弾力性は以下のように表されます。

支出弾力性　　$\eta_i = 1 + (\beta_i / w_i)$ (4)

価格弾力性　（自己）$E_{ii} = -1 + (\gamma_{ii}/w_i) - \beta_i$ (5)

（交差）$E_{ij} = \dfrac{\gamma_{ij} - \beta_i \cdot w_j}{w_i}$ (6)

このようにLA/AIDSは導かれますが、基本的にシェア方程式で需要体系を直接推計しやすいようにしたものです。

本研究では時系列を用いることから、非定常時系列問題を解決する必要があります。非定常時系列問題は、各時系列が単位根を持つ場合に発生し、この場合は回帰の結果に共和分を持たなければなりません。共和分とは説明変数と非説明変数との間にある均衡の「ずれ」を表すものであり、消費者の習慣性や、影響の継続などを意味します。

モデル内に共和分過程を含めて分析するモデルはECM（誤差修正モデル）といいます。本研究モデルのような構造式型のもののECMは、Engle and Granger二段階推定法によるものと、Nerlove型の部分調整モデルがあります。双方は回帰のプロセスが異なるだけでモデルは同じものです。本研究では計測の容易さからNerlove型の部分調整モデルを採用しています。部分調整モデルは以下のように説明されます（有路 (2006)、蓑谷 (1997)）。

$$w_{it} = \theta_i w_{it-1} + \alpha_i + \sum_j \gamma_{ij} \ln p_j + \beta_i \ln(X/P) + \varepsilon_t \tag{7}$$

第 2 部　漁業のグローバル化と日本の水産物市場

θ は部分調整項と呼ばれるものであり、これが有意である場合（符号条件は正）、共和分を持つことになります。LA/AIDS を ECM あるいは部分調整モデルで推計する場合、共和分問題を回避することが可能になる一方、モデルの総和性および同次性制約の成立は小標本では難しいという性質があります。また、部分調整項あるいは誤差修正項の推計のためには総和性制約と同次性制約（松田 (2000a)）は推計上課せず検定が不可能になります。そのため、今回の分析では総和性・同次性制約検定は行っていません。

計測は、従来の需要体系分析の方法に従い、被説明変数は異なるのですが説明変数の大部分が同じということから、残差共分散行列が直交する ITSUR（Iterative Seemingly Unrelated Regression）を用いて推定を行います。以降の検定および計測の全ては近畿大学農学部水産学科水産経済学研究室所有の TSP.5.1（TSP International 社）によります。データは総務省の家計調査年報（全世帯）の 1993 年 1 月～ 2012 年 3 月までの月別データです。月別効果は月別ダミーによる季節調整で除去しています。季節調整とは真の経済行動を分析するために、消費行動のように季節的な増減がみられるもの（例えば旬や年

表 1　単位根検定の結果

	no trend no constant		with constant		with trend and constant		method
	estimate	log	estimate	log	estimate	log	
lnQ1	-3.68 ***	12	1.58	12	-0.08	12	ADF
△lnQ1	-4.49 ***	13	-9.28 ***	11	-9.48 ***	11	ADF
lnQ2	-1.09	13	-1.27	13	-2.64	12	ADF
△lnQ2	-5.22 ***	12	-5.32 ***	12	-5.32 ***	12	ADF
lnQ3	1.93	13	0.12	13	-3.26 *	11	ADF
△lnQ3	-4.31 ***	12	-4.75 ***	12	-4.84 ***	12	ADF
lnQ4	1.29	13	0.51	13	-1.31	13	ADF
△lnQ4	-4.43 ***	12	-4.61 ***	12	-4.94 ***	12	ADF
lnQ5	-1.58	11	-2.31	11	-2.19	13	ADF
△lnQ5	-5.67 ***	12	-11.8 ***	10	-11.9 ***	10	ADF
lnP1	0.72	14	-1.96	14	-2.91	14	ADF
△lnP1	-3.52 ***	13	-3.59 ***	13	-4.77 ***	12	ADF
lnP2	0.04	14	-2.07	14	-2.03	14	ADF
△lnP2	-3.32 ***	13	-4.68 ***	12	-6.66 ***	11	ADF
lnP3	-0.65	4	-2.83 *	3	-2.91	4	ADF
△lnP3	-11.5 ***	3	-11.5 ***	3	-11.4 ***	3	ADF
lnP4	0.02	13	-2.49	11	-2.49	11	ADF
△lnP4	-3.32 ***	12	-4.33 ***	11	-4.32 ***	11	ADF
lnP5	0.51	9	-2.47	9	-2.95	9	ADF
△lnP5	-21.8 ***	0	-21.8 ***	0	-21.7 ***	0	ADF

末年始の消費拡大など）の変動を除くことです。

表 1 は単位根検定の結果です。なお変数 Q は消費量、P は価格であり、添え字の 1 は水産物、2 は牛肉、3 は豚肉、4 は鶏肉、5 は鶏卵を表します。Δ は一階階差を示します。単位根検定は系列が定常でないことを帰無仮説とする検定であり、前変数を最も広く用いられる ADF 検定によって行いました。結果、全ての変数が 5％以上の有意水準で原系列非定常（帰無仮説が棄却できない）、一階階差定常（帰無仮説が棄却できる）であることが明らかになりました。検定の結果全てのデータが単位根を有しているといえます。

3．分析の結果

表 2 は推計結果です。変数の名称は表 1 と同じです。自由度修正済み決定係数は 0.87 〜 0.96 とトランスログ型モデルの推計としては高く、また、30 の推定変数のうち、22 が有意であり、あてはまりがよい結果になりました。

以上より本計測はおおむね良好であり、十分に説明力を持つものであるとい

表 2　推計結果（AIDS-ECM）

Parameter	A1	$\theta 1$	B11	B12	B13	B14	B15	B1Y	Adj.R2	DW/h
Estimate	-0.40	0.85	0.06	-0.03	0.00	0.02	-0.06	0.03	0.96	0.08
Standard Error	0.22	0.05	0.02	0.01	0.01	0.02	0.02	0.02		
t-statistic	-1.81	16.71	3.94	-3.10	0.32	1.43	-3.15	1.52		
P-vaiue	[.071]	[.000]	[.000]	[.002]	[.745]	[.153]	[.002]	[.129]		
Parameter	A2	$\theta 2$		B22	B23	B24	B15	B1Y		
Estimate	0.13	0.80		0.01	0.02	0.01	-0.04	0.00	0.93	0.13
Standard Error	0.14	0.03		0.01	0.01	0.01	0.01	0.01		
t-statistic	0.92	27.25		0.85	2.31	0.90	-3.19	-0.09		
P-vaiue	[.357]	[.000]		[.397]	[.021]	[.371]	[.001]	[.930]		
Parameter	A3	$\theta 3$			B33	B34	B35	B3Y		
Estimate	0.29	0.65			0.02	-0.01	0.05	-0.05	0.95	0.36
Standard Error	0.13	0.04			0.01	0.01	0.01	0.01		
t-statistic	2.20	15.55			1.70	-0.94	4.79	-4.29		
P-vaiue	[.028]	[.000]			[.088]	[.349]	[.000]	[.000]		
Parameter	A4	$\theta 4$				B44	B45	B4Y		
Estimate	1.90	0.78				-0.14	0.08	-0.15	0.92	-0.15
Standard Error	0.34	0.04				0.03	0.02	0.03		
t-statistic	5.67	20.23				-4.27	4.03	-4.82		
P-vaiue	[.000]	[.000]				[.000]	[.000]	[.000]		
Parameter	A5	$\theta 5$					B55	B5Y		
Estimate	15.70	0.23					-1.03	-1.06	0.87	0.32
Standard Error	0.99	0.04					0.08	0.08		
t-statistic	15.89	6.17					-13.11	-13.05		
P-vaiue	[.000]	[.000]					[.000]	[.000]		

えます。θの推定値も有意であり、共和分を持つことが明らかになったため、「みせかけの回帰」ではないと言えます。DW/h はダービン h 統計量ですが、全て誤差項の系列相関 0 の仮説を棄却しません。

次に、計測結果を用いて各弾力性を導出しました。表 3 は各弾力性の計測結果ですが、全計測期間の平均値です。行でみると当該財から見た消費の性質になり、列に見ると他財から見た消費の性質になります。

表3　各弾力性の計測結果

| | Expenditure eiasticity | Marshallian price elasticity |||||
		Marine Product	Beef	Pork	Chicken	Egg
Marine Product	1.05	-0.92	-0.06	0.00	0.03	-0.20
Beef	0.99	-0.22	-0.94	0.14	0.09	-0.05
Pork	0.63	0.24	0.19	-0.78	0.00	0.42
Chicken	0.33	0.50	0.15	0.04	-1.47	1.71
Egg	1.10	-0.09	-0.02	-0.03	0.04	-1.21

需要体系分析で所得の増減で支出が増減するエンゲル関数を仮定しており、支出は所得の代理変数とみなします。そのため支出弾力性は狭義の所得弾力性とみなして議論されます。

まず水産物の支出弾力性（1.05）より、豚肉と鳥肉の支出弾力性（0.63 および 0.33）がかなり小さい結果です。これは相対的に水産物が所得減少局面で消費を減らしやすく、豚肉や鶏肉が消費を減らしにくい事を意味します。牛肉は支出弾力性が 0.99 と相対的に高く、水産物と同様の位置付けにあります。代替関係を見てみると、豚肉にとって水産物は交差弾力性が 0.24 という代替関係があります。鳥肉にとって水産物は交差弾力性が 0.50 という代替関係があります。また豚肉とって牛肉は交差弾力性が 0.19 という代替関係であり、鶏肉にとって牛肉は交差弾力性が 0.15 という代替関係があることがわかります。

また、行でみた水産物自身の代替関係は、ほとんど検出されず、他の財の市場の変化の影響であまり増えたり減ったりしないといえます。しかし、支出弾力性が相対的に大きく、所得減少の影響を受けやすい、ということがいえます。一方、豚肉や鳥肉からみると水産物は代替関係にあり、同時に豚肉や鳥肉の支出弾力性は水産物の支出弾力性と比較して相対的に小さいという結果です。ゆえに、所得減少局面では、所得減少によって、水産物の消費が減少し、豚肉と

159

鳥肉に消費がシフトしていったということが分析結果から言うことができます。なお、牛肉も水産物より程度は小さいものの同様の傾向であり、所得減少局面で所得の減少が原因となり、牛肉の消費や豚肉と鶏肉にシフトしたといえます。

4. 考察と得られる戦略

　計測の結果から、家計消費における水産物の消費量の減少は、所得の減少による部分が大きく、所得減少の結果、相対的に下級財である鶏肉や豚肉に消費がシフトしたと解釈することができます。
このことは「魚食離れ（魚離れ）」と言われてきた現象の原因が、「特に要因が特定できない『食の欧米化』によって魚食離れが起きた」というものではなく、「所得の減少」にあるということが明らかになったことを意味します。
　その為、単純な魚食の普及 PR 活動よりも、他の動物性タンパク質源に対して相対的に高い価値を消費者が感じられるようにする部分に、PR の重きを置く必要があるといえるでしょう。具体的には多種多品目による消費者にとっての新規性を示すこと、魚種や扱いによって大きな味の差が出ることを示すことなど、市場の高度化細分化に対応できる部分に力点を置くことが考えられます。また我が国の消費者の所得が今後上昇する可能性が低いとするならば、国内市場の縮小は PR 活動等で食い止められるものではないといえるため、「国内水産業は輸出を視野に入れた新マーケットの創出」に努めなければならず、その為の支援策に政策は重点を置く必要があると考えることもできます。

注
(1) 水産庁『水産白書』(2002-2012)、農林統計協会。

参考文献
[1] 秋谷重男 (2007)『増補　日本人は魚を食べているか』、北斗書房。
[2] 有路昌彦 (2005)「BSE ショック下における日本の水産物および他タンパク質源
[3] 　家計需要の代替関係に関する計量分析－ AIDSECM（誤差修正モデル AIDS）による需要体系分析－」、『漁業経済研究』49(3)、pp.47-59。
[4] 有路昌彦 (2006)『水産経済の定量分析』成山堂書店。
[5] 小野征一郎 (2009)「日本の水産物自給率－需給変動に伴う政策課題－」、『近畿大学農学部紀要』42、pp.225-236。
[6] 澤田学 (1981)「Almost Ideal Demand System と食料需要分析」、『北海道大学農経論

叢』37、pp.151-182。
- [7] 牧厚志・宮内環・浪花貞夫・縄田和満 (1998)『応用計量経済学II』、多賀出版。
- [8] 松田敏信 (2000a)『食料需要システムのモデル分析』、農林統計協会。
- [9] 松田敏信 (2000b)「需要体系分析による家計食料消費の統計的検証」、『農林業問題研究』35(3)、pp.14-22。
- [10] 蓑谷千凰彦 (1997)『計量経済学』、多賀出版。

第11章　世界の水産貿易と日本
―ズワイガニを事例として―

東村　玲子

1．はじめに

　ごく最近まで、日本は名実ともに世界最大の水産物輸入国でした。本当に世界中から、色々な水産物を輸入していました。著者は、カナダ大西洋岸にあるニューファンドランド島北端のセント・アンソニー地区でズワイガニ漁業についての実態調査を10年以上行って来ました。カナダというと、西はバンクーバー、東はトロント、モントリオールといった都市が有名で、もちろんカナダは先進国です。しかし、著者が調査を行っている地区は、これからの都市とは全く違う雰囲気です。海沿いにコミュニティが点在し、そうしたコミュニティが道路で結ばれたのは1960年代になってからです。郵便配達もなく、全て局留め。高齢の漁業者には字が読めない人もいますし、今でも電話がない家もあります。そんな所でも、著者が歩いていると必ず「日本人か？何を買い付けに来たんだ？」と聞かれます。その度に「本当に、日本人は世界中から水産物を輸入していたのだな」と思わされました。

　しかし、2000年代に入って「買い負け」という言葉をよく耳にする様になりました（最近は、以前ほど聞かれなくなったようですが）。日本の水産物購買力が低下していることを象徴する意味で使われていたと思います。

　それでは、日本は世界の水産物貿易の中で、どの様な役割を演じて来て、そして現在はどうなっているのでしょうか？本章では、ズワイガニを例にとって、その様子を示したいと思います。

2．現在のズワイガニの貿易実態

2-1．世界のズワイガニ漁獲量

　ズワイガニが漁獲される地域は、日本の他に、カナダ大西洋岸、米国アラスカ州、極東ロシアで、それよりも1桁少ないですが、グリーンランド、韓国でも漁獲されています。なお、一般に世界で流通しているズワイガニは、セク

ションと呼ばれる縦2肩に切断した形態で、それをボイル・凍結したもの（図1）です（以下では、「ボイル・凍結」は省略します）。日本の市場においてのみ、セクションの他に、ホール（姿）及びミート（むき身）という形態で流通しています。

図1　ズワイガニのセクション

世界のズワイガニの漁獲量は東村(2013)で、2009年時点のものを推計しており、結果のみ示しますと、ズワイガニ（カタガニ：脱皮後に殻の固くなったオスガニ）の漁獲量の多い順に、カナダ大西洋岸：約97,300トン、ロシア：約50,300トン、米国アラスカ州：約26,700トンで、これより1桁少ないのが、グリーンランド：約3,200トン、韓国：約2,400トン、日本：約1,600トン（ズワイガニ全体では4,474トン）、となります。これを全部足し合わせると、2009年の世界のズワイガニ（カタガニ）の漁獲量は、181,500トン程度となります。

2-2. 世界のズワイガニの流通量
　世界のズワイガニの消費は、結論から言うと、日本と米国でほぼ二分しています。以下では、東村(2013)と同様に2009年時点でのそれを検証します。
　まず、カナダ大西洋岸で漁獲されたズワイガニは、ほぼ全量が現地でセクションに加工された上で日本市場と米国市場向けに輸出されます。アラスカ州も同様で、セクションへの加工の後に日本市場と米国本土に回されます。ロシアは、船上加工と陸上加工があり、いずれもセクションへの加工が行われてい

ます。ロシア産ズワイガニは、この他に生鮮のホールで日本に輸出されるものと若干のミートの輸出がありますが、ロシアの違法船の漁獲がかなりあり、実際には統計よりもっと多く日本に入って来ていると言われています。

　まず、日本市場の方ですが、カナダからの直接輸入は 4,850 トンです。全量セクションと仮定して、一般的な歩留まり率 63％ を用いて原魚に換算すると約 7,700 トンです。さらに米国からセクションで日本に輸入されているものが、1,850 トンですので、同様に原魚に換算すると約 2,900 トンです。ロシアからは、ホール、セクション、ミート合わせて 42,000 トンの輸入があります。その他として 320 トンの輸入があるので、原魚換算では約 500 トンとします。

　また、1990 年代後期から、カナダの大西洋岸やアラスカ州から中国に輸出され、そこでミートに再加工されて、日本市場へ持ち込まれるものが多くなっており、これがセクションでカナダは 12,951 トン、アラスカ州は 3,954 トンとありますから、原魚に換算して、カナダから中国へは約 20,600 トン、アラスカ州から中国へは約 6,300 トンが輸出されています（これらは次のミートでの輸入と重なるので加算しません）。ミートの日本への輸入は、中国から 9,057 トンの他にも韓国、タイ等から計 13,758 トンがあります。これをセクションからミートへの一般的な歩留まり率 50％ を用いて、原魚に換算すると約 43,700 トンとなります。これに、日本のカタガニ約 1,600 トンは全て日本国内でホールで消費されるとして加えると、日本市場に流通するズワイガニ（カタガニ）の原魚に換算した総計は約 98,400 トンです。ちなみに日本のメスガニ、ミズガニ（脱皮後で殻の柔らかいオスガニ）も加えて総計を出すと原魚での換算で 101,300 トンとなります。

　次に米国市場です。まず、アラスカ産ズワイガニの米国での流通量は漁獲量から輸出量を引いて求めましたが、17,441 トンです。次にカナダからの輸入が 45,351 トンですので、原魚に換算すると約 72,000 トンです。ロシアからの輸入は 5,230 トンで、原魚では約 8,300 トンとなります。米国にも若干ながらミートで輸入されているものがあり、これが 322 トンですから、原魚換算すると約 1,000 トンとなります。以上から米国市場に流通するズワイガニの原魚に換算した総計は、約 98,700 トンとなります。

　以上をまとめると、日本のズワイガニ（カタガニ）の原魚に換算した流通量は、約 98,400 トン（メスガニ、ミズガニを加えると約 101,300 トン）、米国のそれは約 98,700 トンで、両者の合計は約 197,100 トンです。

世界のズワイガニ漁獲量の推計値 181,500 と比べると、市場に流通する方が 15,600 トン多い結果となってしまいましたが、いくつかの仮定を置いていること、在庫分を勘案していないこと、及び計算上の誤差と四捨五入の積み重ね等を考えると、世界のズワイガニの消費を日本と米国でほぼ二分しているという結果そのものは、確認されたと言って良いでしょう。

3. ズワイガニの世界市場の特徴

次に、1990 年から今日までのズワイガニの世界市場の変貌を生産地の米国アラスカ州、カナダ大西洋岸、再加工地の中国、消費地の日本市場、米国市場を対象として見ていきます。ロシアを除いたのは、統計情報が信用出来ず、また、実態もつかむことが出来ないため、有意な分析が出来ないからです。それでも、十分にズワイガニの世界市場の大きな動きは確認出来ます。

前節では、2009 年時点でのズワイガニの世界市場について概観しました。ここでは、1990 年以降の漁獲量統計と冷凍ズワイガニ（殻付きを含む）の貿易統計を利用して、ズワイガニの世界市場を動態的にまとめてみます。

3-1. ズワイガニ漁業の変遷

カナダとアラスカの漁獲量とその合計を示したのが図 2 です。さて、これを見て明らかな様に 1990 年代と 2000 年代以降の状況は全く異なっています。1990 年代の漁獲量は、アラスカの漁獲量が合計の漁獲量の傾向を規定していました。1990 年代初頭の約 15 万トンの頂点から 1997 年の 3 万トンへ急激

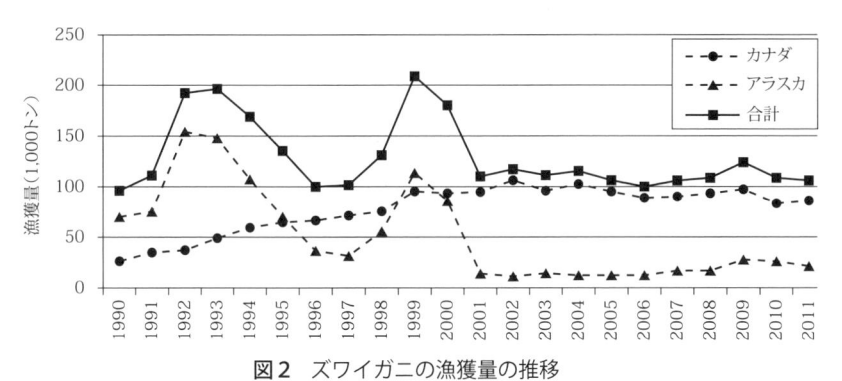

図 2　ズワイガニの漁獲量の推移
資料：カナダは連邦政府漁業海洋省、アラスカはアラスカ州政府漁業狩猟省。

に減少した後に、1999年の11万トンへ瞬間的に回復しましたが、2年後の2001年には1.4万トンへと激減しました。

一方のカナダの漁獲量は、1990年の約2.6万トンから2002年の約10.7万トンまで急速に増大して行きました。この間には単純に平均して1年に約6,700トンずつ漁獲量が増加して行った計算になります。2010年の日本のズワイガニの総漁獲量が約4,500トンであることと比べると、カナダにおいては、毎年、日本の現在の漁獲量以上の量が追加されて行ったことになります。

カナダの漁獲量の急増の要因は、Newfoundland and Labrador州（以下、NFLD州）における漁獲量の増大です。カナダの漁業者は魚種ごとの漁業ライセンスを得る必要がありますが、この時期のNFLD州では、1990年代初頭に大型船へのズワイガニ漁業ライセンスが急増し、1996年には小型船へのズワイガニ漁業ライセンスが大量発給されています。アラスカ州のズワイガニ漁獲が減少して行くと共にカナダ産のズワイガニへの需要が高まり、実際にカナダNFLD州では、漁獲量が増加する条件も整って行ったと言えます。

しかし、カナダ産ズワイガニが世界市場に参入出来たのは、日本の水産会社や商社の「技術」と「資本」による所が大きいのです。日本の水産会社や商社は、カナダ産のズワイガニを輸入するために、カナダに「セクション」加工の技術を移転しました。それまで欧州の一部の国を相手に細々とズワイガニのミート加工を行っていたカナダの加工業者は、セクション加工へ転換することにより、日本という当時の一大市場への参入が可能になりました。

ところが、2000年代に入ると状況が異なって来ます。カナダの漁獲量の成長は止まり、微減しつつも高位横ばい傾向となりました。一方で、アラスカも低位横ばいのまま推移しています。従って、アラスカとカナダのズワイガニ漁獲量の合計も11万トン強のレベルで横ばい傾向になっています。

3-2. ズワイガニの仕向け先の変遷

次にズワイガニの仕向け先の変遷を見るために、ここでは、カナダとアラスカ州からの輸出とアラスカ州から米国本土へ仕向けられるデータを原則として用いて、図3を作成しました。仕向け先においても、1990年代と2000年代が異なる状況にあることが見て取れます。

図3を見ると、1990年代前半は70％から50％はあった日本市場向けの割合が、1996年を境に2000年へ向かって減少して行った状況が明らかです。それは、逆に言えば米国市場向けの割合が増加して行ったことを意味します。

第2部 漁業のグローバル化と日本の水産物市場

図3 ズワイガニの仕向け先割合の推移

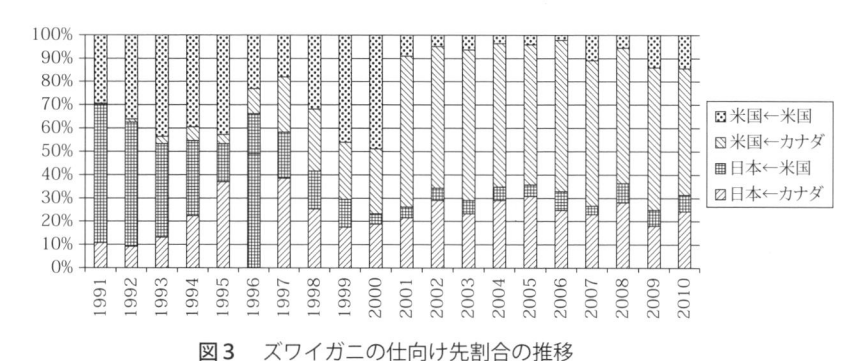

注：日本仕向けには、中国経由を含んでいます。また、4つのデータの合計を100%としています。
資料：カナダからの輸出は連邦政府漁業海洋省、米国からの輸出はWorld Trade Atlas、米国国内向けはアラスカの漁獲量から輸出量を差し引いたものである。

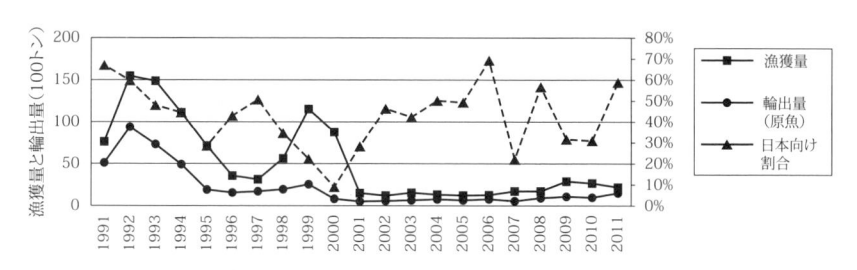

図4 米国ズワイガニの輸出量と漁獲量に占める日本向け輸出の割合

注：「日本向け」は、日本向けと中国向けの輸出量を足したものです。
資料：World Trade Atlas。アラスカ州政府漁業狩猟省。

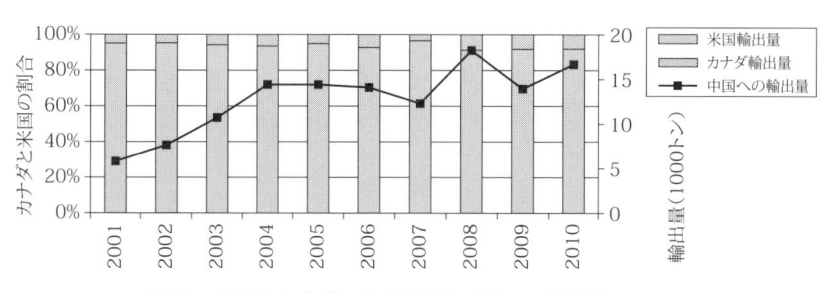

図5 米国とカナダの輸出割合と中国への輸出量

注：中国への輸出量は、カナダからと米国からを合算したものです。
資料：カナダ輸出量はカナダ連邦政府統計省、米国輸出はWorld Trade Atlas。

第 11 章　世界の水産物貿易と日本

　これは日本では景気後退に伴って奢侈品であるズワイガニへの需要が減退したのに対して、米国ではズワイガニの需要が大手シーフードレストランチェーンを中心として伸びて行ったことが要因です。
　しかし 2000 年代になると状況はやや変わって来ます。2002 年以降、中国再加工向けを含む日本市場向けは 30％程度、米国市場は 70％程度という状況で推移しています。
　米国（実質的にアラスカ州）の漁獲量と輸出量及び漁獲量に対する日本向け輸出割合を示した図 4 も合わせて見てみます[1]。
　上述の様に、1990 年代前半はアラスカ州のズワイガニの漁獲量が減少過程であり、米国は自国内での漁獲に依存していた結果がこれでしょう。実際に、この時期には米国の輸出量自体も一時的に低下しています。しかし、1995 年に 27.6％となった日本向け輸出の割合は、今度は逆に 1997 年の 50.2％へと高まっています。この頃は、まだ相対的に日本市場にも力があり、米国に負けることなく買い付けることが可能であったため、資源の減少に伴って輸出割合は高まりました。
　しかし、1990 年代後期に入ると、今度は米国市場の勢力が増して来ます。米国市場がアラスカ州のズワイガニを買い付けたために、輸出割合は減少すると共に、カナダからの輸入にも参入して行き、世界市場における地位を高めて行きました。なお、2000 年の輸出割合が 9.2％にまで下がっていますが、これはあくまでも漁獲量に対する割合ですから、漁獲量が非常に多かった前年の在庫として米国国内にはズワイガニが大量に残っていたのでしょう。
　また、2001 年以降の状況を図 4 で見ると輸出割合がかなり変化している様に見えるものの、漁獲量自体が非常に低水準にありますから、量としてはそれほどの変化があった訳ではありません。
　しかし、その内容は変化して行きました。第 5 図に示す通り、1990 年代後期から 2000 年代初期に中国で再加工するための輸出が増えて行ったのです。この取引自体は日本企業が管轄していて、中国での再加工も日本企業の技術指導と管理の下で行われています。
　以上から、ズワイガニ世界市場は、生産（漁獲、加工）においても流通においても、1990 年代の変動期を経て、2000 年代に入って安定期を迎えているというのが、ここまでの結論です。

4. 日本のズワイガニ世界市場における地位

実は、カナダ産ズワイガニは、日本市場においてのみ、商取引上は二種類に分けられています。1つはセント・ローレンス湾で漁獲される「ガルフもの」で、主な加工地は New Brunswick 州（以下、NB 州）の湾岸地域です。漁獲量は最大でも2006年の1.2万トンで、近年では4千トン強となります。一方が「ニューファンもの」と呼ばれる NFLD 州で漁獲・加工されるもので、近年の漁獲量は5万トン強と「ガルフもの」より断然多いです。

　「ガルフもの」は、色も明るい赤色で相対的に大きく、日本向けにはガス凍結という高品質にはなりますが、コストのかかる凍結方法が行われており、製品も足が全て揃ったセクションで、断面もきれいに成形したものが5 kg パック単位で生産されています。これは、そのままセクションとして、日本市場では輸入ズワイガニの中でも最高級品として流通しています。

　一方の「ニューファンもの」は、岩礁域で漁獲されるためか、漁獲の時点で足が欠損しているものも多く、色も「ガルフもの」より暗い赤色で、フジツボの様なセクション加工しても取れない付着物があります。しかし、身の入りが良いのでミート加工の原料には適しています。こちらは、塩水ブライン凍結（塩水に通しての凍結）が行われており、加工コストはガス凍結よりも格段に安くなります。製品も 30 lb.（約 14 kg）のパックが主流です。

　以上は、日本市場においてだけの話であり、米国市場では両者の差はほとんど意識されていません。そのため、「ガルフもの」も塩水ブライン凍結が行われており、製品も 30 lb. パックがほとんどです。

　また、日本市場向けは足が全部揃っていないと買い付けないのに対し、米国は全体としてパーツがそろっていれば良く、時には水が混入していて 30 lb. でも構わず買い付ける業者もいると聞きます。このため、「ガルフもの」のある加工業者は、米国市場向けは、日本市場向けの1.4倍のスピードで加工出来ると話していました。

　カナダのズワイガニ加工業者は、その製品を買い付ける日本の水産会社や商社、米国のブローカーに比べると小規模経営です。自らマーケティング能力を有するものはほとんどなく、漁獲されたズワイガニをただ加工して売るだけの存在となってしまっています。

　アラスカのズワイガニは、日本市場においては「ガルフもの」と「ニューファンもの」の中間に位置づけらます。カナダとの大きな違いは、日本の大手水産会社の完全子会社が現地工場を所有していることで、実際に高いプレゼンスを有しています。米国側も大手水産会社が加工場を所有していることから、加工

業者がそれぞれマーケティング活動を行っています。

5. ズワイガニ世界市場の仕掛け人は日本

　これまで見てきた様に、1990年代以降のズワイガニの世界市場を動かして来たのは、日本の水産会社や商社の「技術」と「資本」でした。1990年の初頭において、アラスカ産のズワイガニのおよそ半分が日本へ輸出されていました。そのアラスカ州で漁獲が減少の傾向が見え始めた頃に、日本の水産会社や商社が、カナダの中でも漁獲量が急速に伸びていたNFLD州の加工業者にセクション加工の技術移転をして、それを買い付けました。中国での再加工においても技術移転は、まずは日本の加工業者によって先導され、やがて、その事業の一部は水産会社や商社に置き換わって行きました。

　米国市場は、今や日本に匹敵する大きなマーケットとなりましたが、元々は日本が引いたレールを自国市場向けにカスタマイズしたのです。すなわち、日本市場向けよりは安価にはなるが、日本の様に厳しい品質を求めない方向への軌道変更です。それは、カナダの加工業者にとって魅力的であったため、多くのカナダの加工業者は対米市場向けの加工を増やして行きました。これは、上述の作業速度の点と日本市場の品質への厳しさから日本市場向けの方が多少価格が良くても、米国市場向けの方が「割に合う」と考える加工業者が増えて行ったからです。

　しかしながら一方で、NB州の加工業者には、高品質化により日本市場向けを増やして生き残りを図りたいと述べる加工業者もいました。特に2008年以降、米国の市況も悪くなり（実際に輸出量も金額も頭打ちの状況）で、米国市場もかつて程には魅力的な市場でなくなったという加工業者もいます。NB州においては、米国向けに特化した加工業者がいる一方で、逆に全てをガス凍結に切り替えて日本市場をターゲットにしようとする加工業者も現れています。こうして現在では、最高級品は日本に送られ、見た目は劣るが実入りの良いものが中国での再加工を経て日本に流入し、見た目の良い中級品が米国市場に仕向けられているという様に棲み分けがなされて、一服している所です。

6. おわりに

　日本が自国の水産会社や商社の「技術」と「資本」でもって、世界中の水産物を買い集めていたのは、事実でしょう。そして現在の日本には、当時ほどの購買力がないのも、また認めざるを得ない状況です。

しかし、最後に述べておきたいのは、日本は同じ品質または同じ用途の水産物で「買い負け」しているわけではないということです。ズワイガニの様に棲み分け状態に至っていない過渡的状況かもしれませんが、これまで日本が「飼料」として買い付けていた水産物を中国が「食用」として買い付けたりします。「食用」ですから、当然に日本よりも高い値を付けることが出来ます。また、別の例として、日本では、誰もが水産物を食しますが、欧米で水産物の需要が伸びていると言っても、実際に消費しているのは健康志向の強い中流以上の階層でしょう。「日常的な食材」と「ヘルシーな食材」では、買い付け価格が変わるのは当然のことだと考えられます。

　（本稿は、東村 (2013・第 1 章) を加筆・修正したものである。）

注
(1)　ちなみに、米国の輸出先に着目すると、日本向け（中国での再加工向けも含む）は、2004 年（78.7％）と 2011 年（85.2％）を除いて一貫して 90％程度、特に 1990 年代は、ほぼ 100％の水準でした。

参考文献
[1]　東村玲子 (2013)『ズワイガニの漁業管理と世界市場』、成山堂書店。

[付記] 科学研究費補助金若手研究（B） 20780165 を受けて行った研究の一部です。

第12章 水産物需要増大に向けた取組の方向性
―「鱧料理」用食材ハモの事例―

津國　実

1. 水産物ハモの特徴

1-1. ハモの生産量と食材用途

　食用となるハモは生態学的に「マハモ」と「スズハモ」で、国際連合食糧農業機関（FAO）2004年次データによると、その合計年間生産量33.5万tは世界の全漁業エリア捕獲水産物生産量約9,500万tの0.35%に当たります。また2004年次のFAOと各国データによると、日本でのハモ生産量は約3,070tで総生産量約440万tの0.07%、韓国では約766tで総生産量約158万tの0.05%、中国では約32万tで総生産量約1,700万tの1.8%です。このように、世界的にみても日本、韓国、中国でみても水産物の中でハモの生産量割合は非常に小さいといえます。

　日本で今日ハモが食材として使われる用途は、大きく分けて「鱧料理」と練製品（蒲鉾や竹輪）の二つです。ここでいう「鱧料理」は、関西の特に京都と大阪で歴史的な重みを持ちかつ今日も隆盛する代表的「食文化」の一つです。ただ、「鱧料理」と練製品のそれぞれ主に使われているハモは、商品としては性格が大きく異なる別財です。前者のハモは、京都市中央卸売市場では「近海物ハモ」、大阪市中央卸売市場では「鮮魚ハモ」に該当し、後者の練製品用とは区別され平均単価でみても数倍高い価格で取引されています。

　本論でとりあげるハモは、生態学的には「マハモ」で、用途的には「鱧料理」用食材となるものです（以後、単にハモという）。

1-2.「鱧料理」とハモの商品特性 [1]

　ハモには背骨以外に多数のY字型の枝骨が身の中に食い込んでおり、食べる際に咀嚼の邪魔となるため、「鱧料理」では枝骨を非常に細かく切る高度な「骨切り」技術が必要です。そして、傷んだり自然死したものや死んでから時間の

経過したハモは、異臭があり食味が落ちるので「鱧料理」の食材としては不向きです。また、底曳網で漁獲された場合は傷んだり死ぬことが多いので、「鱧料理」では延縄釣で獲れたハモで「活け」や「活け〆（即殺）」のものが最適とされてきました。そのため、今日でも「鱧料理」がある地域は非常に限定されています。

ハモの需要は、日本の10大都市中央卸売市場の取引データ（2000年）でみると全体数量の約70％が京都と大阪で占められ、かつ夏季に大きく偏っています。さらに、京都市中央卸売市場でのハモの平均単価は、大阪に比べ約2倍と高いのです。その京都でハモの価格は、夏季に延縄釣で漁獲された1尾300〜500gのサイズの「活け」状態のものが非常に高く、それらの条件に該当しない場合は極端に安い。また、ハモは奢侈財の面もあり価格は供給量との間で強い逆相関関係を持ち、少しの供給量の変化が価格の暴騰や暴落をまねきやすいのです。

以上のように、水産物ハモは京都・大阪を中心とする「鱧料理」という独特の食文化に根ざした特徴的な商品特性を持っています。

1-3. 日本でのハモを取り巻く情勢[2]

国内漁業の衰退とともに大部分のハモ産地が小型底曳網漁へ移行したため、延縄釣漁によるハモの生産が大きく減りました。延縄釣漁によるハモの年間生産量は、1950年代には約1,500tあったが、1970年代に500t以下となり、1980年には222tにまで落ち込み、その後徐々に回復したものの、2006年時点で662tとなっています。延縄釣漁の衰退とともに、国産ハモでは質的にも量的にも京都の「鱧料理」の食材条件を満たせなくなってきたのです。そのため今日では、京都で最も高級とされるハモは韓国で延縄釣により漁獲された輸入「活け」ハモで占められています。

また、2000年頃には高性能なハモの「骨切り」機械が実用化され低価格な「鱧料理」の提供が容易になり、それに対応して安価な中国産「活け」ハモが船舶で輸入されるようになりました。ハモの輸入量は1997年には船便、航空便とも約3,000tでしたが、1999年には船便によるものが約5,000tとなり、2002年には6,764t、2008年時点で6,432tとなっています。

今日ハモの価格は、図1のようにバブル経済崩壊後急落しそのまま低迷しています。それとともに、航空便で輸入される高級「活け」ハモの量が、1999年には約4,000t、2002年には約2,700t、2008年には1,000t以下と減って

第12章　水産物需要増大に向けた取組の方向性

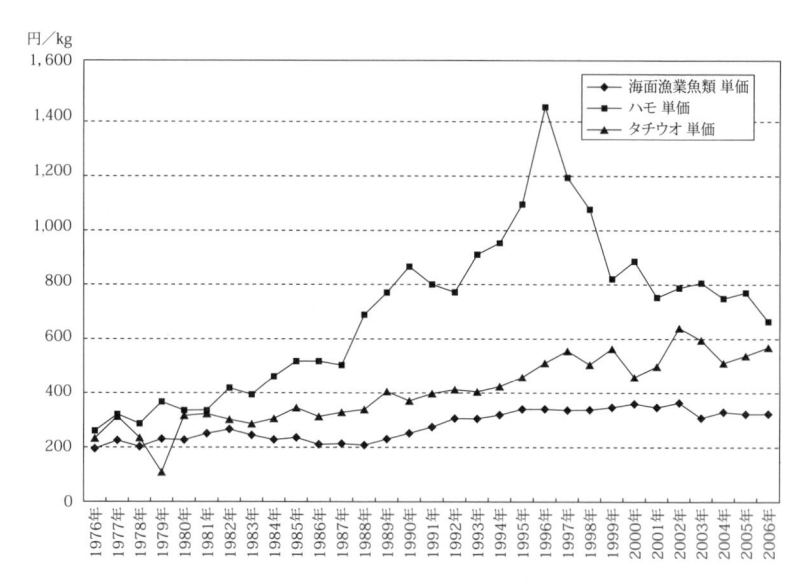

図1　日本におけるハモと海面漁業魚類の平均単価の推移
出所：「水産物流通統計年報」「漁業・養殖業生産統計年報」より。

きました。そして、ハモの「骨切り」機械の普及もあり、中国から船便で輸入される安価なハモが大阪を中心に大量に供給されてきています。

2. 日本でのハモの生産・流通・消費の現状

2-1. 国内産地の生産・出荷状況 [3]

(1)　ハモの生産・出荷が停滞減少傾向の事例

　京都府宮津市漁協栗田支所では、2002年頃にはハモ価格が高かったので夏季のみ延縄釣でハモ漁に参入していたが、その後ハモ価格が低下したため季節参入から撤退しています。

　兵庫県沼島漁協では、ハモの生産量は年々増加しているが、7割が小型底曳網漁のため、全体的に出荷時の価格は年々低下し600円／kg強（2008年）です。徳島県徳島市漁協では、2002年頃は神戸・大阪の中央卸売市場への出荷が主でしたが、2009年には約60％を京都市中央卸売市場へ出荷しています。京都への出荷に当たって以前より品質やサイズを上質のハモに絞っているが、価格は以前より低下し、全体の平均単価は500円／kg（2008年）以下です。

　愛媛県八幡浜漁協では、他漁協に比べハモ生産者や生産量も多く、水揚げし

たハモは産地卸売市場へ100％出荷しているが、地元消費がなく行き先は全て県外で遠いため、全体の平均単価は500円／kg（2009年度）以下と安いです。

　山口県漁協光支店では、過去に市場調査に基づいた販売戦略のもと漁協共同出荷で販売成果をあげていました。しかし、今日では生産者の高齢化が極度に進み後継者不足に陥っており、またハモの生産・出荷コストに比べ販売価格が300円／kg（2009年度）以下に低下しているためハモの生産が厳しい状況にあります。

(2) ハモの生産・出荷が維持発展方向の事例

　大分県漁協中津支店では、漁業者が直接地元卸売市場へ「活け」で100％出荷し地元で消費しています。そのため、延縄釣漁ではないにも関わらず表1のように他漁協に比べ卸売市場での取扱平均単価は900円／kg（2007年）に近く高いです。

表1　産地市場におけるハモの取引状況

	中津地方卸売市場 2007年合計	大分地方卸売市場 2007年合計	八幡浜地方卸売市場 2009年度合計
取扱数量（kg）	211,000	39,777	409,860
取扱金額（円）	184,600,000	18,698,884	193,143,000
平均単価（円／kg）	875	470	471

出所：各地方卸売市場の2007年・2009年における市場取引資料より

　徳島県小松島漁協では、卸売市場へのハモ全出荷の平均単価は500円／kg（2009年）以下と低い。そこで、地場企業と共同でハモの商品開発に着手し、京都・大阪以外の新規市場開拓に挑むなど、販売増強のために2009年から地域一体となって様々な取組を実施しています。

　熊本県天草漁協大矢野支所では、ハモは全て延縄釣で漁獲し、10年前頃から地域一体となりブランド化を図ってきました。水揚げの大半を東京など県外の中央卸売市場へ、また全体の約40％を「活け」で出荷しています。販売価格は近年低下傾向にあるが、それでも平均単価が1,500円／kg前後と非常に高いです。

　宮崎県門川漁協は、ハモ生産の95％が小型底曳網漁によるため漁協全体でのハモ販売単価が300円／kg強（2009年）と安い。しかし、宮崎県認証の「門川金鱧」というブランド化を図り、地元直売所向け出荷では常に500円／kg

前後の価格を維持できています。

2-2. 国内消費地卸売市場での取引状況 [4]

京都市中央卸売市場では、2000年以後の約10年間に取扱数量が約1.3倍に増え、不況で高級需要が減っているところへ供給過剰が重なり平均単価は0.75倍と低下しました。しかし、韓国産ハモは図2のように供給減もあり2005年以降も平均単価が国産の約3倍と高値安定しています。

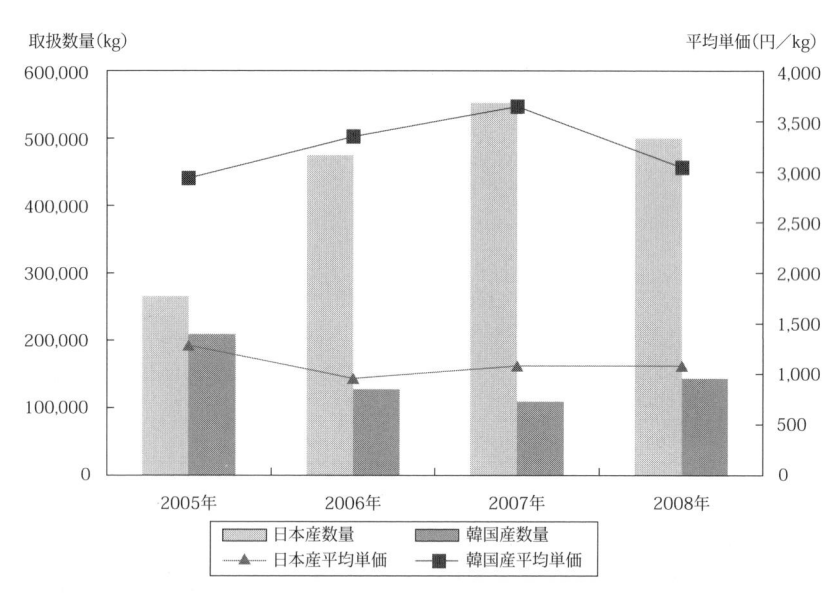

図2　京都市中央卸売市場での日本産と韓国産ハモの取扱状況

出所：京都市中央卸売市場提供の業務資料より。

大阪市中央卸売市場では、1990年と2007年との間で夏季の最盛期のハモの取扱数量と平均単価を比較したところ、取扱数量は同程度だが2007年の平均単価が1990年の半値以下となっています。また、低価格な中国産ハモの取扱が多いこともあり、市場でのハモの取引単価は表2の通り主要都市で一番低い。

名古屋市中央卸売市場では、ハモは全て「活け」で入荷しているが、大きさや漁獲方法の違いによるによる価格差がないなど、ハモの評価基準が京都・大

表2 消費地市場におけるハモの取引状況（2009年分）

	京都市中央卸売市場	大阪市中央卸売市場	名古屋市中央卸売市場	東京都中央卸売市場	
取扱数量	636,869	669,922	71,528	105,394	(kg)
取扱金額	891,870,411	620,531,406	97,537,115	178,020,211	(円)
平均単価	1,400	926	1,364	1,689	(円)

出所：各中央卸売市場提供の市場年報データにおける2009年の数値より

阪とは異なります。ハモの平均単価は国産の価格が大阪の2～3倍で、韓国産はさらにその約2倍と非常に高い。中国産は2000年頃から入荷し次第に取扱量が増大してきたが、韓国産は2005年頃から入荷するも価格が高いため取扱量はハモ全体の中の1～2％と非常に少ないという。それにも関わらず、表2のように平均単価が京都と同様に高いことは、国産ハモが高評価を得ているといえます。

東京都中央卸売市場では、表2の通りハモの需要は少ないが平均単価は京都よりも高い。入荷は全て「活け」と「活け〆」だが両者の価格差はなく、取引価格の高い順は国産、韓国産、中国産で、商品ハモの評価は韓国産よりも国産が上です。中国産は1995年頃、韓国産は2007年頃に入荷し始めました。ただ、関東では1尾600～700ｇのハモの需要が多く、韓国産は単価が高すぎることとサイズが小さすぎるため売れないとのことです。それに対し、独自にブランド化に取り組んだ熊本県天草漁協のハモの評価が高く、平均単価が他の国産の2倍以上するといいます。このように、ハモの入荷先、取扱状態、商品形態、国産・外国産の評価が京都・大阪とは大きく異なり、特に京都で最も評価の高い韓国産の品質はあまり認められていないといえます。

3. 国外でのハモの生産と消費の状況

3-1. 韓国におけるハモの生産と消費[5]

朝鮮半島南端部沿岸がハモの好漁場あったことから、1900年代の初め頃に日本の漁業者の影響で延縄釣によるハモの生産が始められました。漁法別の生産量が把握できる1984年以降でみると、延縄釣漁（沿岸複合を含む）によるハモ生産量は1984年に367tでしたが、最盛期の1999年には1,354tになり、その後減少したものの2007年時点で670tとなっています。

今日では、半島南端地域の2大ハモ産地である全羅南道と慶尚南道で、京

第12章　水産物需要増大に向けた取組の方向性

都の「鱧料理」の需要に合わせ、夏季に主に1尾300〜700gの「活け」ハモを航空便で日本へ輸出しています。その輸出量は1988年に338tであったものが、最盛期の1994年には856tまで増大しました。その後韓国内で需要が増えたため2007年時点で161tに減少しているが、ハモはむしろ産地の重要商材となっています。

韓国ではかつてハモをほとんど食べなかったが、日本への輸出に向かなかったハモが地元消費に回され、ハモ産地周辺の地域において韓国独自の料理による新たなハモ需要が形成されてきました。さらに、韓国の各ハモ産地では1995年頃から地域が中心となって観光とハモの料理を組み合わせた「ハモ祭」を開催し、産地周辺都市でのハモ需要を増大させてきています。また、経済発展による健康食ブームでハモの滋養強壮面の評価が高まり、高興郡で食品加工業者が売れ残りのハモを加工したエキス商品を製造販売している事例もあります。

韓国で生産されるハモは全体的に小ぶりで、日本への輸出に適さない1尾300g程度以下の小さなものは枝骨がほとんど咀嚼のじゃまにならず、「骨切

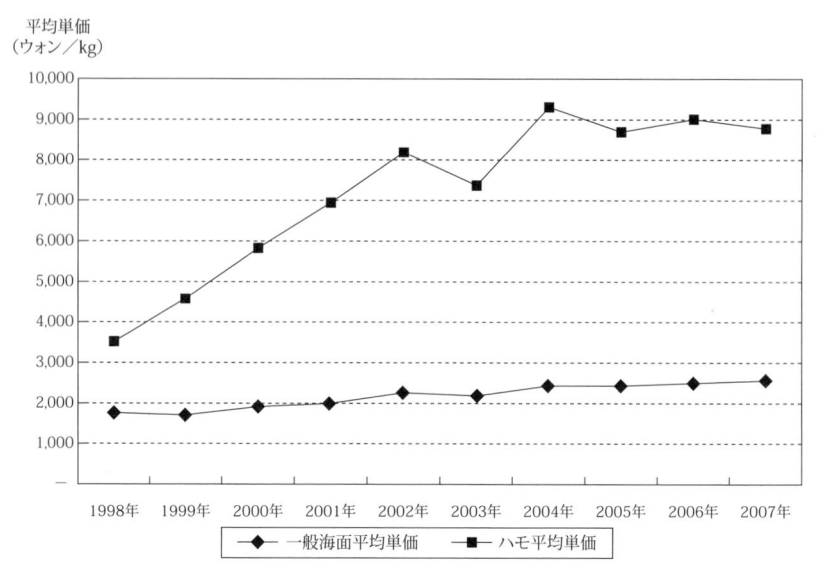

図3　韓国一般海面漁業全体とハモの平均単価の推移

出所：韓国海洋水産部ウェブサイト（http://fs.fips.go.kr）、及び韓国水産協同組合ウェブサイト（http://trade.suhyup.co.kr）より。

り」処理を必要としない。その小さなハモは刺身料理や「ハモしゃぶ」に、それより大きいハモは独自の「骨切り」技術で「湯引き」料理にするなど、韓国風ハモの料理が生み出されてきています。

　京都の高級需要向け輸出は日本到着時にハモが生きていることが条件のため、輸出業者にとってはハイリスク・ハイリターンの取引です。2003年から2009年の間にハモの輸出利益が薄くなったため、釜山ではハモ専門の輸出業者が10社から5社に半減しました。他方、慶尚南道固城郡では2003年頃はハモの国内販売が40％程度であったが、2009年には国内で100％の販売も可能になっているという。また、麗水市では韓国内でハモが日本向け価格よりも高く売れるようになったため、ハモの輸出量が減少し国内出荷量が増大しているとのことです。

　日本向け輸出が不調にも関わらず、図3のようにハモの平均単価が高値安定しているのは、韓国の産地で生産者や流通業者がハモの商品化を工夫し需要を創出してきたためといえます。

3-2. 中国におけるハモの生産と消費[6]

　中国の沿海部の一部では古くからハモの料理がある。中国でのハモの料理は、冬季に塩干状態のハモを食材として使うもので、1尾2kg程度以上の大きなハモが高い価値を持っています。今日のハモの年間生産量は、データがある1982年時点で12,000t、それが1993年には10万tを超え、2004年に32万t近くに達しました。しかし、その増大量の大部分はすり身原料となるものです。「鱧料理」用ハモの生産量は不明ですが、日本が輸入する中国産「活け」ハモの量は2007年時点で約7,000t強と推定でき、それは日本国内で生産されるハモの2倍以上にもなります。

　中国での延縄釣漁による「鱧料理」用ハモの生産と日本向け「活け」出荷は、1985年頃から日本企業の指導で始まったという。延縄釣で漁獲された1尾1kg前後のハモは、「活け」で船便により日本へ輸出されるが、京都の「鱧料理」の食材としては品質的に不向きです。そのため、中国産ハモは通年にわたって日本へ輸入され、大阪的な「鱧料理」の需要に合わせ機械で「骨切り」したものを照り焼き商品などに加工し、スーパーなどで提供されています。

　中国では、日本で「活け」ハモの高値がつく夏季にハモの禁漁期間が設けられています。そのため、日本へ「活け」ハモを輸出する場合は、夏季以外に漁獲したハモを養殖（蓄養）し出荷しています。また、産地では漁獲したハモの

第 12 章　水産物需要増大に向けた取組の方向性

うち従来の料理に向かないものや日本へ輸出できなかったものを、サイズや品質別に加工・調理方法を変えて新商品化を図っています。このように、中国の産地ではハモの地元消費増大に向け様々な工夫と努力を行っているのです。

4．ハモの需要増大に向けた取組の方向性

4-1．ハモの需要増大に向けた課題

　日本のハモ需要には、京都の「鱧料理」に代表される少量の高級なものと、大阪的な「鱧料理」の食材となる大量の大衆的なものがあります。しかし、長引く不況により京都でも高級需要減と供給過剰によるハモの価格低迷が続いています。その中で、韓国産のハモは京都の高級需要に適合し高値安定しています。また、中国産は低価格を強みに大衆的需要に合った量的支配力を持っています。そのため、多くの国産ハモは京都・大阪でも不利な取引状況下にあります。その原因には、まず国内のハモ産地の多くで地元消費がなく漁獲したほとんど全てのハモを京都・大阪へ出荷していることがあるといえます。次に、京都・大阪の象徴的なハモ需要に韓国産や中国産がそれぞれ適合したこと。さらに、ハモ需要が伝統的な「鱧料理」という地域的に限られたものであるため、国産同士や輸入物との重なりで商品競合や供給過剰が生じていることが挙げられます。

　しかし、「鱧料理」ではハモの食材条件が非常に厳しく限定的であるため、韓国や中国では日本向け輸出に合わないハモが大量に発生しました。そこで、韓国や中国の産地では条件に合わないハモの有効活用として、独自にハモの料理を工夫し新たな需要を生み出す努力をしてきています。それに対し、日本のハモ産地は「鱧料理」に依存したまま、新たなハモの料理を開発するなどの需要創出を怠ってきたといえます。

　水産物ハモを取り巻く情勢は、国内外の生産・流通・消費が相互に影響し合い変化しています。したがって、国内の各ハモ産地も京都・大阪の「鱧料理」用ハモの需要に依存せず、その変化に対応する必要があります。

4-2．ハモの需要増大に向けた取組

　日本でも京都や大阪の「鱧料理」の条件に合わないハモを産地が有効活用できる余地は大きい。東京や名古屋では同じ「鱧料理」用のハモであっても京都・大阪とは異なる基準で取り扱われているからです。例えば、前述の通り東京都中央卸売市場では、国産ハモが価格面で健闘していることが分かります。また、

京都では評価されない国産や中国産のハモも高価格で取引されています。

　地元消費のある産地の事例では、産地卸売市場のハモの単価が地元消費のない他の産地の卸売市場よりも高い。また、韓国や中国と同様に加工・調理を工夫した新たなハモの料理で需要を創出しようとしている漁協もあります。さらに、京都・大阪であまり評価されていない産地のハモが、東京市場に的を絞った生産・出荷戦略でブランド確立に成功している例もあります。

　したがって、ハモの需要増大のためには各ハモ産地がこれらの事例のようにハモ消費の地域的階層的拡大に取り組むことが必要です。そのためには、ハモ産地が地域をあげて商品の開発や販売に取り組み、まず地元消費を形成することが重要です。そして、「鱧料理」用ハモへのこだわりがない白地巨大市場の東京や名古屋へ、産地独自の商品を持って直接進出するなどの積極的取組が望まれます。

　以上のことから、産地自体が従来の「鱧料理」とは異なる評価基準の商品を創出し新たな販売経路の確立を図ることが、水産物ハモの需要増大に繋がると考えます。

注
(1)　詳細は、津國 (2004) を参照下さい。
(2)　各数値は、農林水産省編の「漁業・養殖業生産統計年報」、「水産業累年統計第 2 巻」及び大阪魚市場株式会社提供資料のデータに基づきます。
(3)　各産地に関する内容は、それぞれ現地での聴き取り調査及び入手データに基づきます。現地調査時期は、宮津市漁協が 2002 年 10 月と 2009 年 12 月、沼島漁協が 2003 年 4 月、8 月と 2009 年 12 月、徳島市漁協が 2003 年 8 月と 2009 年 12 月、大分県漁協及び大分市地方卸売市場が 2008 年 8 月、小松島漁協と八幡浜漁協、山口県漁協が 2010 年 9 月、門川漁協と天草漁協が 2012 年 3 月です。
(4)　各卸売市場に関する内容は、それぞれ現地での聴き取り調査及び入手資料、各中央卸売市場年報データに基づきます。現地調査時期は、京都市中央卸売市場の仲卸業者が 2001 年 10 月、大阪の大阪魚市場株式会社が 2003 年 8 月と 2004 年 8 月、名古屋の中部水産株式会社と東京都の中央魚類株式会社が 2010 年 9 月です。
(5)　韓国におけるハモに関する内容は、現地での聴き取り調査と別途入手のデータに基づきます。現地調査は 1 回目が 2003 年 7 月で 2 回目が 2009 年 9 月です。各数値は『韓国海洋水産統計年報』(韓国海洋水産部)、『韓国の漁業』(海外漁業協力財団)、「韓国水産業の特徴」(『水産振興』第 374 号)、「漁業生産統計」(韓国海洋水産部ウェ

第 12 章　水産物需要増大に向けた取組の方向性

ブサイト）のデータに基づきます。なお、1 回目の調査の詳細については、津國 (2005) を参照下さい。

(6) 中国におけるハモに関する内容は、現地での聴き取り調査と別途入手のデータに基づきます。調査先は上海海洋大学（旧上海水産大学）、上海市の卸売市場、浙江省海洋水産研究所、舟山市海洋漁業局、舟山市の卸売市場及びハモ養殖業者で、1 回目が 2007 年 9 月、2 回目が 2008 年 12 月です。各数値は別途入手の国際連合食糧農業機関（FAO）及び大阪魚市場株式会社提供資料のデータに基づきます。

参考文献

[1] 津國実 (2004)「特殊な食消費が規定する生産と流通の研究－『ハモ（鱧）』の需給と価格決定要因－」、『流通』17、pp.183-190。
[2] 津國実 (2005)「京都の『ハモ料理』を支える韓国産ハモの需給条件と課題」、『漁業経済研究』50(1)、pp.21-41。

[謝辞] 本論の研究調査は、倉田亨先生、小野征一郎先生をはじめとする諸先生のご支援、さらに日本、韓国、中国の様々な立場の多くの方々のご協力により行うことができました。また、研究課題名「食文化とそれを支える経済システムの現状と課題」で科学研究費補助金を 2008 年から 3 年間受けることができたことから成し得た部分もあります。紙上を借りて厚くお礼申し上げます。

第13章　漁協と大手量販店の直接取引が
水産物流通に何を問いかけているか

日高　健

1. 問題提起と分析視点

　農業や漁業のような自然を生産基盤とする産業の特徴は、生産が不安定であり、さらに消費も不確実なこと、つまり川上と川下両側の不確実性を抱えていることです。それに加えて、生産者、消費者ともに小規模で分散しています。これらを解決し、生産と消費のギャップをうまくつないできたのが、中央卸売市場を核とした卸売市場流通システムです。特に、水産物の場合は供給の不安定さと分散性が大きいことから、川上側の産地市場と川下側の消費地市場という二つの性格の異なる卸売市場を核とし、社会的分業に基づく多段階流通とすることで、不安定さと分散性を克服してきたのです。この点で、日本の卸売市場流通システムは優れた社会システムであるということができます。

　しかし、市場外流通の増加や市場取引の変化などによってこのシステムがうまく機能しなくなってきました。その症状を顕著に示すのが魚価問題でしょう。魚価問題とは、最も端的に言うと産地価格の長期的な低迷です。現在、生産者は水揚げ量の減少と魚価の低迷、それに燃油の高騰を加えた三重苦に苦しめられており、この状況を打開すべく様々な手を打っています。魚価問題への対策として取られている中に、大手量販店との直接取引や道の駅のような直売所での販売といった卸売市場を介さない流通の取組みがあります。このような流通が従来の卸売市場システムに代わる水産物流通となるのか否か、あるいは従来の流通システムにどんな影響を与えるのかについて検討するのが、この章の目的です。

　量販店と漁協との直接取引は目新しいものではありませんが、2008年8月に島根県漁業協同組合（以下、「JFしまね」）とイオンリテール株式会社（以下、「イオン」）の直接取引が始まって、関係団体が農水大臣に陳情を行ったり、全国規模でのシンポジウム[1]が開かれたりと、しばらくの間大きな社会的関心

第 13 章　漁協と大手量販店の直営取引が水産物流通に何を問いかけているか

を呼びました。JF しまねとイオンの取組みが注目を集めたのは、提携相手が量販店最大手のイオンと県一漁協の JF しまねという大型どうしの大規模な取引きであり、既存の水産物流通に対して大きな影響を与えると予想されたことによると思われます。

　以下では、話題の発端となった JF しまねとイオンの直接取引と、これに続いて取組みを開始した石川県漁業協同組合（以下、「JF いしかわ」）の事例を中心に、直接取引の経緯と取組みの詳細を分析したうえで、直接取引自体を評価し、次いで直接取引が水産物流通システムに与える影響を評価するとともに、その示唆するところを探ります。以上の研究目的を達成するため、直接取引の当事者である JF しまね（松山市、浜田市ほか）、JF いしかわ（金沢市、輪島市）を訪問し、取引情報を収集するとともに、関係者の面接調査を行いました。また、一方の当事者であるイオンは本社（千葉市）において担当者から聞き取り調査を行いました。

2. 大手量販店と漁協との直接取引の概要

　イオンと漁協との直接取引は、2008 年 8 月に JF しまねによって開始されました。その後、同年 10 月に石川県の JF いしかわ、同年 12 月に千葉県の天羽漁協、2009 年 3 月に神奈川県の江の島片瀬漁協で取引が始められました。さらに、2010 年 3 月には山形県漁業協同組合（以下「JF やまがた」）との間で最初の取引が行われ、現在のところ、全国 5 カ所において実施されています。各地の漁獲物は、JF しまねは近畿・中国の西日本エリア、JF いしかわは中部エリア、天羽と江の島片瀬は首都圏に仕向けられています。JF やまがたの漁獲物は仙台を中心とした東北エリアに配送されています。取引内容は、JF いしかわ以外は取引当日における対象漁船による漁獲物の全量買い取りです。石

表 1　イオンと漁協による直接取引きの概要（2010 年 6 月現在）

県名	主体	漁業種類	取引きの内容	配送先
島根県	JF しまね	定置網 17 カ統 小型底引き網	全量買取、漁協による仕分	近畿エリア・ 中国エリア約 60 店舗
石川県	JF いしかわ	定置網 まき網	魚種指定買取、 漁協による仕分け	中部エリア約 40 店舗
千葉県	天羽漁協	定置網 1 カ統	全量買取、イオンによる仕分	首都圏約 40 店舗
神奈川県	江の島片瀬漁協	定置網 1 カ統	全量買取、イオンによる仕分	首都圏約 30 店舗
山梨県	JF やまがた	底引き網	全量買取、JF による仕分	東北圏約 55 店舗

出所：聞取り結果より著者作成。

川県では産地市場に上場予定のものの中から魚種を選択するという方法がとられています。また、天羽漁協と江の島片瀬漁協では定置網1統だけが取引の対象となっているのに対し、他の三例では多数の漁業種類・複数の漁船が対象となるという違いがあります。これは、取引の窓口が単独漁協か県レベルの広域漁協かの違いによります。以上の概要を表1にまとめました。

表1のうち、取引量が大きく関係する漁業者や流通関係者も多いために、水産物流通に大きなインパクトを与えると予想されるのはJFしまねとJFいしかわの取組みです。両者は、同じイオンとの直接取引とは言っても取引の方法や流通関係者との連携の仕方が異なるため、以下で両漁協での取組みを取り上げて詳細を分析します。

事例分析に入る前に、生産者と量販店との直接取引について一般的な状況を整理しておきます。生産者と量販店の直接取引は珍しいものではなく、過去から行われてきたものです。著者が最近調査したところでも、佐賀市のローカル・スーパーチェーンが唐津市の玄海魚市（漁連経営）から定期的に購入したり、熊本市のイオン九州が旧天草町漁協（現天草市漁協）から定置網の一船買いをしたりといった事例があります。しかし、水産物の流通における直接取引の位置づけは決して大きくありません。それを統計で確認しておきましょう。

周知のように、消費者による主な水産物購入先は量販店（スーパーマーケット）です。従来主役であった鮮魚店での購入割合が減少し、現在では水産物購入先の約64％が量販店となっています[(2)]。表2により、食品小売業による水産物の仕入量をみると、食品スーパーを含む各種食料品小売業が687トンで47.6％、百貨店・総合スーパーまで含めると987トンと全体の68.4％を占め

表2 食品小売業における仕入れ先別仕入量割合

業態	年間仕入量 トン	％	生産者集出荷団体等	産地卸売市場	消費地卸売市場 卸売業者	消費地卸売市場 仲卸業者	商社	その他の食品卸売業	食品製造業	食品小売業
食品小売業計	1,443	100.0	3.5	13.3	22.8	42.4	4.5	10.2	2.0	1.3
百貨店・総合スーパー	300	100.0	2.6	14.7	24.5	35.8	6.3	13.3	2.9	0.0
各種食料品小売業	687	100.0	2.8	12.6	22.2	47.3	6.0	6.2	2.3	0.5
鮮魚小売業	258	100.0	7.9	18.4	21.4	45.9	0.2	4.9	0.9	0.4
その他の飲食料品小売業	197	100.0	1.3	7.1	24.3	31.0	2.1	26.1	1.1	7.0
外食産業計	225	100.0	2.3	1.7	36.9	33.1	1.1	13.4	0.7	10.9

出所：農林水産省『平成20年度食品流通構造調査』

ており、消費者の購入志向と符合します。その仕入先は、各種食料品小売業では69.5％、百貨店・総合スーパーでは60.3％が消費地卸売市場経由となっています。これに産地卸売市場を含めると、それぞれ82.1％、75.0％が卸売市場を経由して水産物を仕入れていることになります。一方、生産者・集出荷団体等からの仕入れはそれぞれ2.8％、2.6％に過ぎません。産地卸売市場からの仕入れを、産地市場を経営する漁協からの直接仕入れと見るのか、産地市場経由と見なすのか決めかねますが（おそらく混じっている）、いずれにしても15％以下であり、各種食品小売業と百貨店・総合スーパーの仕入れ先の太宗は消費地卸売市場関係であることに変わりはありません。

　ではなぜ、今回のイオンとJFしまねとの直接取引は従来のものとは違って関心を集めたのでしょうか。理由の第一は、その規模の大きさによって引き起こされる既存流通への影響の大きさです。かたや県域をカバーする広域合併漁協であり、一方は業界ナンバーワンで全国をカバーする量販店チェーンです。両者が本格的・全面的に直接取引を始めたらその影響は計り知れない、これまでの卸売市場流通システムは崩壊する、と関係者なら考えるでしょう。特に大きいのは、直接取引によって生じると思われる中抜きへの危惧です。水産物流通業界で最も経営不振と言われているのが産地と消費地の仲買業者であり、直接取引によって排除されるはこれらの中間流通業者です。流通業界では、そのような恐れのある今回の取組みを、卸売市場流通を守るべき全漁連や国が後押ししていることに反発しています（全国水産物卸組合連合会会長代行・池本氏の談（水産経済新聞社・編集局編 (2009)）。

　第二は、これまでの直接取引が水産物の販路の確保（量販店側からは新鮮な水産物の確保）という目的で行われていたのに対し、今回の直接取引には様々な思惑が絡み合っており、単純に販路確保というだけではとどまらない点にあります。さらに言えば、その上で利害が一致して取組みが行われていることです。漁業側は魚価問題の解決につながる多様な流通経路の構築をもくろみ、量販店側は競合他社に対する競争優位の獲得という狙いがありました。後者についてもう少し見てみましょう。

　量販店は厳しい競争状態に勝ち抜くために、国内事業の収益力向上と海外市場への展開を進めています（日経ビジネス (2008)）。前者の中核にPB戦略があります。イオングループはPB「トップバリュ」によって食品から生活雑貨まで商品をそろえており、その中にウナギなどの水産物も含まれます。NB商品では、イオンの発注システムと物流網を活用して、70社以上のNBメーカー

との直接取引を行っています。今後は、近年の消費不振に合わせて、店頭に置く商品を PB 商品や売れ筋の NB 商品に絞るとしています[3]。さらに、農業にも参入し、茨城県をはじめ全国十数カ所で農場を運営しています[4]。また、単にコストを引き下げるだけではなく、大小の様々な魚や食べ方を提案する魅力的な売り場づくりを通した鮮魚販売力の向上もめざしています[5]。このように漁協との直接取引はこのような量販店の競争戦略の一環として位置付けられているのです。漁協と量販店それぞれの戦略的な思惑があって連携している点はこれまでの直接取引とは大きく異なっています。

以下では、果たしてそれらの期待と不安がどのような形で具現化しているのか、あるいは否定・修正されるのかをみることにします。

3. JF しまねの事例

3-1. JF しまねの概要

JF しまねは、2006 年 1 月に県下の広域漁協合併によって県域をカバーする漁協として発足しました。本所を松江市に置き、12 支所、1 事業所を抱えています。組合員数は、正組合員 3,613 人、准組合員 6,931 人、計 10,544 人（2009 年 3 月現在）の大型漁協です。事業規模は、受託販売取扱高 25,217 百万円（同上）、貯金残高 42,971 百万円（同上）です。

主要漁業は、定置網、底引き網（沖合、小型）、まき網、かにかごです。島根県は日本海に面して東西に広がる海岸線をもち、漁業構造は東西で大きく異なっています。東部では大型定置網と底引き網漁業が基幹漁業であり、松江市を中心としています。西部では大中型まき網と底引き網が中心で、浜田市を拠点としています。直接取引の舞台となるのは、定置網漁業を中心とした東部地域です。

3-2. 直接取引の経過[6]

イオンと JF しまねの直接取引のきっかけとなったのは、2008 年 7 月 15 日の全国一斉休漁です。JF 全漁連が流通・小売業関係者に一斉休漁の理解と協力を得るための働きかけを関係各所に行い、その中で出された直接取引の話にイオンと JF しまねが対応しました。

供給側の JF しまねは、県下ほぼすべての漁協合併によって 1 県 1 漁協を達成し、一元出荷体制を整えようとしていたところでした。一方、イオンの直接のきっかけは、翌月に控えたイオン感謝デーにおける北京オリンピックの影響

第 13 章　漁協と大手量販店の直営取引が水産物流通に何を問いかけているか

対策というきわめて消極的なものでした。しかし、当時イオンは関東のある店舗での最もヒットしている企画が地域の料理や食文化を提供するものであることに目をつけ、水産物販売のあり方を見直そうとしているところでした（イオンリテール株式会社食品商品本部長・浅田氏による）。とはいえ、イオン側は、当初は直接取引にそれほど期待したわけでもなく、「こわごわ」と全漁連の持ち込んだ話に乗っただけのようでした。

　直接取引は同年 8 月から月 1 回の頻度で催事イベントとして開始されました。その後、2009 年 3 ～ 4 月は月 2 回、5 月からは月 3 回となり、年末までは月 3 回のペースで取引が行われました。2010 年になると、毎週月曜日と 19 日・29 日の感謝デー（以下、両日を「感謝デー」とする）と合わせて月 5 ～ 6 回の取引が行われるようになりました。2010 年 5 月末時点では、通算 60 回、合計 205.4 トンの取引実績がありました。一回当たり平均 3.4 トンの水産物が取り扱われています。販売金額の資料は公表されていませんが、JF しまねの資料によると、2009 年 6 月末までに計 18 回の取引で計 71.6 トン、4,332 万円が取り扱われ、一回当たり平均 4 トン、241 万円の販売金額となっています。

3-3. 直接取引の手順

　2010 年時点での取引の手順を説明します。取引日は基本的に毎週月曜日と月 2 日の感謝デーであり、月曜日は天候で変更される場合があります。取引予定日には出荷者（漁業者・漁船）が予め決められ、当日の出荷予定者の漁獲物は全量が JF しまね経由でイオンに販売されます。出荷予定者は、月曜日は小型底引き網 2 統、感謝デーは定置網 4 カ統を基準として、状況によって他の定置網や小型底引き網が加わります。そのほかに、まき網等で大量に漁獲されたものがスポットで取り扱われることもあります。荒天時には、前日に決行か中止かが決定されます。

　月曜日出荷分は、小型底引き網 2 統が対応します。出荷の順番は小型底引き網組合（全 55 統）に任されており、五つの地区のバランスをとりながら配置されます。漁獲物は、日曜日の夜に集荷し、月曜日に配送することとなります。定置網同様に漁獲物の全量が買い取られます。一回の取引量は 2 トン前後です。

　感謝デーの定置網は輪番制であり、近隣の定置網が 4 統ずつ組になって対応します。順番はほぼ支所単位で決まり、支所によっては底引き網もあるため、公平を期して底引き網にも出荷が依頼されることもあります。順番に当たって

いる定置網の漁獲物が少なかった場合、あるいは荒天で水揚げがない場合、JFしまねは順番ではない定置網に出荷を依頼するか、松江市場で島根県内の定置網漁獲物を補充します。なお、島根県の海岸線は風向きによって陰になる地域が違うため、全ての定置網が水揚げをできないことは少ないという地理的特徴に恵まれています。

　スポットものの場合、当日の朝に水揚げ状況を見て、JFしまねとイオンのバイヤーが相談して決めます。価格は当日の入札結果、量は他産地の状況を見ながらイオンが決めることになっています。これまでの取引事例では、まき網のブリ600本、さし網のイサキ70箱といった例があります。価格は後で述べるように相場価格の10％プラスです。

　取引予定日には、出荷予定者は全ての漁獲物を集荷場となる漁港で水揚げし、JF職員とともに5kg箱に仕分けます（写真1、2参照）。イオンのバイヤーは、それを検品しながら箱ごとに配送先の店舗を決めて指示書を貼ります。その後、イオンはJFの運搬車でイオンの配送ブロックの物流センターまで運び、物流センターで店舗ごとに分荷し、ブロック内店舗（約60店）まで配送します。各店舗では取引予定日に催事コーナーを開けておき、配送された水産物を陳列します。大小様々で多様な魚種が入れ混じった水産物が配送されるため、店舗では一定の大きさのものは丸で陳列し、小さなものは加工処理を行うなど、配送物によって販売方法を変えています。何が配送されるかは当日までわからないために、どのような状態（丸か、加工か）で販売するかはイオンが店舗に配置している「鮮魚士」[7]が判断します。

写真1　取引予定日に寄港した定置網漁船　　写真2　5kg箱に建てられた出荷物

注：ブリッジにイオンとの取引であることを示すため、イオンの旗が掲示されています。
出所：JFしまね提供。

第 13 章　漁協と大手量販店の直営取引が水産物流通に何を問いかけているか

　以上のような集荷ネットワークと消費地での配送ネットワークの結合を図１に示しました。直接取引とは言っても、生産者と店舗あるいは消費者が直接取引を行い、漁獲物を配送するわけではなく、産地において多数の生産者を含む集荷ネットワークと消費地の多数の店舗をまとめる配送ネットワークが連結する形で全体の供給ネットワークが形成されていることに注意する必要があります。

　漁獲物の価格は、前日の市場取引価格に対して 10％上積みした価格を基本に、市況や経費を考慮しながら両者の交渉で決められます。しかし、市場価格が異常に高い場合には、市場価格より下げることもあります。また、販売金額は漁獲物の価格に出荷にかかる費用を含めて決められます。費用には、箱、氷、パーチなどの出荷経費と集荷場から物流センターまでの運送費が含まれています。表３は実際の販売金額を同日の相場で金額換算したものと比較したものですが、JF しまねは直接取引での販売金額は通常の市場取引に比べて 42％上回っていると推定しています。魚価が市場価格の 10％プラスであるとすると、残りの 32％は費用ということになります。

　出荷者への販売代金の支払いは、イオンから JF しまねに月末締め、翌月末払いで行われます。JF しまねから漁業者へは出荷から 10 日以内に支払われるため、支払いサイトの差は JF しまねが負担しています。JF しまねは漁業者に販売代金を支払う際に、JF しまねが負担している出荷費用と共販手数料(売上げの６％)を差し引いています。

3-4. 直接取引に関連する活動

　イオンと JF しまねは、漁業者と店頭での販売員との距離を縮めるため、直接取引に関連して次のような活動を行っています。

①販売員研修：イオンの販売員が現地を訪れ、漁業や魚に関する研修を実施しています。2009 年には年に２回実施されました。店舗の鮮魚士・販売員約 40 名が島根を訪れ、各種の研修と定置網への乗船、生産者との意見交換会を行いました。

②漁業者研修：漁業関係者がイオン店舗を訪問し、水産物の小売に関する研修を実施しています。2009 年は、定置網の漁業者が京都の店舗を訪問し、店頭での販売促進研修を行いました。

③店頭での販売促進：漁業関係者がイオン販売店を訪問し、消費者に直接アピールします。JF しまねの岸会長自身が感謝デーにはよく関西の店舗に出向

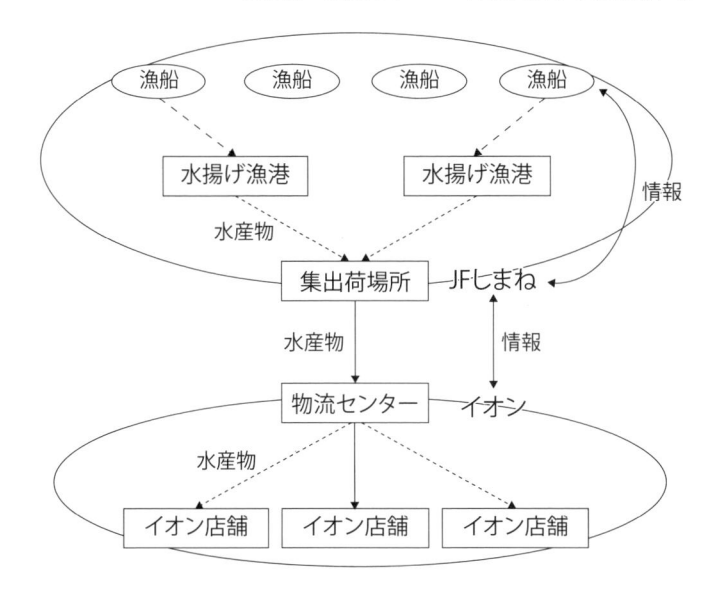

第 2 部　漁業のグローバル化と日本の水産物市場

図 1　ＪＦしまねとイオンの集荷と配送ネットワーク

資料：著者作成。

表 3　イオンとＪＦしまねによる取引効果の試算

回数	販売日	数量 (t)	販売金額	通常取引 （千円）	対比
1	平成 20 年 8 月 17 日	2.7	1,675	1,179	142%
2	平成 20 年 9 月 30 日	6.7	3,416	2,525	135%
3	平成 20 年 10 月 20 日	4.0	1,826	1,201	152%
4	平成 20 年 11 月 30 日	5.5	3,042	2,204	138%
5	平成 20 年 12 月 20 日	5.8	3,565	2,829	126%
6	平成 21 年 1 月 4 日	4.0	2,825	2,108	134%
7	平成 21 年 2 月 20 日	6.8	1,618	1,237	131%
8	平成 21 年 3 月 30 日	5.8	3,699	2,635	140%
9	平成 21 年 4 月 20 日	1.0	523	440	119%
10	平成 21 年 4 月 30 日	2.5	1,275	955	135%
11	平成 21 年 5 月 6 日	2.0	1,525	1,222	125%
12	平成 21 年 5 月 6 日	7.0	7,470	4,054	184%
13	平成 21 年 5 月 20 日	3.5	2,486	1,802	138%
14	平成 21 年 5 月 30 日	2.0	1,493	1,127	132%
15	平成 21 年 5 月 30 日	1.1	954	771	124%
14 回	合　計	60.4	37,392	26,289	142%

注　：直接取引の販売数量に取引当日における市場の販売価格を乗じた場合の通常取引価格との対比です。
出所：ＪＦしまねの提供資料。

き、店頭での販売促進を行っていました。
　これらの活動は、直接取引によって最も川上にいる生産者と末端の川下にいる販売員が結びつき、双方向の情報交換を行うことを意味します。

3-5. 直接取引と地域流通

　島根県では、イオンとの直接取引に対して地元の産地流通業者から反発が起きました。JFしまねはこれをきっかけとして水産物の地域流通を再構築する動きを始めています。以下では、直接取引の経過を追いながら、地域流通の変化を追っていきます[8]。
　2008年8月にイオンとの直接取引が開始されるとすぐに、産地での集荷機能を奪われるとして危機感をいだいた産地流通業者は、JFしまねの取組みに反発しました。JFしまねは、産地流通業者より構成される島根県魚商人組合連合会と協議を重ねた結果、同年11月には直接取引に対する一応の理解を得るにいたりました。そして、12月には生産者と流通関係者より構成される「島根県魚食普及推進協議会」（以下、「推進協議会」）を結成しました。活動内容は、消費者対策、販売促進対策、低利用魚の利用法の開発、拠点市場における魚食普及活動、その他の活動を推進することです。さらに、翌年3月にはこの協議会に小売業者、飲食業者、観光産業関係者、消費者、学校給食関係者、行政など流通と消費に関わるほとんどの関係者を加えた「しまねの魚消費拡大検討会」[9]を開催しました。この検討会は、島根県における水産物の地域流通に関わるセクターを網羅するものであり、地域流通の再編を進める体制が準備されたとみることができます。JFしまねは、検討会の意見を聞き、推進協議会を実施主体とする水産物流通の再編構想である「しまねの魚消費拡大推進方策について」とその実施計画である中期計画（平成21〜23年度）と年次計画（21年度）を策定しました。現在は、これらの計画に基づいて各種の対策を実行に移しているところです。
　以上のように、イオンとJFしまねの直接取引がきっかけとなって、島根県における水産物消費を拡大する動き、さらにはそれを支える供給の仕組みの再編が始まりました。それらの活動が効果を発揮するところまではまだ至っていないものの、これまでにはなかった活動、特に生産者と小売業者あるいは産地仲買人が意見を交え、時にはともに行動するということが始まったことは高く評価されてよいでしょう。

4. JF いしかわの事例

4-1. JF いしかわの概要

　JF いしかわは、2006 年 9 月に石川県下の全漁協が広域合併してできた漁協であり、2007 年 1 月には漁連とも統合して、名実ともに石川県の県一漁協となりました。27 支所と 6 出張所を含み、正組合員 3,793 人、准組合員 5,679 人、計 9,472 人の組合員がいます（2009 年 3 月 31 日現在）。主たる漁業種類は、大型定置網、近海いか釣り、小型底引き網、沖合底引き網、中・小型まき網です。2009 年度の漁獲量は 62,923 トンでした。

　JF いしかわでは、JF しまねと違って輪島支所がイオンとの直接取引を行っています。輪島支所は組合員数 1,138 人を抱える県下最大の支所です。同支所は産地市場を運営しており、管下漁業による漁獲物の集出荷の基地となっています。主要漁業は、大型定置網、まき網、底引き網です。輪島はまた朝市でも有名な地域であり、産地市場に水揚げされた水産物は朝市でも販売され、県内外から多くの観光客を集めています。

　また、県漁協と県漁連金沢港販売所ならびに南浦漁協金沢港販売所の市場統合によって、かなざわ総合市場が設立され、同所内に県下の水産物流通と販売に関する企画業務を担当する企画流通課が置かれました。量販店や百貨店、他所の消費地市場との直接取引あるいは消費者への直接販売は、企画流通課を窓口として行われています。

4-2. 直接取引に至る経過

　イオンと漁協との直接取引の話が持ち上がった 2008 年 7 月の段階では、直接取引に実績を持つ石川県が第一候補として検討されていたようです。しかし、地元の関係者との調整に手間取り、実施が 10 月にずれこみました。

　イオンとの取引相手としては、従来の直接取引よりも規模と頻度が大きいため、漁業種類が多く、魚種の偏りも少ない輪島支所が選定されました。ただし、冬場は日本海側の定置網が漁休みとなるため、2008 年 11 月からは冬場でも操業可能な富山湾内で定置網を行う能登支所が加えられました。

　輪島支所とイオンとの直接取引は、開始から 2009 年末までは月 2 回（20 日、30 日のイオン感謝デー）の頻度で行われました。2010 年 1 月からは毎週火曜日の販売（月曜日の出荷）が始まり、現在は月 6 〜 7 回の取引となっています。また、ズワイガニやスルメイカなど季節性の強い魚種をスポットで販売するこ

とも行っています。2010年5月末までの取引実績は、計29回、約6,000万円です。一回の取扱量は約2.7トン、約207万円です。

4-3. 他の直接取引

　JFいしかわは、イオンとの直接取引以前から百貨店、量販店、卸売業者、コンビニエンスストアなどとの100件以上の直接取引を行っています。例えば、イトーヨーカ堂とはベンダーを介したサザエの販売取引があります。関西の阪神、阪急、大丸といった百貨店や大手卸売業者である北辰水産とも、大阪の仲卸業者を仲介業者、大阪市場の荷受業者を帳合業者として鮮魚の取引を行っています。このような直接取引は地域流通を改善するために取組まれていたものであり、漁協合併・漁連との統合によって流通企画課が設置されて加速しました。イオンとの直接取引はその一環として取組まれており、初めての本格的な直接取引となったJFしまねとは状況が違っています。

　直接取引の舞台となっている輪島支所での水産物の一般的な販売方法を整理しましょう。まず、輪島支所に所属する漁業者の水揚げは、全量が輪島支所の産地市場に出荷されます。産地市場での取扱いは、委託入札、委託セリ、相対、個人指名相対など多様であり、上場時間と魚種によって異なります。また取扱い形態によって荷姿も異なっています。また、他地区の市場出荷向けは総合市場に送り、県内消費向けは石川中央市場に送ります。荷割りは、基本的には輪島支所の判断によって決められています。イオンとの直接取引は、そのような多様な取引形態の一つとして始まりました。

4-4. 直接取引の手順

　直接取引の対象となるのは、定置網、まき網、さし網、延縄の漁獲物です。それらによる水揚げ情報を輪島支所からイオンに提示し、それをもとにイオンのバイヤーが注文（魚種と購入量）を決めます。感謝デーの取扱量は1回4トン、火曜日は1回2トンが目安となっています。漁獲物が輪島支所の産地市場に水揚げされると、輪島支所が注文を受けた水産物をセリ前に先取りし、イオンのバイヤーに渡します。漁獲物の荷作りは輪島支所が行い、イオンのバイヤーが発送先の荷割りを決め、イオングループのトラックによって物流センターまで運びます。対象となる物流センターは三カ所で、北陸エリア（13店舗）、東海エリア（54店舗）、関西エリア（55店舗）に分かれています。月二回の感謝デーには北陸エリアと東海エリア、火曜日には魚種によって東海エリアと関

西エリアのどちらかに配送します。

価格は、前日または前々日の市場価格プラス10％を基準とし、輪島支所とイオンの間で当日の市況や漁況によって幾分かの調整を行います。

出荷に関わる費用はイオンが負担します。漁業者が輪島支所に漁獲物を水揚げすると、支所が選別と箱建てを行います。これに関わる費用（選別の人夫代、氷代、箱代、パーチ代など）[10]はイオンが負担し、関係する費用を魚価に上乗せして最終の販売価格を決めます。魚価に上乗せされるため、費用は漁業者が支払う形をとりますが、実際にはイオンが負担していることになります。また、イオンの店頭販売で写真やポスターを掲示したり、JF職員が販売促進のために店頭に立ったりすることがあります。そのような店頭販促の費用はJFが負担しています。

直接取引の契約は総合市場とイオン（イオングループのベンダー会社であるフードサプライジャスコ）との間で結ばれ、口座が開設されます。支払いサイトは毎月20日締めの翌月末の支払（最大60日）です。漁業者へは10日で販売代金を支払うため、支払いサイトのギャップを総合市場が埋めることになります。漁業者は支所を通して総合市場に販売受託手数料（2〜4％）を支払います。

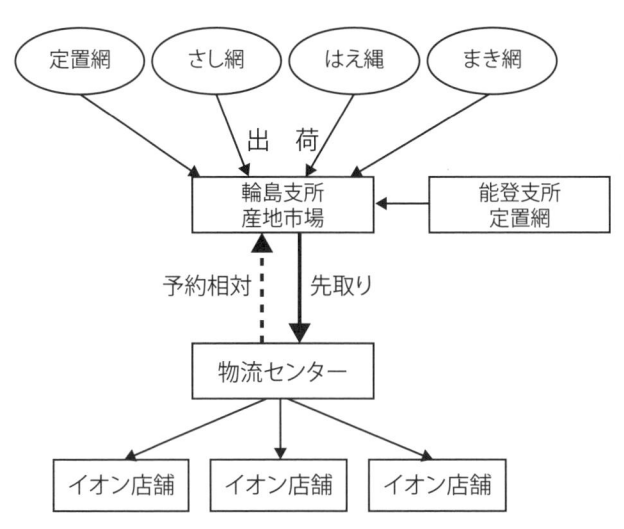

図2　JFいしかわ（輪島支所）における直接取引の流れ
資料：聞取り結果に基づき、著者作成。

4-5. 地域流通との関係

　直接取引自身はイオンとの取引より前から行われており、また現時点でもイオン以外に多くの取引があるため、イオンとの直接取引が始まったことに限定した地域流通の変化はありません。ただし、イオンとの取引では先取りが行われ、さらにその量や頻度が他の直接取引よりも多いため、開始時には地元仲買人からの反発があり、開始に先立ち、支所は関係者との協議を行って了解を得ています。実際に始まって、地元の仲買人からの苦情は出ていないものの、金沢市に拠点を置く出荷仲買人への影響が予想されたため、漁協は取引先の選定には気を使っているようです。具体的には、JFいしかわが運営する市場の仲買人との取引関係がある販売先とは取引をしない、何らかの影響がある場合には新しい取引先を紹介するなどの措置を講じています。

　流通企画課によると、現在、直接取引の割合は産地市場における全取扱量の約5%ですが、将来的には50%に持っていくことも考えているようです。

5. 直接取引の特徴と問題点

5-1. 二つの事例を通して見た直接取引の特徴

　イオンと漁協との直接取引の特徴は、第一に流通チャネルが漁協を拠点とする漁業者からの集荷ネットワークと物流センターを拠点とするイオン各店舗への配送ネットワークの二つのネットワーク間結合によって構成されていることです。直接取引とは言っても、生産者と小売店あるいは消費者の間の直接的なやり取りではありません。集荷ネットワークは漁船や天候による漁獲変動を吸収する役割を持ち、一方の配送ネットワークは消費の分散と不確実性をカバーする役割を持っています。それらをコーディネートするのは、前者は漁協、後者はイオンです。漁協を産地市場に、イオンを消費地市場に置き換えれば、卸売市場流通システムと似た集荷・配送の流れとなります。（JFいしかわの場合は前者が産地市場です）。しかし、違うのはプレイヤーが固定されているか不特定多数かです。卸売市場流通システムは不特定多数の社会的分業に基づく多段階流通であるのに対し、直接取引では特定多数が固定された関係で結びついたネットワーク型の流通です[11]。

　このネットワーク型流通は、状況と必要に応じてネットワークの形や大きさが変わることによって漁獲と消費の変動リスクを吸収することができます。卸売市場流通システムでは不特定多数が参加する二つの市場でこれを吸収しました。量と変動がそれほど大きくなければ、ネットワークによって吸収すること

は可能です。その限度は、ネットワークに含まれるプレイヤーの数とコーディネーターの調整能力によって決まるでしょう。

　さらに、固定された関係があることで川上から川下まで、逆に川下から川上までつながりができます。つながりと言ったのは、情報が行き来するという意味です。卸売市場流通の欠点は、市場取引の過程で情報が分断されやすいことです。その点、直接取引では川上から川下まで確実に情報を伝えることができるうえ、卸売市場流通では絶望的な川下の情報を川上に伝えることができます。

　第二の特徴は、価格決定と取引に関わる費用ならびにその分担を明確にしていることです。価格は、産地市場での取引価格を参考にしたうえではありますが、漁協とイオンの間で協議によって決まります（基準日は漁協によって異なりますが、基準日における取引実績の 10％アップを基本に調整しています）。また、卸売市場のせりでは評価されにくい漁獲物、例えば量のまとまらない高級魚や逆に大量の大衆魚あるいは地域性の強い魚種でも最終の小売形態や販売価格を想定して 5kg 箱単位で価格が付けられます。費用に関しては、水揚げ後の選別や梱包、運搬などの従来の卸売市場では一括して計上され、場合によってはシャドーワークとなっているような部分まで計上され、負担が決められています。一般的には、企業間の連携に当たってはその点がまず問題にされるのですが、そもそも水産物の流通ではこのような価格形成や集荷・分荷、決済など卸売市場の機能に関する費用がほとんど考慮（計上・分担）されておらず、これを計上し可視化する必要性が指摘されています（イオンリテール取締役食品商品本部長・浅田氏 [12]）。もちろん全ての費用の計上に成功しているわけではありませんが、従来は考慮されなかった部分にも目を向けている点に注目すべきです。

　第三の特徴として、直接取引に取組むことによって地域市場が活性化することです。これは副次的な効果ですが、漁協は直接取引を開始するにあたって必ず地域の流通関係者と協議し、了解を得ており、その際に大なり小なりひと悶着起きています。その結果、漁業者と流通関係者、あるいは流通関係者どうしの連携が以前よりも図れるようになっています。典型的なのが JF しまねであり、地元での消費拡大のための組織を作ったり、消費拡大計画を作ったりと、直接取引がきっかけとなって地域流通を改善する動きが活発になっています。漁協が直接取引を始める場合、地元の流通関係者に配慮することは当然のことと思われますが、問題はどのように配慮するか（対策を講じるか）でしょう。そもそも地元の流通関係者の出荷能力が低下していることも魚価問題の原

因の一つであり、直接取引だけで容易に出荷能力が向上するわけではありませんが、地域の関係者が総がかりで新たな協力体制や新たな仕組み作りを模索することができれば、そうした状態から抜け出せる可能性がでてきます。

5-2. 直接取引の問題点

事例を通して見られる直接取引の問題点は、第一に価格形成や集荷機能の一部あるいは集荷・分荷作業を卸売市場に依存していることです。さらに、直接取引で取り扱える量はわずかで、産地における漁獲量の大部分は従来の卸売市場に委ねざるをえません。これは仕入側の量販店でも同じです。つまり、直接取引といっても実際のところは卸売市場流通システムを前提として成立しているのです。例えば、価格は市場での取引実績に基づいて決められ、予定していた漁業者の漁獲量が少ない場合には産地市場から補てんされます。また、直接取引のさかんな JF いしかわでさえ、イオンを含めた直接取引の割合は全取扱量のわずか5％にすぎません。これまで述べてきた特徴に卸売市場を前提としているということを勘案すると、直接取引は卸売市場システムに代替するのではなく、補完するではないかと考えられます。この点については最後にまとめたいと思います。

もう一つの問題点は、今回の直接取引はイオンの PB 戦略を中心とする経営戦略に依存するという脆弱さです。今回の直接取引が従来のものと違う理由の一つとして、イオンとの戦略的な関係があることを指摘しました。これは裏返せば、イオンの経営戦略が変わったら直接取引も雲散霧消する可能性があるということです。今のところ、イオンの PB 戦略自身は今後さらに強化され、継続されるようです [13]。問題は、漁協との直接取引が今後もそれにフィットするかどうかでしょう。企業間の戦略的提携という視点から言うと、連携がうまくいくためには、一方的な関係ではなく簡単にはやめられない相互にコミットメントした関係になれるかどうかが重要になります。イオンの PB 戦略はコストを下げながら魅力ある商品を提供することに主眼を置いており、漁協との直接取引は魅力ある商品（売り場）という点ではフィットしているものの、費用面での問題が残されています [14]。企業間連携をするうえで関係する費用を全て明らかにし、その分担を決める必要があるのに加え、一般商品に比較して費用を引き下げないといけません。その点で漁協との直接取引は PB 野菜に比べると不利です。そのこともあって、イオンは漁協との直接取引を催事から一歩踏み出した程度でしか位置づけていないように思われます。漁協との直接取引

がPB野菜より優れている点は、生産地域で生業として漁業を営んでいる漁業者とのつながりがあることにつきます。費用の削減に加え、漁協がこの点をいかしてイオンにとってなくてはならない魅力的な商品・売り場作りをどれだけ提案できるかがより重要となります。

6. 水産物流通に投げかけるもの

　最後に、これまでの議論をまとめながら、直接取引が水産物流通に投げかけた含意を整理してみましょう。

　イオンと漁協の直接取引は、基本的には卸売市場流通システムに代替するのではなく、それを補完する機能を持つものだと評価することができます。直接取引の基幹部分は独立しているものの、価格形成や漁獲物の補充では既存の卸売市場に依存しており、卸売市場流通を前提に成立しているといってよいでしょう。また、イオンとしても既存の仕入ルートを直接取引に代替しようとは考えていないし、漁協も漁獲物の全てを直接取引で出荷できるとは考えていません。つまり、川上にとっても川下にとっても卸売市場流通をメインに、それを補完する直接取引という位置づけをしているのです。問題はどのような補完関係を考え、どのようにそれを強化するのかです。

　直接取引の特徴は、川下と川上の双方向的なつながりができたことです。これは、卸売市場流通という開放的なチャネルの中に部分的に閉鎖的なチャネルが形成されたことを意味します。卸売市場流通では取引のたびに情報が分断するのですが、直接取引では最後までしかも双方向につながります。これをお互いがどのように生かすかです。例えば、JFしまねやJFいしかわではイオン店舗に出かけ、店頭での販売促進活動を行っています。また、JFしまねではイオンの従業員が生産地に出向いて研修を受けています。このような双方向の情報交換は直接取引の販売促進という意味以上に、売り場全体の活性化あるいは産地の活性化につながるように思われます。この点は、PB野菜とは大きく異なる点でしょう。

　もうひとつ。特徴では副次的なものとしましたが、直接取引に取り組むことによって発生する地域の既存流通関係者との軋轢が逆に地域流通の活性化につながるという点を重視したいと思います。直接取引が卸売市場流通の補完的存在であることを前提にすると、地域の流通関係者への影響は小さいのですが、直接取引によって生産者と流通関係者、あるいは流通関係者どうしの意思疎通が進み、連携が行われるようになると地域流通に大きな影響を及ぼす可能性が

第 13 章　漁協と大手量販店の直営取引が水産物流通に何を問いかけているか

あります。それは卸売市場流通にとって大きなプラス要因となることが予想されます。つまり、地域流通が活発化し、水産物の地域消費が向上することによって、産地を支えてきた（しかし今は疲弊している）流通関係者のビジネスチャンスが増加します。地域流通と地域消費によって構成される水産物の地域市場の活性化は、卸売市場流通の川上部分を活性化するものです。

　JF しまねは、イオンとの直接取引をきっかけとして、2010 年 4 月に水産物流通の改善・強化を目的として「しまねの魚消費拡大推進方策」と短期計画、中期計画を策定しました[15]。これらは、出稼ぎ型の消費拡大と呼び込み型消費拡大、それに市場流通対策の三つの柱で構成されています。出稼ぎ型には直接取引とブランド化、呼び込み型には観光客と県内居住者による消費拡大、市場流通はブランドと流通関係者の連携強化が盛り込まれています。これは、卸売市場流通をこれからも出荷の柱として強化しながら、消費地の消費者とつながる方策と地域での消費を拡大する方策によってこれを補強するという基本的な考えです。中期計画が始まったところであり、これから時間をおいて取組みを評価しないとその成果はわからないものの、直接取引をきっかけとして地域において水産物流通に関わる人たちが集まって流通と消費の再編について話し合い、方策を決めたことは高く評価してよいでしょう。

　ただ、直接取引によって自動的に卸売市場流通が補完（補強）されるということでは決してありません。あくまでも補完（補強）する手段が手に入ったと認識することが必要です。つまり、直接取引の主体となる漁協が直接取引を水産物流通の再編戦略の中に明確に位置づけ、それを積極的に生かすことによって上で述べたことが可能となります。最後に、直接取引の相手方とは企業間の戦略的提携という認識で大人のつきあい方をしなければならないことを付言しておきたいと思います。

　なお、本稿は財団法人漁港漁場漁村技術研究所による平成 21 年度研究助成「大手量販店と漁協の直接取引が水産物の地域流通システムに及ぼす影響に関する研究」の報告書をもとに再編成したものです。

注
(1) 水産経済新聞社主催の平成 20 年度水産振興セミナー・パネルディスカッション「水産物流通で漁業と漁村を活かす」として、2009 年 1 月 27 日に開催されました。詳細は、水産経済新聞社・編集局編 (2009) を参照してください。著者は、このセミナーのコーディネーターをつとめました。

第 2 部　漁業のグローバル化と日本の水産物市場

(2) 水産庁 (2009) によります。原資料は総務省「全国消費実態調査」。
(3) 日本経済新聞 2009 年 3 月 19 日朝刊「イオン、商品数 4 割削減」によります。
(4) 日本経済新聞 2009 年 7 月 18 日朝刊「企業の農業参入加速」によります。
(5) 日経流通新聞 2010 年 3 月 26 日付け「イオン、鮮魚販売に新手法」によります。
(6) 婁・日高 (2009) に取組みの経過と取り引きの内容が紹介されています。
(7) イオン社内で構築している、水産物処理に関する技能検定制度です。1 級から 3 級まで階層化されており、現在のところ全国で約 3,000 人が鮮魚士の認定を受けています。
(8) 日高 (2009) に直接取引による地域流通再編の動きを取り上げています。
(9) 筆者は、この検討会の座長を仰せつかっています。
(10) 輪島市所では、出荷に関わる費用の分担の仕方は取引方法によって異なっており、委託出荷の場合は漁業者負担、入札の場合は仲買人負担となります。
(11) 婁 (2003) にネットワーク型流通システムの必要性が提起されています。
(12) 水産経済新聞社・編集局編 (2009) によります。浅田氏は「市場はこれだけのコストがかかりますというのが分かるのならば、我々はそのコストに見合うコストを、我々が活用したいコストに対して支払うことは、全くやぶさかではない。で、またそれをやらないと我々がやろうとしていることが続かないのも事実。ここのコストが分からない。」としています。
(13) 日本経済新聞 2013 年 2 月 23 日朝刊「イオン、PB 販売 1 兆円」によります。
(14) 日本経済新聞 2009 年 8 月 26 日朝刊「イオンと JF しまね直接取引 1 年　消費者、鮮度に評価」で、消費者の評価が高い半面、採算面の課題があることが指摘されています。
(15) 推進母体は、JF しまねと島根県魚商人組合連合会より構成される島根県魚食普及推進協議会です。

参考文献

[1]　水産経済新聞社・編集局編 (2009)『イオンと漁業者の「直接取引」に学ぶ鮮魚流通のあり方』水産経済新聞社。
[2]　水産庁 (2009)『水産白書 平成 21 年版』、農林水産統計協会。
[3]　日経ビジネス (2008)「特集 イオンの誤算 進む道は 2 つ SPA と中国」2008 年 12 月 8 日号、pp.40-43。
[4]　日高健 (2009)「地域流通再編の取り組み− JF しまねを事例に−」、『ていち』116、pp.25-37。

第 13 章　漁協と大手量販店の直営取引が水産物流通に何を問いかけているか

[5]　婁小波 (2003)「産地流通再編をめぐる効率性と機能性問題」、『漁業経済研究』47(3)、pp.65-79。
[6]　婁小波・日高健 (2009)「イオンと JF しまねの直接取引が問いかけるもの」、『漁業と漁協』47(3)、pp.16-19。

第 14 章　国内水産業における HACCP 普及の可能性

大南　絢一

1. はじめに

本稿では国内水産業の振興のキーワードとして「安全性」を取り上げます。水産物は人間にとって重要な動物性タンパク質の供給源であり、したがってその安全性は重要な要素の一つです。これまでにも国内では水産物由来の食中毒事件が多数発生し、その都度対策が講じられてきました[1]。また近年水産物消費が急激に伸びている海外では水産物による食中毒患者が日本国内と比較して少なくなくその管理が問題となっています。

それでは社会は今後どのようにして水産物の安全性を確保していくべきなのでしょうか。日本では 2003 年に食品安全基本法が制定され、リスクアナリシスとよばれる枠組みの下、社会全体で食品安全性を高めていくことが定められました。企業はどのようにして安全性を高めるか、また行政はそうした企業に対してどのような支援をすべきなのか、といった従来の議論に加え、消費者である市民はどのように安全性の確保に関われればいいのかといった社会全体での議論が求められています。

本稿は水産物の安全性を切り口として、特に HACCP と呼ばれる衛生管理方法を取り上げ、その普及の可能性について考えてみたいと思います[2]。まずは HACCP について国内および海外の取り組み状況についてまとめます。次に、インターネットアンケート調査の結果から、水産物の購入や消費時において消費者はどのように水産物の安全性を認識しているのか、HACCP に対する潜在的な需要の大きさを明らかにします。

2. HACCP とは

水産物の安全性を確保する手段としては様々なものがありますが、本稿ではその中でも HACCP に注目します。HACCP とは Hazard Analysis and Critical Control Point の略で、食品安全の自主管理の考え方です。その詳細は各種専

第14章 国内水産業におけるHACCP普及の可能性

門書に譲りますが、HACCPは12の手順と7つの原則で構成され（表1）、すべての使用原料とすべての製造工程についてハザード分析を行ない、CCPを決定し、決定したCCPに残りの5原則を適用してHACCPプランを作成するものです[3]。食中毒の原因菌の多くは適切な加熱処理によりそのほとんどを死滅させることが出来ますが、刺身や寿司を始め生食文化が浸透している日本では、こうした加熱殺菌工程がとれないため、HACCPに基づいたハザード分析およびCCPの設定・管理が有効であると考えられます。

またHACCPに着目する理由として、HACCPが世界的な食品安全管理のスタンダードになっていることが挙げられます。実際、WTO（世界貿易機関）のSPS（衛生及び植物検疫措置）協定において、食品安全に関する国際基準の中心にHACCPが位置づけられ、各国は自国の基準と国際基準との調和を進めています。それと並行して欧米を中心にHACCPは各国で導入の義務化が進めら

表1　HACCP適用の12手順と7原則[4]

手順1		専門家チームの編成
手順2		製品についての記述
手順3		使用についての確認
手順4		フローダイアグラムの作成
手順5		フローダイアグラムの現場確認
手順6	（原則1）	ハザード分析の実施
手順7	（原則2）	CCPの決定
手順8	（原則2）	管理基準（CL）の設定
手順9	（原則4）	モニタリングの設定
手順10	（原則5）	改善措置設定
手順11	（原則6）	検証方法の設定
手順12	（原則7）	文書および記録の維持管理方法の設定

表2　各国における水産物ＨＡＣＣＰ導入状況[6]

	義務化の有無	開始年	備考
日本	検討されていない	―	1995年に食品衛生法改正により「総合衛生管理製造過程に関する承認制度」が策定
アメリカ	義務化	1997年	2012年に食品安全近代化法によりすべての食品についてHACCP導入を義務化
EU	義務化	1993年	2006年にEC規則852/2004に基づきすべての食品に対しHACCPの導入が義務化
カナダ	義務化	1992年	水産食品にHACCPに基づくQMP（Quality Management Program）を義務化
オーストラリア	義務化	1992年	1996年に西オーストラリア農務省でSQF（Safe Quality Food）が策定され、その後オーストラリア以外にアメリカで普及

第2部　漁業のグローバル化と日本の水産物市場

れている他（表2）、ISO22000で知られる食品安全マネジメントシステムの各種認証もHACCPの考え方をベースにしています[5]。各種企業が自社製品の安全性向上とブランド価値の向上を目的としてこうした認証の取得を進めていますので認証数の拡大にともないHACCPも普及しています。したがって、アメリカやEUではこのHACCPの導入を国内・域内の流通・加工業者のみに義務づけるだけでなく、輸入品に対してもそれを求めています。特に水産物についてはアメリカやEUを中心に食中毒事故が相次いだことから他の食品とは先駆けてHACCPの導入が義務化されています。

　それでは日本の水産加工業における導入状況はどうなっているのでしょうか。1995年から国や業界全体でHACCP導入支援を開始し、その結果HACCPを導入する企業数は年々増加しています。またその中には海外市場を志向する企業も少なくなく、HACCPを導入しEUやアメリカ向け輸出に取り組んでいます[7]。人口減少等に伴う国内の水産物消費量の減少、すなわち水産物市場が縮小傾向にある中で、こうした企業の増加は今後継続すると予想されます。しかし国内全体としてはHACCPの導入が進んでいないことも事実です。少々古いデータになりますが、2008年漁業センサスによると、日本国内の水産加工工場のうち従業員数が多い工場ではHACCPの導入が比較的進んでいるもの、導入済の企業は全体のうち10％程度でありごく一部に留まっています（図1[8]）。

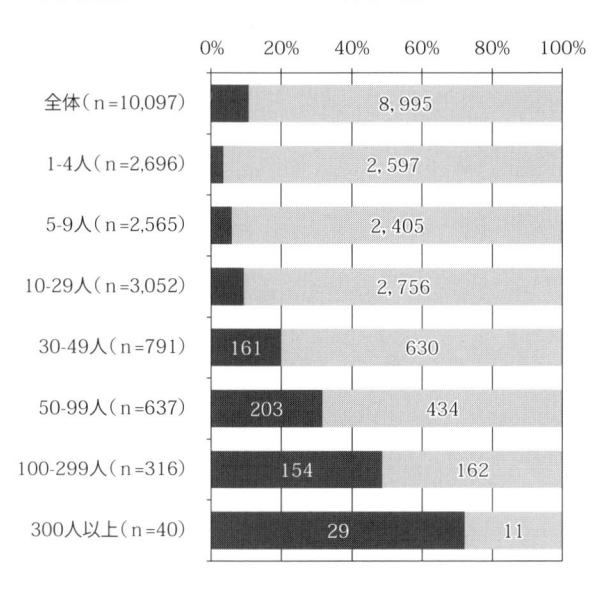

図1　日本のHACCP導入状況（単位：工場）

第14章 国内水産業におけるHACCP普及の可能性

なぜこのような状況になっているのでしょうか。これまでの文献を調べますと第一にHACCPに対する正しい理解が普及していない・認知度が低いことが挙げられます。これはHACCP導入には大規模な投資が必要だとする誤解の存在や、理論を理解するのが容易ではない、といったことです。実際、ある水産加工場の現場担当者からお話を伺った時にも、過去のISO9001への対応の経験などから、HACCP導入による費用対効果について疑問を持たれている意見もありました。第二として日本ではHACCPの導入が義務化されていない点です。こうした事情が普及を遅らせている要因であると指摘する専門家は少なくありません[9]。

国内水産業においてHACCPの導入が限定的である今日、HACCPの更なる普及を含めて食品の安全性をより高めていくためには、漁業者や加工業者、流通業者を含めたフードチェーンの各主体による努力や補助金による設備や人材育成に要する経費補填も前提となりますが、食品安全性に対する消費者のニーズも重要となってきます。消費者が求めなければ、企業はHACCP導入に向けた投資を控えるでしょうし、行政も予算配分の優先度は低くなるでしょう。そこでまず水産加工品の市場を対象に、消費者のニーズとHACCP製品の供給量との関係性について、次の図を使って考えてみます[10]。

図には3つの限界費用曲線を示しています。最も下に位置する曲線MC_{LOW}は

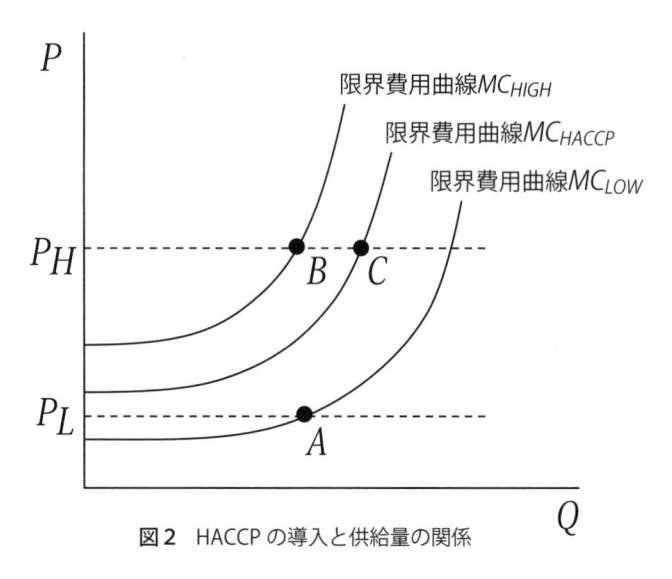

図2 HACCPの導入と供給量の関係

通常の衛生管理がなされた水産加工品の限界費用曲線を示します。このときこの水産加工品の価格が P_L となるとき、そのとき市場への供給量は点 A で決まります。これを基準としてさらに安全性を高める場合、追加的に費用を投じることになるので、限界費用曲線は上方にシフトし、その曲線は MC_{HIGH} となります。安全性が向上しますのでその水産加工品の価格も増加すると考えられます、このときの価格を P_H とするとき、この水産加工品の供給量は点 B で決まることになります。通常の安全性を高める議論ではここまでで終わりますが、その安全性向上を HACCP の導入で対応する場合、その費用はある程度抑えることが可能です。そのため HACCP を導入するときの限界費用曲線は下方にシフトした MC_{HACCP} になります。安全性が同じ水準である場合、価格は P_H のままと考えられますので、このときの供給量は点 C で決まります。HACCP が導入されそれに適切な価格が評価される場合には、上記の通り HACCP 方式に基づいた水産加工品が市場に供給されることになり、消費者はより安全な水産物を購入することができます。

しかしながら、もし HACCP が導入された水産加工品が適切に評価されず、例えば通常の商品と同じ価格の P_L で示された場合、市場への供給量はどうなるでしょうか。図にも示されたとおり、MC_{HACCP} と P_L は交点を持ちませんので、供給量はゼロとなります。したがって、消費者が HACCP を正しく理解し、そうした商品を望むことにより、HACCP の導入に取り組む企業も増加し結果として市場の水産加工品の安全性をより高めることにつながります。

3. 安全性に対する消費者のニーズ

それでは現在、消費者は水産物の安全性についてどのように認識し、また HACCP に対するニーズを持っているのでしょうか？ここでは東京都・大阪市・名古屋市に住む消費者を対象にしたインターネットアンケート調査の結果を用いて、消費者の現状を垣間見たいと思います[11]。このアンケート調査では水産物の安全性についてその理解を尋ねました。今回の調査ではその中でも赤身魚のハザードとしてよく知られている、ヒスタミンを取り上げました[12]。ヒスタミンは低温流通による取扱が徹底されていれば増殖し食中毒に至らないことが多いのですが、学校給食などが原因でアレルギー様食中毒として毎年症例が報告されています。次のページの図3はヒスタミンについてアンケート調査を行い、消費者の理解度を年齢別に集計した結果です。左のグラフでは、カツオを購入する際に色味を確認する消費者は、どの年齢においても多数を占め

第14章 国内水産業におけるHACCP普及の可能性

ています。水産物を購入する際には色味を見ることが習慣として確立しているようです。ただし、こうした習慣は年齢が低くなるにつれてその数も少なくなっていることも示されました。一方、右のグラフでは、カツオやマグロの喫食時にヒスタミンによる食中毒の可能性についてその認知度を尋ねたところ、「知らない」と回答した消費者が全体の約半数を占めました。この点についても年齢が低くなるにつれてその認知度が下がっています。年を重ねることで食中毒リスクに対する理解が高まっている傾向にありますが、ヒスタミンによる食中毒の存在は消費者全体としてはまだ認知されていない傾向にあります。

これらを踏まえつつ、消費者が水産物購入時にどの程度安全性を重視しているのかに迫ります。重要度を明らかにするためにアンケート上にて実験を行

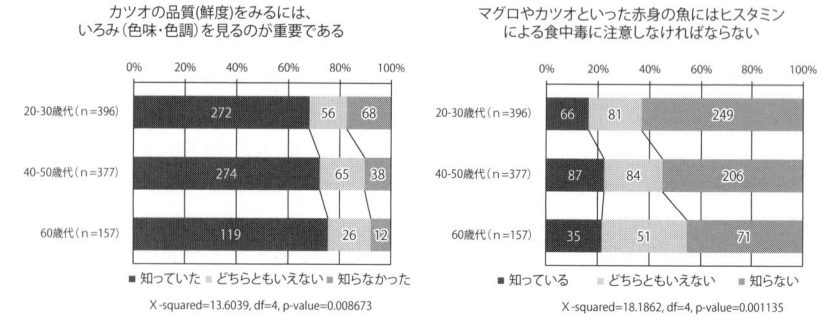

図3 消費者のヒスタミンに対する理解（年齢別）

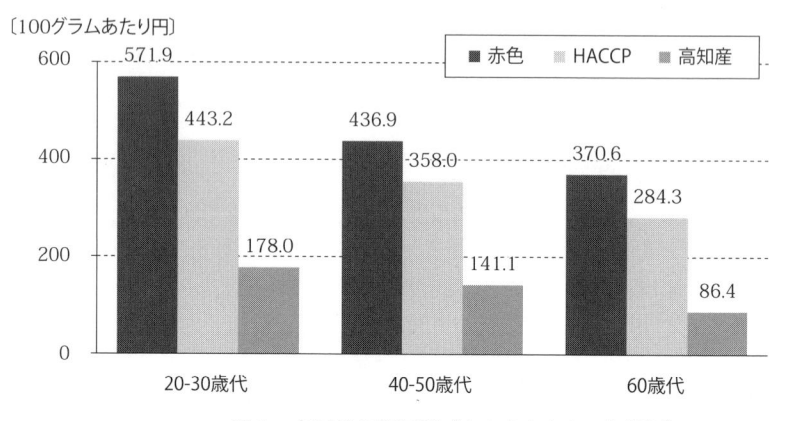

図4 各属性の評価額（カツオタタキ・年齢別）

いました。これは 4 つの属性「価格」「HACCP 対応加工場[13]」「色味」「産地」が異なる仮想のカツオタタキ製品を複数提示し、購入してもよいものを選んでもらいます。こうして得られたデータを用いて各属性の重視度を金額単位で導くことができます[14]。ここでは年齢別に分けて結果を見ることとしました（図4[15]）。

　各属性の重視度の大きさはどの年齢においても上から順に「赤色」、「HACCP」、「高知産」の順となりました。つまり商品選択時に重視されるポイントとして順に「色味がよいこと」、「HACCP 対応加工場であること」「高知産であること」が高く評価されています[16]。

　特に色味と HACCP 対応加工場に対する評価の順序について考えてみたいと思います。いずれの属性も安全性に関連する属性ですが、今回の結果は HACCP であることよりも色味がよい方が重視されている結果です。加工過程における衛生管理方式よりも、実際に目で確認できる属性の方が消費者にとって重視されていると考えられます。こうした順序となった原因の一つとして、HACCP に関する認知度の低さが挙げられるでしょう。実際の店頭での販売では商品のラベルに「HACCP 対応」等といった表示がされることはほとんどありませんのでこうした実態が今回の結果を導いているとも考えられます。

　しかしながら HACCP に対して消費者が一定の評価をしていることもこの調査から明らかになりました。ヒスタミンを始め、食中毒は目視や臭いの確認だけで避けられないことも多いため、生産段階での HACCP システムの導入と平行して、消費者に対する HACCP に対する認知度および信頼性の向上を継続して図ることが今後重要であると考えられます。

4．おわりに

　国内においても、HACCP システムを導入している企業は徐々に増えてきています。しかしながら、まだ大部分を占めているとは言えません。その背景には、消費者の理解もさることながら、企業経営者の理解不足、HACCP そのものの認識の低さなどが指摘されています。また加工場のみが HACCP システムを導入するだけでは十分とはありません。フードチェーンのより川上に位置する魚をとる漁船や養殖場、また魚の水揚げをおこなう市場においても、HACCP に基づいた衛生管理が行われなければ、その有効性は大幅に損なわれてしまいます。

　筆者は HACCP 管理者養成の講習会に参加した経験がありますが、その講習会はある水産加工品を題材として、生産工程を俯瞰し、そこでハザード分析

第 14 章　国内水産業における HACCP 普及の可能性

および CCP の設定を行うトレーニングをグループワークやディスカッションを通じて学習するという内容でした。HACCP は大規模投資が必要という誤解は少なくありませんが、講習会そのものは安全性を高めるための高度な最新設備や技術について学習するわけではありません。実際の水産加工場によっては新規の設備投資を必要とする場合はあり得ますが、HACCP の本質は基本的な衛生管理と書類作成・管理であり、マネジメントの問題だと言えます。HACCP を導入することで工程管理の合理化も期待され、そうした観点も含めて、HACCP に取り組むことは今後の水産加工業の生き残りのために避けて通れない問題です[17]。

　また本稿では、社会全体で水産物の食品安全を高めていく必要があるという立場から、川上側の HACCP 導入を促す上で消費者の需要の必要性を指摘しました。消費者を対象にしたアンケート調査からは HACCP に対して一定の支持があることが確認されたことから、HACCP 導入の加速化が期待されます

　なお、本稿では HACCP 導入による費用対効果の問題や、HACCP が日本の水産業全体に与える影響については触れませんでした。よりきめ細かい導入支援のためには国内の導入事例や未導入の企業に対する詳細な調査を行うことも必要と考えられます。海外の研究[18]では上記の観点から HACCP に関する研究が進められており、日本国内においてもこうした研究を行い、戦略的にHACCP 普及の検討が求められます。

注
(1) 詳しくは日佐 (2004) を参照のこと。
(2) 本稿で取り上げる水産物の安全性は主に食中毒について取り上げます。厚生労働省発表の統計によれば、年平均約 22,600 名（2009-2011 年）が食中毒の被害に遭っています。
(3) 本箇所の記述は西川 (2011) に基づいています。
(4) 荒木 (2008) から転載しました。
(5) 例えば、ベルギーに設立された非営利団体 GFSI（Global Food Safety Initiative）が承認した規格のうち、BRC Global Standard（主にイギリス市場向け）、Dutch HACCP（オランダ市場向け）、FSSC22000、International Food Safety Standard（ドイツ・フランス市場向け）、SQF2000 等で HACCP の対応が求められています（有江 (2012)）。
(6) 高鳥 (2003)、厚生労働省 (2009)、加藤 (2004) の記述を基にまとめました。なお、先進工業国だけではなく東南アジア諸国でも EU やアメリカへの輸出確保の観点か

第 2 部　漁業のグローバル化と日本の水産物市場

らHACCPの導入が進められています」。例えば、シンガポールは 1996 年、インドネシアは 1998 年から強制規則が施行され、順次認定が進んでいます。
(7) 2013 年 1 月現在、対米輸出水産食品取扱認定施設（厚生労働省認定）は 78 施設（最終加工施設のみ）、対 EU 輸出水産食品取扱認定施設（厚生労働省認定）は 28 施設、対米輸出も可能な水産食品加工施設 HACCP 認定制度認定工場（社団法人大日本水産 会認定）は 175 施設となっています。
(8) 2008 年漁業センサス「製品製造における工程管理内容での HACCP 手法の採用工場数」より作成しました。
(9) 日本においても食品衛生法で総合衛生管理製造過程承認制度によって、水産練り製品と缶詰製品について HACCP の導入が指定されています。ただし、国内の制度には批判もあります。詳しくは西川 (2011) を参照のこと。
(10) 以下の整理は中嶋 (2003) による枠組みを基にまとめました。
(11) 本節で紹介しているアンケート調査結果は農林水産政策研究所農林水産政策科学研究委託事業「水産物市場におけるグローバル企業の行動様式による経済影響構造の特定化研究（研究総括者 近畿大学農学部准教授 有路昌彦）」の成果の一部です。また調査対象者はインターネットアンケート調査会社に登録されているモニターのうち、東京都・大阪市・名古屋市在住の消費者で、各ご家庭の中でよく水産物を購入される方 930 名に調査を行いました。
(12) ここでヒスタミン（Histamine）とはヒスチジンという成分が微生物により変換されて生じるもので、これを摂取するとアレルギーの症状が出ます。このヒスチジンはサバやマグロ、カツオによく含まれています。ヒスタミンは腐敗臭を感じる前に食中毒を起こす量に達することが多いため、気づかずに食べてしまい食中毒を起こすことが多いとされています。国内では給食などで食中毒事例が発生しており、毎年 20 件程度、患者数は 500 名と報告されている食中毒です。なお、欧米ではヒスタミンによる食中毒被害は稀ではなく、比較的重要視されている食中毒の一つです。
(13)「HACCP 対応加工場」の表示について、現在の政策では商品表示の義務などはありませんし、現在店頭に販売されている商品でもこのような表示をしている商品は一部に限定されます。今回の実験では、食品安全に対する消費者ニーズのうち、衛生管理水準に対する重要度を計る属性として今回の実験では設定しました。
(14) 選択型コンジョイント分析とよばれる計量心理学をベースとする手法を用いています。
(15) 数値の算出は、条件つきロジットモデルにより得られたパラメータを基に行っています。

第 14 章　国内水産業における HACCP 普及の可能性

(16) 100 グラムのカツオのタタキ自体に、これほどの金額評価がされることに疑問を持たれた方もいると予想されます。この分析手法の性質上、図表で示された数値の解釈については注意が必要であり、その絶対値ではなく、各年齢別における相対的な金額の大きさに注意しなければなりません。
(17) 高鳥 (2003) 他、各種論文において国内水産業における HACCP の導入が主張されています。
(18) HACCP システム導入に伴う費用対効果の検証に関する実証研究もここ数年報告されている。例えば、Ragasa 他 (2011) は、フィリピンの水産加工業者がいわゆる EU-HACCP の撤退についての事例を取り上げています。また、Anders & Caswell(2009) や Nguyen & Wilson 2009) 等が重力モデルと用いて HACCP の義務化が貿易に与える影響について実証研究を行っています。

参考文献

[1] Anders, S. and J.A. Caswell (2009) "Standards-as-Barriers versus Standards -as-Catalysts: Assessing the Impact of HACCP Implementation on U.S. Seafood Imports." *American Journal of Agricultural Economics*, 91(2), pp310-321.
[2] Nguyen, A. V. T. and N. L. W. Wilson (2009) "Effects of Food Safety Standards on Seafood Exports to US, EU and Japan" Paper presented at the Southern Agricultural Economics Association Annual Meeting, January 31-Feburary 3, Atlanta, GA.
[3] Ragasa,C. S. Thornsbury and R. Bernsten (2011) "Delisting from EU HACCP certification: Analysis of the Philippine seafood processing industry." *Food Policy*, 36, pp.694-704.
[4] 荒木惠美子 (2008)「ISO22000 を理解するために」、『日本食品微生物学会誌』25（1)、pp.8-12。
[5] 有江博之 (2012)「早分かり FSSC22000 重要ポイント　認証機関の視点で解説」、『食品工業』55(6)、pp.45-56。
[6] 加藤登 (2004)「7. 水産食品に対する HACCP 導入の現状」、阿部宏喜・内田直行編『水産食品の安全・安心対策 – 現状と課題』、恒星社厚生閣、pp.91-103。
[7] 厚生労働省 (2009)「食品の高度衛生管理手法に関する実態調査について　I国外における HACCP 手法等の導入状況に係る調査　報告書」。
[8] 高鳥直樹 (2003)「水産物における HACCP」、『漁業経済研究』48(2)、pp.33-49。
[9] 中嶋康博 (2004)「第 9 章 HACCP の経済分析」、『食品安全問題の経済分析』第 9 章、日本経済評論社、pp.195-224。

[10] 西川研次郎 (2011)「業界の動向 HACCP を正しく理解しよう」、『JAS 情報』46(10)、pp.2-5。
[11] 日佐和夫 (2004)「10. 水産食品の流通における問題と課題」、阿部宏喜・内田直行編『水産食品の安全・安心対策 – 現状と課題』、恒星社厚生閣、pp.132-142。
[12] 藤井建夫 (2001)「第 6 章　魚の安全性要求の高まりと HACCP」、多屋勝雄編著『水産物流通と魚の安全性 －産地から食卓まで』、成山堂書店、pp.143-165。

第15章 我が国のクロマグロ需給動向と国際競争力

多田 稔

1. はじめに

　1990年代後半からの回転寿司ブームによってクロマグロに対する需要が急増し、その多くは地中海で蓄養された養殖クロマグロによって供給されました。これは、国産天然クロマグロの価格が高く供給が不安定であること、食生活の洋風化によって消費者のトロ指向が強まったこと、および、蓄養技術が世界各地に普及したことによっています。

　このような背景によって、地中海を含む東大西洋におけるクロマグロやミナミマグロの乱獲と資源枯渇が進み、ICCAT（大西洋まぐろ類保存国際委員会）やCCSBT（みなみまぐろ保存委員会）による厳しい漁獲規制が実施されることになりました。

　したがって、天然魚に依存するクロマグロの供給の伸びは期待し難いですが、一方では資源に負荷を与えない人工種苗を用いた完全養殖の産業化が軌道に乗ろうとしています。同時に海外市場においてマグロ類の需要が伸びており、我が国の完全養殖クロマグロを輸出する好機であると考えられます。

　ところが、海外における蓄養技術を用いた養殖は、産卵後の親魚や小型魚を巻網で捕獲し数か月間給餌することによって脂を乗せて出荷するため、稚魚の段階から2－3年をかけて蓄養する我が国の養殖クロマグロと比較して餌料費が少なく生産費も割安であるという特徴を持っています。そこで、養殖コストの内外比較によって、我が国の完全養殖の競争力を分析し、輸出産業としての可能性を考察します。

2. クロマグロの資源変動と漁獲規制

2-1. 大西洋クロマグロ

　地中海においては、変動があるものの長期的に毎年7,000－30,000トンの漁獲量があったと推定されています（Fromentin and Powers(2005)）。日本市

場との関連が強まるのは 1980 年代後半からであり、この時期に日本ではバブル経済によってマグロ類への需要が増加するとともに、太平洋クロマグロの漁獲量が減少しました。その結果、大西洋における日本向けクロマグロの漁獲が増大し（Fromentin and Ravier(2005)）、1990 年代後半からは蓄養原魚としての漁獲が増加しました。地中海諸国の養殖クロマグロ生産量は 2008 年には 18,750 トンであり、ほぼ全量の 17,713 トンが日本に向けて輸出されています[1]。

このような漁獲量の増加によって資源状態は急速に悪化してきました。ICCAT(2009) によれば、親魚漁獲率が最近急速に高まって 1/4 を超えるようになり、2005 年の親魚資源量推定値は 1975 年の約 1/3 の約 10 万トンとなっています。そこで、1998 年から漁獲枠が設定され、当初 3 万トンを超えていた漁獲枠が 2010 年には 13,500 トンまで削減されました。また、CITES（ワシントン条約締約国会議）においても付属書 I に掲載して国際商業取引を禁止することの是非が検討されたため、2011 年においても漁獲枠がさらに 12,900 トンへと削減されました。ICCAT は漁獲枠の設定以外にも、漁獲統計証明制度や養殖場に対する正規許可制度を導入し、未登録の養殖業者のマグロ取引を禁止しています（小野(2008)）。このように規制が強化されてきたこともあって、資源回復の兆候も見られ、2013 年の漁獲枠が 500 トン拡大（対前年 4％増）され、13,400 トンとなりました。

大西洋クロマグロの資源動向を分析するため、余剰生産モデル[2]のパラメータである環境許容量（K）と内的増加率（r）について、2010 年に資源が絶滅しないがＭＳＹを実現する資源量を下回って低位水準にあるという現実的な条件を満たす範囲を推定しました。次に、環境許容量と内的増加率を限界的に変化させても 2010 年の資源量が現実的範囲内に収まるものを蓋然性の高い値として採用し、2050 年に向けての資源変動を予測しました。

この分析に基づくと、蓋然性の高いKと内的増加率rの組合せは、(K, r) =（110, 0.06）、(120, 0.05）、(150, 0.03）と推定されました。これをもとに、漁獲枠についていくつかのシナリオを設定し、2050 年に向けての資源動向をシミュレーションしました。その結果は、ほとんどの場合に資源は回復しないが、漁獲枠を最近の 12,900 トンに設定した場合には、Kやrが環境変動によって上昇すると資源が回復するというものになりました（多田他(2011)）。

2-2. ミナミマグロ

　ミナミマグロの資源はCCSBTによって管理されています。1985年にはTAC（漁獲枠）が38,650トンに設定されていましたが、資源の減少によって1989年には11,750トンに削減され、1997年までこの枠が維持されました。しかし、それでも資源の減少に歯止めがかからないため、2010‐11年は9,449トンにまで削減されました。最近は資源の回復傾向も見られ、2012年に10,449トン、2013年には10,949トンへと少しずつ拡大されています。

　上記大西洋クロマグロと同様に、余剰生産モデルを用いた分析では、蓋然性の高い環境許容量（K）と内的増加率（r）の範囲として、Kが160－220万トン、rが0.015－0.04という推定結果が得られました。これをもとに、漁獲枠についていくつかのシナリオを設定し、2050年に向けての資源動向をシミュレーションしました。その結果は、Kやrの値に依存してまちまちであるが、漁獲枠が歴史的に最小であった9,449トンを前提とするとrが0.02以上で資源が増加、2007年の漁獲枠11,810トンを前提とするとrが0.04以上で資源が増加するというものになりました（Tada(2012)）。

2-3. 太平洋クロマグロ

　太平洋クロマグロに関しては漁獲圧が増加傾向であることから、2010年のWCPFC（中西部太平洋まぐろ類委員会）年次会合で、2011－2012年の漁獲努力量が2002－2004年レベルを下回るよう管理する、また、0‐3歳の未成魚に対する漁獲量が2002－2004年の平均レベルを下回るように管理する、という措置が採択されました。

　農林水産省では2010年5月に「太平洋クロマグロの管理強化についての対応」を公表し、①大中型まき網漁業を対象として、休漁、漁獲サイズの制限等を導入すること、②曳き縄等の沿岸漁業を対象として漁獲実績報告の提出を義務化すること、③養殖業者を対象として養殖場の登録と養殖実績報告の提出を義務化すること、が基本的な方向性として示されました。

3. 日本市場におけるクロマグロ需給動向

3-1. 供給動向

　大西洋クロマグロとミナミマグロの資源動向に関しては、著者の余剰生産モデルによる分析よりも地域漁業管理機関における資源推定の方が楽観的に推移しており、漁獲枠が拡大され始めました。他方で、太平洋クロマグロの資源状

態に関しては、WCPFCによって漁獲圧を現状より増やしてはならない状態になっていると判断されており、漁獲規制が導入され始めました。これを総合して考えると、世界全体としての天然魚をベースとする供給量は今後とも変化が少ないと予想されます。したがって、クロマグロの価格水準も、特段の経済事情の変化がなければ現状水準で推移するものと考えられます。

3-2. 需要動向

養殖クロマグロと天然クロマグロの価格差が縮小したことから、完全養殖クロマグロを含めて3種類のクロマグロを同等品であると考え、クロマグロ需要の価格弾力性と所得弾力性の値を得るため需要関数を計測しました（松野他(2010)）。消費地市場平均価格が2006年以降公表されていないため、計測が2005年で終了しています（表1）。刺身マグロ相互間で需要の代替があると予想されますが、ミナミマグロの長期価格データが得られないことや、クロマグロとメバチマグロの間で価格の相関が強いことから、説明変数としてクロマグロの価格を用いています[3]。また、日本では回転寿司ブームやトロマグロ需要が一巡したとする見解もあるため、所得弾力性を一定とする関数形（計測結果I）と所得弾力性が逓減する関数形（計測結果II）を比較します。当表の計測結果Iでは、係数aとbの値がそれぞれ価格弾力性と所得弾力性に相当します。

まず、需要の所得弾力性について検討します。3期間に区分した計測結果Iを比較すると、1975年から95年の期間に所得弾力性の低下が観察されます。このことから、クロマグロの需要はこの期間に一時的に飽和に向かいましたが、90年代からの新たなトロブームによって再び増加に転じたものと考えら

表1 クロマグロ需要関数の計測結果

計測結果I：lnD=alnP+blnY+c
計測結果II：lnD=alnP+b/Y+c

	計測結果	a	(t値)	b	(t値)	R^2	DW
計測結果I	1965-1985	-1.49	(-2.1)	1.71	(2.4)	0.24	1.66
	1975-1995	-1.17	(-5.9)	0.39	(1.5)	0.69	2.98
	1985-2005	-1.35	(-5.4)	1.56	(3.4)	0.83	0.53
	1965-2005	-1.38	(-4.9)	1.48	(6.5)	0.53	1.50
計測結果II	1965-2005	-1.48	(-4.5)	$-324 \cdot 10^5$	(-5.6)	0.46	1.37

注1：D：1人当たりのクロマグロ需要量、P：生鮮クロマグロ消費地市場（消費者物価指数でデフレート）、
　　 Y：1人当たり実質GDP。
注2：計測結果IIによる所得弾力性：1.80(1970)、0.94(1990)、0.80(2004)。
注3：説明変数に1972年オイルショックダミーを用いると、決定係数は計測結果I第1式：0.59、同第4式：
　　 0.71、計測結果II：0.66に向上します。

れます。1965年から2004年の全期間にわたって計測結果ⅠとⅡを比較すると、計測結果Ⅰの決定係数が若干高いことから、近年に所得弾力性が逓減しトロブームが終息に転じたとは断定できません。いずれにせよ、日本経済の成長力が鈍化している中で、所得弾力性の相違は需要予測の大幅な相違に結びつかないと言えます。

次に、価格弾力性について検討しますと、計測式や計測期間にかかわらず概ね－1.2から－1.5の安定的な値を示しています。この値はマグロ類全体の価格弾力性を－0.2と計測した多田(2001)よりもはるかに弾力的であり、クロマグロの"上級財"としての特徴をよく示しています。

最後に、全体的な統計的適合度に関して、第1次オイルショック時（1973～1975年）を計測期間に含む需要関数の決定係数が他の期間と比較して低い傾向が見られます。その要因として、急激なインフレーションによって財の間での相対的な価格水準の認識困難性があったと考えられます。物価指数が公表されるまでにタイム・ラグがあり、それまでは経済主体によって知覚されるインフレ率や実質購買力に相違が生じるためであると思われます。

4. クロマグロ養殖のコスト比較

我が国のクロマグロ養殖は養殖期間が2－3年と長期にわたるため、コストに占める餌料費が大きいという特徴があります。これに対して、海外では数ヶ月の短期蓄養となっています。

現在、我が国においてはクロマグロ養殖の約1割が人工種苗を用いてなされており（熊井(2010)）、天然種苗（ヨコワ）と人工種苗は同等の価格で取引されています。したがって、どちらにしても養殖コストに大差は生じません。ところが、仮に海外で人工種苗を導入すると養殖期間が長期化するため、餌料費や人件費が増加すると予想されます。

そこで、現在の蓄養方式による生産費をベースとして、完全養殖の場合のコストを試算しました。ここでは、完全養殖の技術は内外で同一であるとし、養殖の各費目の単価が国ごとに異なるという前提を用いています。

図1によると、日本のコストと価格が最も高いことがわかります。我が国の養殖クロマグロの品質が市場から高く評価されていると言えます。日本に次いで、地中海のコストと価格が高くなっており、次いで、オーストラリア、メキシコとなります。メキシコは価格も低いがコストも餌料単価や労賃を反映してそれ以上に低くなっており、十分な利益率を確保していると言えます。この

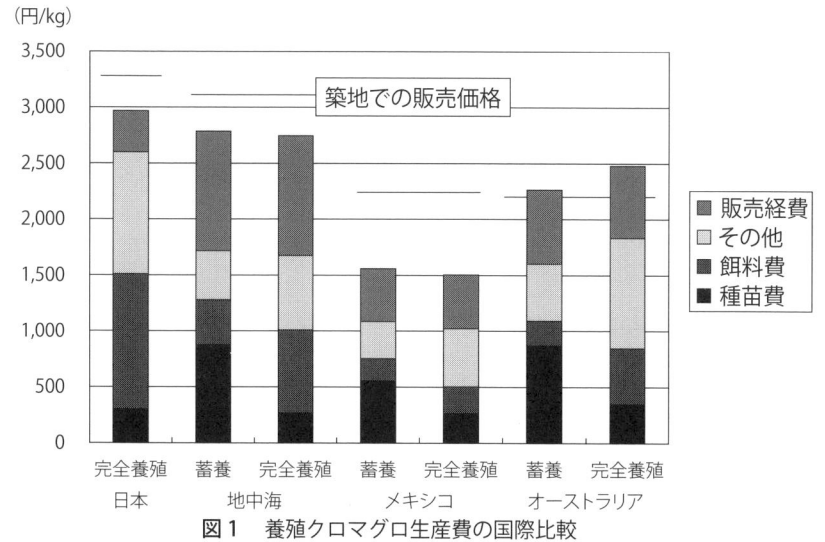

図1　養殖クロマグロ生産費の国際比較

注1：購買力平価に近い1米ドル＝90円、1豪ドル＝95円、1ユーロ＝120円で試算しました。
注2：原典は小野（2010）。

試算結果は、為替レートを1米ドル＝77円と設定した円高時のものと比較しても同様であり、為替レートの影響をそれほど受けないと言えます。

当図によると、先に予想したとおり、海外において完全養殖を導入すると餌料費と人件費（「その他」の費目の多くは人件費）が増加しますが、その反面、種苗費が低下することになり、コスト全体としては蓄養と完全養殖の間で大差がみられないという結果になっています。

5．クロマグロ輸出に向けた考察

イノベーションにはプロダクト・イノベーションとプロセス・イノベーションが存在します。後者の方がQC活動と合わせて日本企業のお家芸であり、前者を得意とする日本企業はウォークマンに代表されるSONYでありました。ところが、クロマグロ完全養殖の成功は日本企業としては珍しいプロダクト・イノベーションであり、2002年に成功した後、生残率向上に向けてプロセス・イノベーションを続けています。

プロダクト・イノベーションが沸騰するシリコン・バレーにおいて、成功する条件は技術革新によって社会を変革しようとする企業家精神と、技術とマー

第15章 我が国のクロマグロ需給動向と国際競争力

ケティングを結合させた経営戦略にあると言われます（枝川(1999)）。養殖分野の技術開発をリードしてきた近畿大学水産研究所においても、原田所長時代から、敗戦後の"貧しい日本の食卓にタンパク質を届ける"という社会理念を伴う技術開発がなされてきました。クロマグロ完全養殖においても、資源保全の緊急性という社会的要請と、回転寿司という新規業態の出現に対してタイムリーな技術開発を実現することができました。

アメリカや新興国の海外市場に目を転じると、健康指向や日本食ブームによってマグロ類の需要が増加しています。これは国内需要が低迷する日本にとって、需給バランス上は輸出に向けての好機であると考えられます。

ところが、図1でみたように、我が国の生産コストは非常に高くなっています。また、同図の価格は築地市場における価格であるため、海外に輸出するためには、さらに追加の輸送費が生じてきます。

そこで、クロマグロに対してコストをカバーできる価格を支払える消費者をターゲットとするマーケット・セグメンテーション、すなわち、顧客市場を細分化して特定の顧客層に集中的にアプローチする方法が必要となってきます。日本においてもマグロの種類を意識して消費する消費者はそれほど多くはありません。価格が高いものには何かよいものがあるのだろうという推測で消費しているのが多くの消費者です。著者が米国、オーストラリア、タイの食品小売市場を調査した結果、マグロの種類の表示がなされていない場合が多いことや、寿司ネタに用いられるマグロの多くがキハダであることが判明しました。したがって、クロマグロの真の味を賞味することのできる消費者を選別する売り方を導入しなければなりません。この場合はマーケットのサイズは限られます。しかし、同時に商品が個性や品質の差異を失う"コモディティ化"のリスクを回避することができます。

メバチやキハダと差別化された高級商品としてのクロマグロを輸出する戦略を考察する上で、JETRO(2010)、JETRO(2012)によるフランスおよび米国の日本食品に関する興味深い市場調査報告書があります。

これによると、フランスにおいては、日本食レストランのほとんどが「すし屋」、あるいは「すし・焼き鳥レストラン」で、どことも画一的なメニュー構成であり、限られたメニューにしか触れたことのないフランス人には、日本食の作り方や食材の使い方はよく知られていないのが現状ということです。このような状況に対応して、ベイクリフ社は日本食材シリーズを販売しています。その一つの"Sushi Chef"は、家庭でも寿司を作れるようにと考案された調理用

キットで、米、しょうゆ、すし酢、ガリ、わさび、焼きのりなど、すしの材料となる食材や道具がパックになっています。

　アメリカにおいては、最近5年間の日本食レストランの動向として、日本のレストラン業界からの米国市場参入が特徴的ということです。そこで、日本食レストランとの連携によってクロマグロを相応の価格づけによって購入してもらうという方法も必要であると考えられます。

　さらには、クロマグロを単体の輸出商品と考えるのではなく、日本食、ひいては日本文化の輸出と考える発想の転換も必要となってきます。日本食ブームによって、海外では日本食を作れる職人が不足しています。熟練職人の不足を補うため、まず寿司を握る機械などの食品機器の輸出が先行し、現地に日本食レストランを定着させ、それをマグロ、寿司用のコメ、醤油、緑茶、日本酒等の食材が追随するという展開になります[4]。

注
(1) データの出展は小野(2010)です。その後、海外諸国の養殖生産量データは公表されておらず、日本の地中海諸国からの輸入量は漁獲量の削減によって、2011年に10,600トンに減少しています。
(2) ある年次の期末資源量を S_t、漁獲量を Q_t とすると、余剰生産モデルでは $S_t = S_{t-1} + r(1 - S_{t-1}/K)S_{t-1} - Q_t$ という関係になります。
(3) 相関が低ければ代替財価格も用いるべきですが、その場合には、クロマグロ需要を予測するために代替財価格の予測値が必要になるという実用性に乏しい需要関数になるという問題点も生じます。
(4) このアイデアは基本的に、テレビ東京『未来世紀ジパング』「世界に羽ばたく！ニッポンの技術⑥　日本食ブーム！陰の主役・食品ロボット」（2012年11月5日放送）によっています。

参考文献
[1] Fromentin J.M. and Powers J.E. (2005) "Atlantic Bluefin Tuna: Population Dynamics, Ecology", Fisheries and Management, *FISH and FISHERIES*, 6, pp.281–306.
[2] Fromentin J.M. and Ravier C. (2005) "The East Atlantic and Mediterranean Bluefin Tuna Stock: Looking for Sustainability in a Context of Large Uncertainties and Strong Political Pressures", *Bulletin of Marine Science*, 76(2), pp.353-361.
[3] International Commission for the Conservation of Atlantic Tunas [ICCAT] (2009)

"Report of the Standing Committee on Research and Statistics", Madrid, Spain, October, pp.5-9.
[4]　Tada M. (2012) "Resource Constraints in the Development of the Australian Southern Bluefin Tuna Industry", *Journal of Australian Studies,* 25, pp.45-55.
[5]　枝川公一 (1999)『シリコン・ヴァレー物語』、中央公論社。
[6]　小野征一郎 (2008)「マグロ養殖業の課題と展望」、小野征一郎編著『養殖マグロビジネスの経済分析』、成山堂、pp.209-237。
[7]　小野征一郎 (2010)「マグロ養殖業の課題」、熊井英水・宮下盛・小野征一郎編著『クロマグロ完全養殖』、成山堂、pp.190-219。
[8]　熊井英水 (2010)「クロマグロ増養殖の来歴と現状」、熊井英水・宮下盛・小野征一郎編著『クロマグロ完全養殖』、成山堂、pp.1-21。
[9]　JETRO［日本貿易振興機構］(2010)『米国における日本食レストラン動向』。
[10] JETRO［日本貿易振興機構］(2012)『日本食品マーケティング調査（フランス）』。
[11] 多田稔 (2001)「日本における水産物の需要動向と内外価格の連動性」、『漁業経済研究』46(1)、pp.53-76。
[12] 多田稔・松井隆宏・原田幸子 (2011)「大西洋クロマグロの漁獲量・資源量と価格の動向」、『国際漁業研究』9、pp.1-12。
[13] 松野功平・原田幸子・多田稔 (2010)「クロマグロの需給動向と完全養殖技術の経済的可能性」、『近畿大学農学部紀要』43、pp.1-5。

第3部　合理的な漁業管理の実現に向けて

第 16 章　漁業資源の推定における余剰生産モデルとその応用

第 17 章　生態系保全と漁業に関する一考察

第 18 章　漁業と環境問題

第 19 章　責任ある漁業について
　　　　　－「FAO 責任ある漁業のための行動規範」の経緯と現状－

第 20 章　漁業管理制度としての ITQ

第 21 章　効率性分析から考える漁業管理の方向性

第 22 章　「小間問題」と漁業権管理

第 23 章　日本型漁業管理の意義と可能性
　　　　　－プール制における水揚量調整に注目して－

第 16 章　漁業資源の推定における余剰生産モデルとその応用

大石　太郎

1. はじめに

　漁業資源を管理していく上で、海の中の魚の資源量がどのようなメカニズムによって一定期間にどのくらい変化するのか、またその資源量がある一時点でどのくらい存在するのかを把握することが重要になります。しかしながら、広大な海の中にいる全ての魚を直接観察することは困難であるため、資源量の動態を把握するのは容易ではないと言えます。そこで、漁業資源や漁獲の動態を表すモデルを構築し、そのモデルと利用可能なデータを使って海の中の漁業資源量を推定するという方法についての研究が長年なされてきました。

　魚の資源量に影響を与える要因は、一般に加入、成長、自然死亡といった自然的要因と漁獲による人為的要因に分けることができます。自然的要因による資源量の変化を自然変化量としてひとまとめに表現し、そこから漁獲による減少を差し引いたものを資源の変化量であるとするモデルは、一般に余剰生産モデル（Surplus Production Model）またはより簡単にプロダクションモデルと呼ばれています（能勢（1988）、p59、赤嶺（2007）、p69 参照）。このような名称で呼ばれる由来は、一定期間に資源量（重量ベース）が増えた要因が、卵から新たに生まれてきた魚が既存の群れに加入したからなのか、既存の魚が成長することでその重量が増加したからなのか、自然死亡する魚が減ったからなのかのいずれであったにせよ、その期間に余剰（Surplus）として付け加わった資源量はすべて資源の増加とみなし、その増加分については人間が漁獲生産（Production）を行っても資源が枯渇に向かうことはなく持続可能であるとするモデルの特徴から来ていると考えられます。

　余剰生産モデルは、対象となる資源の性比、年齢組成、魚体組成（体長や体重）といった側面について考慮せず資源量のみに焦点を当てた分析であるため、使用するデータに求められる要件は少なく、その分、より低いコストで有益な情報を与えてくれる可能性があることから、海の中の魚の資源量を分析する上

で最もシンプルな手法として利用できることが既存の研究で指摘されています (Haddon(2011)、pp.285-286 参照) [1]。

2. 余剰生産モデル

余剰生産モデルには、自然的要因による資源量の変化をロジスティック曲線で表現するシェーファーのモデル、ゴンペルツ曲線で表現するフォックスのモデル、それらを一般化したペラとトムリンソンのモデルがあります（能勢等(1988)、pp. 68-82、田中 (2012)、pp. 54-55 参照）。ここではそれらの中でも最も代表的なシェーファーのモデルを用いて余剰生産モデルについて解説したいと思います。

シェーファーのモデルは、以下の (1) 式および (2) 式によって表すことができます [2]。

$$P_{t+1} - P_t = r(1 - \frac{P_t}{K})P_t - Y_t, \tag{1}$$

$$Y_t = qX_tP_t. \tag{2}$$

ここで、P_{t+1} と P_t はそれぞれ t+1 期と t 期の漁業資源量、r は漁業資源の自然増加率、K は環境収容力、Y_t は t 期の漁獲量、q は漁獲の効率性を表す漁獲係数、X_t は努力量を表しています。

(1) 式の左辺は t 期と t+1 期の資源量の差、すなわち資源の時間的な変化を表しています。資源量が一定で左辺の $P_{t+1} - P_t = 0$ となる状態を平衡状態と呼び、資源量が変化し左辺が $P_{t+1} - P_t$ となる状態を非平衡状態と呼びます。資源量が一定で時間的に変化しないという平衡状態の仮定は、現実を説明するにはやや強い仮定であると言えるかもしれませんが、資源が持続可能な状態（平衡状態）を保つという前提のもとで獲ることが出来る最大の漁獲量（最大持続可能生産量：MSY）を分析する上でそうした仮定が役立ちます。

また、(1) 式の右辺第 1 項は自然的要因による資源の変化を表しています。$P_t=0$ のときと $P_t=K$ のときに、(1) 式の右辺第 1 項が 0 と等しくなることは、資源が存在しないときも資源が環境収容力と等しいレベルにまで増えたときも資源の増加は生じないことを意味します。また資源が $0<P_t<K$ の間にあるときには、$r(1 - P_t/K)P_t$ が正であることから、資源が増加するモデルになっていることが分かります。

(1) 式の右辺第 2 項は漁獲による資源の減少を表しています。右辺第 2 項の漁獲量 Y_t は (2) 式の生産関数で説明され、それは漁獲係数 q、努力量 X_t、資

源量 Pt の関数となっています。

3. シミュレーション分析

シェーファーのモデルは、シミュレーション分析に応用することが可能です（応用例として、赤嶺 (2007)、pp.70-72 参照）。ここでは、図 1、図 2、図 3 のように、(1) 式および (2) 式に仮想的な数値を代入し、シミュレーションを行った結果を示しました。まず図 1 は環境収容力 K が 500、自然増加率 r が 0.3、漁獲効率 q が 0.0001、努力量 Xt が 800 で一定として、初期の資源量 P1 が異なるときに 20 期の期間中にどのような資源量の変化がもたらされるかを示しています。初期の資源量 P1 が環境収容力 K に等しい 500 と想定すると、資源量は 366 に漸近していくという結果となっています。初期の段階で環境収容力一杯まで存在していた資源量は努力量 800 の投入を通じて減少はするものの、その努力量のもとで一定の資源量に収斂していき持続可能であることが分かります。他方、初期資源が 300 あるいは 100 といった想定のもとでも時間経過 t が進むにつれて資源量は 366 付近に近付いていくことが分かります。この結果は、上記の条件下においては、初期資源の多寡は長期的には資源量の大きさに影響を与えないことを意味しています。

他方、図 2 は初期資源量 P1 が 300、環境収容力 K が 500、自然増加率 r が 0.3、漁獲効率 q が 0.0001 で一定として、努力量 Xt が異なるときに 20 期の期間中にどのような資源量の変化がもたらされるかを示しています。努力量が図 1

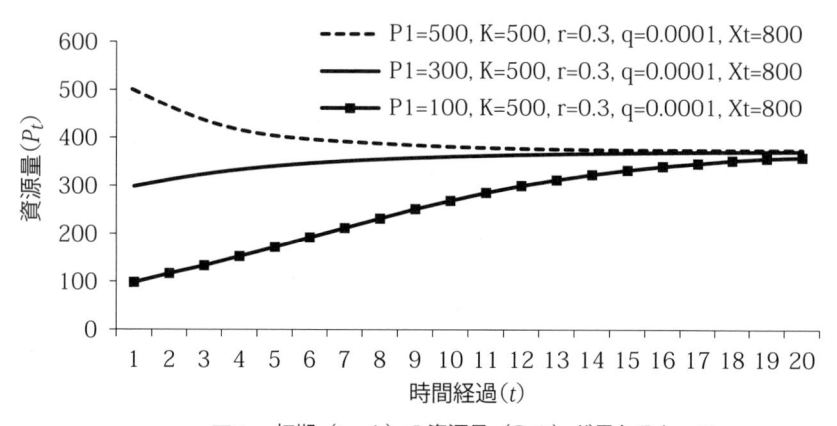

図 1　初期（t=1）の資源量（P 1）が異なるケース

のケースで想定されたと同じ 800 の場合に比べて、400 の場合には資源量はより高い値（433 付近）に、1600 の場合にはより低い値（233 付近）に漸近していくことが示されました。このことから、努力量の違いは長期的な資源量の違いに影響を与え得るということが分かります。そのため資源管理においてインプットコントロールが有効な手段となり得ることが示唆されます。

図 3 は初期資源量 P1 が 300、環境収容力 K が 500、自然増加率 r が 0.3、努力量 Xt が 800 で一定として、漁獲効率 q が 0.0001、0.0002、0.0008 のケースを比較した結果です。(2) 式から漁獲効率 q の大きさが漁獲量 Yt に与える影

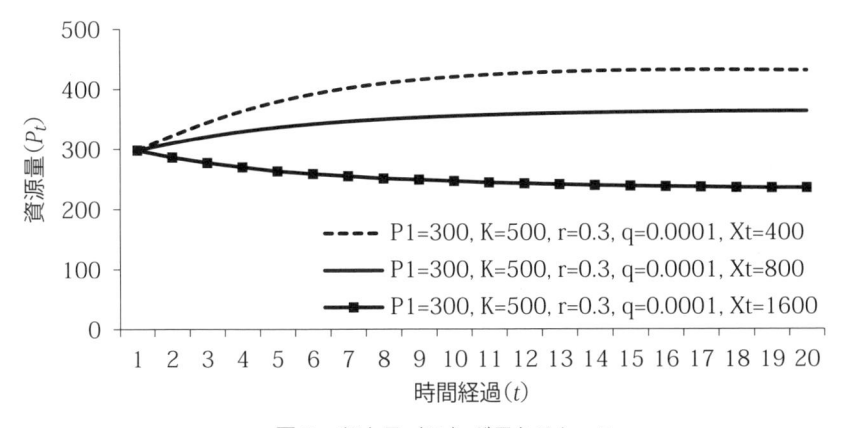

図 2　努力量（Xt）が異なるケース

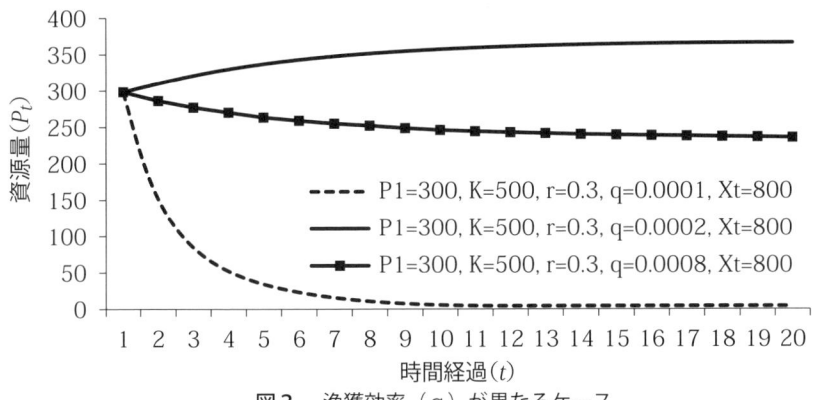

図 3　漁獲効率（q）が異なるケース

第16章 漁業資源の推定における余剰生産モデルとその応用

響は努力量 Xt の大きさと同じ意味合いを持つと言えます。図3からも、漁獲効率 q が 0.0001 から 0.0002 に上昇したときには図2で努力量が 800 から 1600 に増加したときと同じ変化が生じています。また、漁獲効率 q が 0.0008 へと大きく上昇した場合には、資源量は急速に減少した後、0 へと漸近していくという結果になっています。初期状態 t=1 で十分な資源量が存在していたとしても、努力量や漁獲効率が高過ぎると 10 期足らずでも持続不可能な状態に崩壊し得ることが示唆されます [3]。

4. 漁業データへの適用と資源量の推定

シェーファー型の余剰生産モデルについて、各パラメータに仮定値を代入してシミュレーションするのではなく、漁獲量や努力量の漁業データを適用して各パラメータを推定した研究も存在します。例えば、田中 (2012)、pp.64-68 では、北米大陸西岸におけるオヒョウ漁業のデータに対して余剰生産モデルを適用することで、理論と整合的なパラメータの推定結果が得られることが示唆されています。

ここでは、実際の漁業データから各パラメータを推定するという方法を用いた応用事例として Oishi et al. (2014) を紹介したいと思います。Oishi et al. (2014) では、世界全体の漁業資源の変動の傾向を把握することを目的として、シェーファー型のモデルに 1998 年から 2007 年までの間の 22 カ国の OECD 諸国の

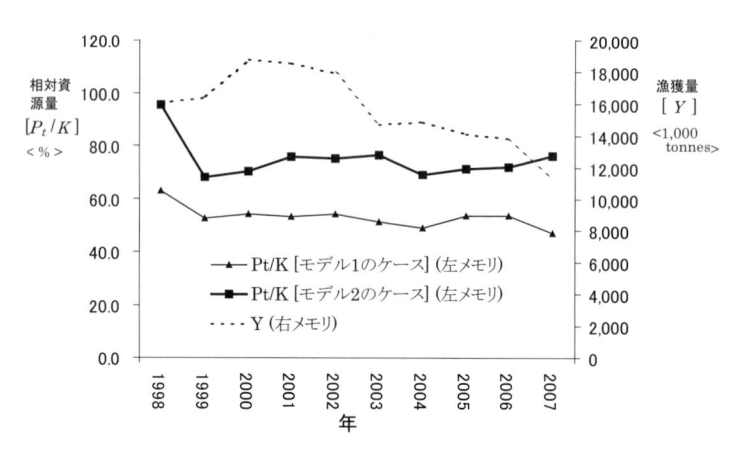

図4 OECD諸国のデータに基づく相対資源量の推移

資料：Oishi et al. (2014) より引用。

データを適用し、ある期の資源量 Pt に対する環境収容力 K の比で表される相対資源量（Pt/K）の推計が行われました。

こうした世界全体の漁業資源の推定を行うことの意義として、特定の魚種のみに焦点を当てた分析では、資源が減少している魚種と増加している魚種との間に魚種交替が存在しているため、必ずしも全体的な漁業資源の危機について論じることができないという問題が挙げられます[4]。

図 4 は相対資源量の推定結果を表しています。モデル 1 は漁獲効率 q が各国において差がなく定数であるとするモデルに基づいた推計であり、そうした想定のもとで得られた相対資源量（Pt/Kt）は 50% 前後の値で推移しています。

他方、モデル 2 は漁獲効率 q が国毎に異なるという想定のもとで行われた推定であり、そうした想定のもとで得られた相対資源量（Pt/Kt）は概ね 70% 前後の値で推移するという結果が示されました。これらの違いの一因は、モデル 2 においてパラメータの推定値の一部が統計的に有意ではなく、安定性に欠けていることから生じたのではないかと考えられます。国別の漁獲効率について長所を生かしながらより頑健な結果を得るには、さらに多くのデータが必要となると考えられます。

いずれにせよ、この研究の推定結果に基づけば、世界の漁業資源は環境収容力に対して 50% ～ 70% といった水準で推移していると考えられます。この結果は、北アメリカ西海岸のオヒョウという個別の魚種を対象として田中（2012）、p.67 で得られた相対資源量の推定結果（50% 付近を中心に 25% から 100% の間で周期的に変動している）と比較しても整合的である一方、魚種交替の影響」から全体的な漁業資源はより安定的であることを示唆するものであると言えます。

5．まとめ

本稿では最も代表的なシェーファー型のモデルを例として、余剰生産モデルについて概説しました。極めてシンプルな構造から成るシェーファー型のモデルが漁業資源の評価において今日でも用いられる背景として、それが「より解析的な成長生残モデルの結果と一致する結果を与えたという経験」（田中（2012）、p. 52）があることが先行文献で指摘されています。その一方で、そうした単純化されている余剰生産モデルでおかれている仮定は「現実の資源に適用する場合、満たされないことが多い」（能勢等 (1988)、p. 66）とする文献も存在します。理論は現実の抽象化であるため、理論が現実を完全に説明し

第16章 漁業資源の推定における余剰生産モデルとその応用

その予測を可能にするということは困難であると考えられますが、理論で想定された理想的な条件がどの程度揃っているないし揃っていないときにどれくらい現実の説明や予測に影響を及ぼすのかについて、さらなる研究が必要と考えられます。

そうした研究によって余剰生産モデルの持つ限界と有効性がより精緻に認識されることで、漁業データのみを用いて比較的少ない費用で資源推定が可能であるというその利点が一層活かされるのではないかと思います。特に、資源評価を行うための十分な資金を持たない発展途上国における資源評価や本来膨大なデータを要する世界全体の（魚種交替を含めた）漁業資源の把握においてその応用が今後も期待されます。

注

(1) ただし、余剰生産モデルが現実を上手く説明する上で幾つかの仮定が必要であることも知られています。そうした仮定については能勢等(1988)、p.65や田中(2012)、p.53が参考になります。

(2) 資源が平衡状態にないときのシェーファーのモデルについては、有路((2004)、p.143)を参考としています。他の先行研究として、能勢等(1988)、pp.72-73も参考になります。各変数の表記法は、田中(2012)、pp.61-62を参考にしました。

(3) なお、本文の図1から図3はシミュレーション値がある値へと漸近していく安定的なグラフであると言えますが、シェーファーモデルのようなロジスティック型の関数を用いたシミュレーションでは適用する仮定値によっては、ランダムに見える

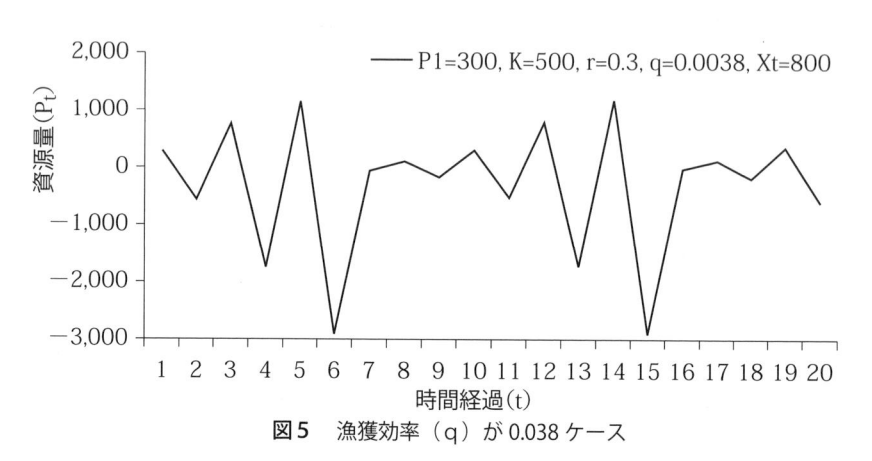

図5 漁獲効率（q）が0.038ケース
（P1=300, K=500, r=0.3, q=0.0038, Xt=800）

複雑な変動が現れることがあります。そうした現象は、決定論的なモデルに従っているにもかかわらず、初期値のわずかな違いで将来予測が不可能になるほど複雑な振る舞いを見せるため、決定論的カオスと呼ばれます。例えば、シェーファーのモデルでは、初期資源量 P1 が 300、環境収容力 K が 500、自然増加率 r が 0.3、漁獲効率 q が 0.0038、努力量 Xt が 800 のとき、資源量が負となることがあり漁業の理論とは整合的ではありませんが、シミュレーション値はカオス的な挙動を見せました（図5）。こうしたカオスの考え方を用いて株価の変動を説明しようとした先行研究として、例えば、岩田等 (2002) があります。

(4) 例えば、「日本の漁獲量の中で、また全世界の漁獲量の中でも、特定の少数の魚種が大きな比重を占めていて、これらの変動が全体に大きな影響をしていることがわかった。そして個々の魚種の漁獲量は大きな変動をするが、全体としてみる時意外に安定した面ももっている」（田中 (2001)、p.133）といった指摘や「全世界や上記の大半の海域において、総資源量は概ね横這いである。それは、資源が減少している魚種がある反面、増加している魚種があるからである。（省略）資源減少の魚種のみに焦点を当てて全体的資源危機を論ずるのは誤っている」（岩崎 (2009)、「はじめに」より引用）といった指摘があり、世界全体の資源の変化を分析する上で、個別魚種の変動だけでは十分ではなく、世界全体の総資源量の変動のメカニズムを分析することが重要と言えます。

参考文献

[1] Haddon, M. (2011) *Modelling and Quantitative Methods in Fisheries* (second edition), CRC press.
[2] Oishi, T., N. Yagi, M. Ariji and Y. Sakai (2014) "Methodology and Application of a Model to Estimate Fishery Resource Trends by Effort and Catch Data," *Journal of International Fisheries*, 13, pp.1-11.
[3] 赤嶺達郎 (2007)『水産資源解析の基礎』、恒星社厚生閣。
[4] 有路昌彦 (2004)『日本漁業の持続性に関する経済分析』、多賀出版。
[5] 岩崎寿男 (2009)『世界の水産資源の動向と資源管理』、水産社。
[6] 岩田年浩・大石太郎（2002)「平均株価・経済データの実証的カオス分析」『情報研究』17、pp.1-31.
[7] 能勢幸雄・石井丈夫・清水誠 (1988)『水産資源学』、東京大学出版会。
[8] 田中栄次 (2012)『新訂 水産資源解析学』、成山堂。
[9] 田中昌一 (2001)『水産資源学を語る』、恒星社厚生閣。

第17章　生態系保全と漁業に関する一考察

牧野　光琢

1. はじめに

　本稿では生態系保全という観点から漁業を考えます。まず第2節では生態系保全の考え方や、その必要性をまとめます。続く第3節では、生態系保全と両立する漁業操業の中身について解説します。
　21世紀の人類が直面する、最大の問題の一つは、地球温暖化（気候変動）です。地球温暖化がすすむと、海の生態系が変化し、漁業にもその影響がおよびます。IPCC（気候変動に関する政府間パネル）が2007年に発表した第4次評価報告書は、地球温暖化は既に始まっていることを宣言しました。よって、本稿の第4節では、知床世界自然遺産海域の漁業が地球温暖化に適応していくための考え方を紹介します。

2. 生態系保全と漁業

2-1. 生態系とはなんだろうか

　生物多様性条約の第2条によると、生態系（Ecosystem）とは「植物、動物及び微生物の群集とこれらを取り巻く非生物的な環境とが相互に作用して一の機能的な単位を成す動的な複合体」と定義されています。つまり、生物と非生物環境のシステム（動的な複合体）ということです。この「システム」という表現は、各構成要素の間に様々な相互作用や関わり合いがあることを意味します（森(2012)）。たとえば、生態系の中では、無数の化学物質が変質しながら有機物が生産されていきます。我々人類は、その産物を食料としていただき、また木材、繊維、燃料などさまざまな生活素材を得ているのです。同時に、生態系の中の物質循環によって排泄物は浄化され、有害物質は無害化され、正常な環境が維持されるということです。
　生物多様性（Biological diversity）は、生態系の生物部分に関する考え方です。たとえば海洋生物多様性保全戦略では「生物多様性は、長い進化の歴史を経て

形づくられてきた生命の「個性」と「つながり」であるといえる。生物多様性は、人類が生存のために依存している基盤であり、人類は様々な恵み（生態系サービス）を多様な生物が関わり合う生態系から得ている。」と述べています（環境省 (2011)）。全ての生物は、生態系内での自身が位置する物質循環上の役割を果たしながら、ネットワークを構成しており、その網の目が多様であるほど、その構成者が多いほど、ネットワークは強靭になります。生態系の物質循環に着目したときの、生物多様性の意義はここにあるのです（古谷 (2012)）。その他にも、ヒトという一つの種が、ヒトと同じように数十億年をかけて分化・派生してきた他の生物種を絶滅においやることは間接的な自己否定であるという見解や、そもそも人間にとっての重要性ではなく「それ自体」の価値（内在的価値）が存在する、という考え方もあります（及川 (2010)）。

　よって、生態系保全において守るべき対象は、個々の生物や物理化学的環境だけではなく、それらの関係すべてということになります。食物網の構造や光合成による一次生産、有機物の分解過程や、物質循環に至るまで、これらすべてを損なわないように保全することこそが生態系保全です[1]。すなわち「人と自然の持続可能な関係の維持」（日本生態学会生態系管理専門委員会 (2005)）こそが、生態系保全の目的といえます。

2-2. なぜ漁業の管理に生態系保全が必要性なのか

　これまでの伝統的な考え方では、MSY（Maximum Sustainable Yield：最大持続収穫量）方式とよばれる管理が基本とされてきました。これは、毎年再生産される資源の増加分だけを漁獲すれば、元本にあたる資源量は温存され、持続的に漁獲が行えるだろう、という考え方です。生物資源の特性として、その増加分が最大になるような、適度な資源量があり、そこで持続的な漁獲量もまた最大になる、という理論です（長谷川 (1985)、松田 (2000)）。

　しかし実際の漁業では、自然変動や科学的知見の不足に由来する不確実性が非常に大きいという現実があります。MSY方式に基づく漁業管理方式は、この不確実性にとても弱く、現実の管理の場面では無意味である場合さえあることがわかってきました。さらに、生態系の捕食・被捕食者関係を考慮すると、このMSY方式は必ずしも種の保全とは両立せず、特に多魚種のMSY方式は、一部の種の絶滅確率を上昇させうることも指摘されています（Matsuda et al. (2008)）。

　以上のような近年の認識により、生態系保全の考え方は、南極の海洋生物資

源の保存に関する法律（CCAMLR）、国連 FAO の責任ある漁業に関する行動規範と京都宣言、ワシントン条約（CITES）、ヨハネスブルグ行動宣言など、海洋や漁業に関する様々な条約や国際的宣言等に採用されています。

日本においても、現行漁業法成立後 50 年の 1999 年に発表された、水産基本政策大綱において、「生態系の保全は、水産資源の維持・増大はもとより、安全な水産物の供給にとっても不可欠な前提条件である」と明記されました。また 2001 年に成立した水産基本法の第 2 条でも「水産資源が生態系の構成要素」であることを前提として、その保存および管理が行われなければならないと規定しています。さらに、2007 年に成立した海洋基本法においても、その 6 つの基本理念の第 1 番目に「海洋の開発及び利用と海洋環境の保全との調和」が位置づけられています。

3. 生態系保全と両立する漁業操業とは

3-1. IUCN の漁業専門家グループ

IUCN（International Union for Conservation of Nature and Natural Resources: 国際自然保護連合）は、1948 年に設立された国家、政府機関、非政府機関で構成される世界最大の自然保護機関です。2012 年 11 月現在、91 の国々、127 の政府機関、903 の非政府機関、44 の協力団体が会員となっています。本部はスイスのグランにあります。

IUCN には、自然保護に関する情報の収集、統合、管理、知識の共有など、その活動の核となる専門委員会が組織されています。現在の IUCN では、種の保存委員会（SSC）、世界保護地域委員会（WCPA）、生態系管理委員会（CEM）、教育コミュニケーション委員会（CEC）、環境経済社会政策委員会（CEESP）、環境法委員会（CEL）という 6 つの専門委員会が活動しています。

IUCN の活動として最も有名なものは、種の保存委員会が作成する「絶滅の恐れのある生物リスト（以下レッドリスト）」でしょう。また、ユネスコ世界自然遺産プログラムにおいては、候補地が世界遺産としてふさわしいかどうかに関する技術的な評価を下す公式諮問機関として位置付けられています。海洋保護区（Marine Protected Areas）などの保護地域についても、世界保護地域委員会（WCPA）の作成する定義や分類、ガイドラインなどが、世界中で幅広く引用されています。

2008 年、生態系管理委員会（CEM）の中に漁業専門家グループ（Fisheries Expert Group: FEG）が組織されました。この IUCN-FEG は、水産科学と環境

保全の専門家により構成されており、その目的は、漁業の持続可能な発展と海洋生態系の保全を促進し、諸関連政策に助言を与えるとともに、生態系保全と両立する漁業管理の考え方を提言することです。2013 年 1 月現在、国連の食糧農業機構（Food and Agriculture Organization: FAO）で部長を務めていた Serge M. Garcia 博士を座長として、13 名の委員が任命されており、日本からは牧野が委員として参加しています。

3-2. バランスのとれた漁獲（Balanced Harvesting）という考え方

　2010 年 10 月に、生態系保全に関する世界最大の条約である、生物多様性条約の第 10 回締約国会議（CBD COP10）が愛知県名古屋市で開催されました。この会議にあわせて、IUCN-FEG は 10 月 14 〜 16 日にかけて、名古屋で漁業と生態系保全に関する研究ワークショップを開催しました。その後、この研究ワークショップの議論の成果をまとめた論文「Reconsidering the Consequences of Selective Fisheries（選択的漁業の影響を考え直す）」を作成し、サイエンス という科学雑誌に発表しました（Garcia *et al.* 2012）。この論文の概要を紹介します。

　前節で説明したように、伝統的な漁業管理の概念は MSY 方式に基づいています。さらに、若齢個体や希少生物、カリスマ的な種（クジラ、イルカなど）の漁獲を避け、高齢で大型の個体（成熟した産卵親魚）に漁獲を集中することによって、漁獲量を増大し環境への負荷を軽減することができると信じられて

"バランスのとれた漁獲"のイメージ

一部の種・一部のサイズのみを、保護したり利用したりすることは、生態系にはマイナス

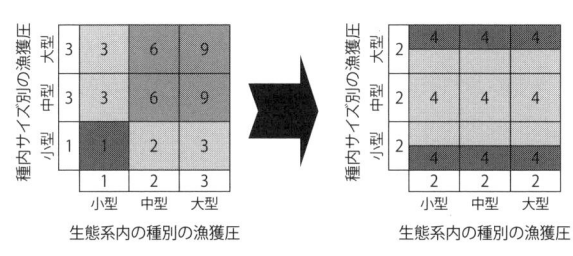

図1　バランスのとれた漁獲

きました。しかし、高齢個体（産卵親魚）は再生産に大きく貢献するため、それらだけを取り除くことは環境の構造や機能をゆがめることにつながると同時に、生態的・進化的にも深刻な副作用を引き起こしかねません。たとえば東スコシア大陸棚では、選択的な漁獲により食物連鎖の構造が変化し、また北海では大型の種から小型の種へと変化していることが報告されています。この論文では、このような"過度に選択的"な漁獲が生態系に与える負の影響をまとめました。

　また、全世界の36の生態系モデル（実際の観測データにもとづき、数式を用いてコンピューター上に作成した生態系の模型）を用いて、さまざまな選択的漁獲の比較分析をおこないました。その結果、生態系を構成する種の下位から上位まで、一つの種の中でも小型個体から大型個体までをバランスよく利用することにより、生態系の生産能力を最大限に活用できることが示唆されました。この結果に基づき、本論文では、海洋環境のなかの全ての食用可能な構成要素を、その生産力に比例して漁獲する「バランスのとれた漁獲」という概念を提案しています（図1）。

　この「バランスのとれた漁獲」を実現するためには、まず、さまざまな漁具・漁法のそれぞれが生態系のどの部分をどの程度利用しているのかを把握し、それを足し合わせることにより、漁業活動全体としての生態系への影響を把握した上で、各漁業の操業を調整することが必要となります。また、これまで漁獲対象となっていなかった種・サイズや、市場に流通していなかった漁獲物の有効活用を実現するための工夫が、市場や加工・流通業、そして消費者にも求められることになります。

　日本の漁業は、国際的にみても、非常に幅広い漁具・漁法により、さまざまな魚種やサイズを活用しているという特徴があります。実際に、名古屋で開催した研究ワークショップでも、「食料輸入大国となる前の日本の伝統食のように、シラスからマグロ、クジラまで、様々な近海の資源を様々な料理法で頂く食文化は"バランスのとれた漁獲"と整合性が高い」という議論をおこないました。

　ただし、ここでひとつだけ強調しておきたいことは、この考え方は決して乱獲を認めているわけではないという点です。低位にある資源の保護・回復は、もちろん最優先で行われるべきです。つまり、バランスある漁獲という考え方と、低位にある資源の保護・回復は、別々でかつお互いに矛盾しない考え方です。

4. 地球温暖化と漁業：知床の場合

4-1. 地球温暖化が知床漁業に及ぼす変化

　知床世界自然遺産は、日本でも有数の漁業操業がさかんな海域です。また、この世界遺産海域における生態系保全活動では、地域の漁業者が中核的な役割をになってきました。知床における海域生態系保全活動は、ユネスコとIUCNから「他の世界自然遺産地域の管理のための素晴らしいモデル」と評されるなど、国際的に高く評価されています（Makino *et al.* (2009)、Makino *et al.* (2011)、牧野 (2013)）。海域の生態系保全の具体的な方法を規定しているのが、2007年に策定された知床世界自然遺産地域多利用型統合的海域管理計画（以下、海域管理計画）です。

　2013年、この海域管理計画の改訂が行われました。その改訂作業では、UNESCOとIUCNからも勧告された、気候変動（特に温暖化）への適応が議論されました。よってここでは、Makino and Sakurai (2012) を基に、知床の漁業が気候変動に適応するための考え方を紹介します[2]。

　まず、温暖化によりどのような影響が懸念されるのか、を簡単に説明します。温暖化により海水温が上昇すると、海流の変化や水柱の成層化がおこり、栄養塩分布の変化が引き起こされます。また海水面の上昇は、藻場・干潟の減少とそれに伴う沿岸生物の分布の変化も引き起こします。これらの変化により、プランクトンの分布・組成・季節変動は変化し、結果的には水産資源の産卵場、索餌場、回遊経路の変化と漁場・資源量の変化を引き起こすことが予想されます。

　現在の知床周辺海域においても、温暖化の影響を伺わせる様々な兆候が報告されています。たとえば、知床生態系の基礎をなす流氷について、網走地方気象台が観測してきた過去64年間の流氷期間をみると、1990年代以降は約2割ほど日数が減少しています。今後もこの傾向が続けば、いずれ生態系の構造と機能を大きく変化させる事態が起きうる懸念があります。知床や北海道海域の主要水産資源について、温暖化の影響を分析した研究によれば、資源量の減少が危惧される水産資源として、シロザケ、マダラ、ウニなどが指摘されています。また現場漁業者らによれば、バフンウニや羅臼昆布（オニコンブ）もその大きさや形状に変化があらわれているといいます。逆に、温暖化により資源の増加が期待される資源もあります。たとえばスルメイカやニシンなどです。2012年はブリが大漁であり、またクロマグロの漁獲もありました。一方、温暖化がそれほど大きく影響しないと考えられている資源には、スケトウダラ、

第 17 章　生態系保全と漁業に関する一考察

サンマ、キチジ、などがあります[3]。なお、知床半島周辺海域とオホーツク海、ロシア海域などは、同一の大規模海洋生態系（Large Marine Ecosystem: LME）と考えられるため、ロシア海域においても同様の現象が報告されています（Radchenko *et al.* (2010))。

4-2. 適応のための考え方

　温暖化が既に始まっており、避けられないとすれば、今後も引き続き温暖化を最小限に食い止める努力をおこなうとともに、併せて温暖化に「適応」する戦略が必要です。まず水産資源にとって重要なことは、漁業者らの日々の操業と科学的モニタリングにより、変化を常に観察することです。特に、温暖化により増えることが期待されている資源（スルメイカ、ニシンなど）については、増え始める時の慎重な管理が必要です。なぜなら、これらの資源は一時的なボーナスではなく、将来の知床漁業を支える柱の一つになる可能性があるからです。

　また、増えた資源を単に獲って売るだけでは、減る資源を十分に代替できるとは限りません。増える魚は、知床以外の海域でも増えるでしょうし、また地域にとって新しい魚を適正な価格で販売するためには、新たな売り先、流通方法などが必要とされるでしょう。よって、消費者に知床の水産物をいかに喜んでもらうか、どのように高く売るのか、といった加工・流通面の取組が重要となります。このような取組は、個々の漁業者らの努力では限界があるため、漁協など組織レベルでの取組が重要になります。

　一方、減る可能性が指摘されているシロザケは、現在の漁獲のほとんどを種苗放流された個体が占めているという点が重要です。その遺伝的な多様性は低く、また産卵期間は短いという特徴があります。よって、温暖化への適応策としては、自然産卵・孵化を促進するため、河川環境の修復を進めることが重要です。特にシロザケは、アイヌ文化にとって重要な存在です。シロザケを守ることは、日本の文化的多様性を守ることにもつながります。

　最後に、漁業関係者の住まいへの影響を考えてみましょう。温暖化に伴い、北太平洋域における台風の進路は北に移動することが予測されています。また、台風の発生件数は少なくなるものの、一つ一つの規模が大型化することも予測されています。これまで一般に、北海道は台風が上陸しにくい地域とされており、洪水や河川氾濫の対策についても、本州に比べて手薄になっている可能性があります。さらに、温暖化による海面水位の上昇は、高潮や津波のリスクを高めます。知床半島はそのほとんどが山地であるため、地域の人々はほとんど

が河川沿いか沿岸に居住しています。以上の状況を踏まえると、まず自治体が河川氾濫・洪水・高潮に関するハザードマップと避難計画を作成するとともに[4]、これを温暖化の進行に応じて定期的に改訂し、また住民に周知徹底をおこなうことが重要な役割です。

注
(1) 生物多様性や生態系の保全に関する研究をおこなう保全生態学（conservation biology）という分野では、近年社会科学との連携も進んでいます（鷲谷ら (2010)）。に海の保全生態学については松田 (2012) および白山ら (2012) 等を参照して下さい。
(2) 牧野は知床世界自然遺産科学委員会海域ワーキング・グループの特別委員を、論文の連名著者である桜井泰憲・北海道大学名誉教授は、同ワーキング・グループの座長を務めています。
(3) 温暖化に関する議論を行う際には、その時空間スケールが重要です。たとえば、短期的な振動（1〜2年）、中期的な変動（5〜10年）、長期的な動向（30〜50年）では、それぞれ観察される現象が異なります。知床周辺海域は、局所的には2000年以降の水温が低下しており、現在は寒冷レジームにあると考えられています（Irvine and Fukuwaka(2011)）。その一方で、海水温の年内変動（季節変動）の幅は大きくなっており、たとえば2010年の場合は、春までは寒冷で夏以降に水温が急上昇しています。
(4) 斜里町と羅臼町では、既に防災ハザードマップが作成され、インターネットで公開されています。斜里町は（http://www.town.shari.hokkaido.jp/02life/20bousai_yobou/20bousaimap/index.html）、羅臼町は（http://www.rausu-town.jp/kurashi/1212/）を参照。

参考文献

[1] Garcia S.M., Kolding J., Rice J., Rochet Marie-Joelle, Zhou S., Arimoto T., Beyer J. E., Borges L., Bundy A., Dunn D., Fulton E. A., Hall M., Heino M., Law R., Makino M., Rijnsdorp A. D., Simard Francois, Smith A.D.M. (2012) "Reconsidering the Consequences of Selective Fisheries", *Science*, 335, pp.1045-1047.

[2] Irvine, J.R., Fukuwaka, M. (2011) "Pacific salmon abundance trends and climate change", *ICES Journal of Marine Science*, 68, pp.1122–1130.

[3] Makino M., Matsuda H., Sakurai Y. (2009) "Expanding Fisheries Co-management to Ecosystem-based management: A case in the Shiretoko World Natural Heritage, Japan", *Marine Policy*, 33, pp.207-214.

[4] Makino M., Matsuda H., Sakurai Y. (2011) "Siretoko: Expanding Fisheries Conagement to Ecosystem-based Management", In (United Nations UniversityInstitute of Advanced Studies Operating Unit Ishikawa/Kanazawa Ed.) *Biological and Cultural Diversity in Coastal Communities: Exploring the Potential of Satoumi for Implementing the Ecosystem Approach in the Japanese Archipelago (CBD Technical Series* No.61), Secretariat of the Convention on Biological Diversity, pp.19-23.

[5] Makino M., Sakurai Y. (2012) "Adaptation to climate change effects on fisheries in the Shiretoko World Natural Heritage area, Japan", ICES Journal of Marine Science, 69, pp1134-1140.

[6] Matsuda H., Makino M., Kotani K. (2008) "Optimal Fishing Policies That Maximize Sustainable Ecosystem services", In (K. Tsukamoto, T. Kawamura, T. Takeuchi, T.D. Beard Jr, and M.J. Kaiser eds.) Fisheries for Global Welfare and Environment, TERRAPUB, pp.359-369.

[7] Radchenko V.I., Dulepova E.P., Figurkin A.L., Katugin O.N., Ohshima K., Nishioka J., McKinnell S.M. (2010) "Status and trends of the Sea of Okhotsk region, 2003–2008", In(S.M. McKinnell, and M.J. Dagg eds.) *Marine Ecosystems of the North Pacific Ocean*, 2003–2008, pp.268–299.

[8] 及川敬貴 (2010)『生物多様性というロジック：環境法の静かな革命』、勁草書房。

[9] 環境省 (2011)『海洋生物多様性保全戦略』。

[10] 白山義久・桜井泰則・古谷研・中原裕幸・松田裕之・加々美康彦 (2012)『海洋保全生態学』、講談社。

[11] 日本生態学会生態系管理専門委員会 (2005)「自然再生事業指針」、『保全生態学研究』10、pp.63-75。

[12] 長谷川彰 (1985)『漁業管理』、恒星社厚生閣。

[13] 古谷研 (2012)「恵みを生み出す海洋生態系」、白山義久・桜井泰憲・古谷研・中原裕幸・松田裕久・加々美泰彦編 (2012)『海洋保全生態学』、　　　pp.30-41。

[14] 牧野光琢 (2013)『日本漁業の制度分析－漁業管理と生態系保全』、恒星社厚生閣。

[15] 松田裕之 (2000)『環境生態学序説』、共立出版。

[16] 松田裕之 (2012)『海の保全生態学』、東京大学出版会。

[17] 森彰編 (2012)『エコシステムマネジメント』、共立出版。

[18] 鷲谷いづみ・椿宣高・夏原由博・松田裕之 (2010)『地球環境と保全生物学（現代生物化学入門 6）』、岩波書店。

第18章　漁業と環境問題

伊沢　あらた

1．環境保護団体の漁業への関わり

　日本人には「魚介類」とは「食べるための存在」であり、「漁業とは海へ食べるために存在する魚介類を取りに行く行為」というような感覚を持っている人もいるのではないでしょうか。一方で、環境保護団体とはパンダやトラなど絶滅の危機にある野生動物や美しい自然を保護することを目的に密林などの現場に入り活動する団体であり、そのような団体がなぜ自分たちの「魚介類」にまで口出しをするのか疑問に思う人も多いのではないでしょうか。

　あらためて確認するまでもありませんが天然の水産資源生物は、自然の一部であり、生態系の構成員です。適切な方法と範囲で利用する限り、その資源生物をいつまでも利用することができます。しかし、ひとたび利用方法を間違えれば、資源生物は枯渇し、漁業ができなくなり、場合によっては絶滅するおそれさえも生じます。例えば、ワシントン条約（絶滅のおそれのある野生動植物の種の国際取引に関する条約）で規制対象になっている水産魚種には、キャビアを産するチョウザメ類、ダイバーには「ナポレオンフィッシュ」と呼ばれ中華料理の食材にもなるメガネモチノウオ、かつて日本にも大量に輸入されていたヨーロッパウナギなどがあります。

　漁業は漁獲対象の資源生物だけでなく、他の生物や生態系に対して直接的、間接的に影響をおよぼすことがあります。例えば、漁業が意図せずに漁獲対象ではない生物（例えば海鳥やウミガメなど）を捕獲してしまうことを「混獲」といいます。日本ではこの「混獲」がメディアなどで取り上げられることは滅多にありませんが、海外では大きな問題として扱われてきました。また、海底に大きな網を着底させながら曳いて魚を獲る底曳網漁業が海底の生物の生息環境を物理的に改変してしまうといったことも環境保護団体の批判の対象になってきました。

　このように、漁業は自然を利用し大きな影響を与えてきました。しかし、漁

業の負の影響について、産業の自助努力や政府、国際機関による規制で問題を解決できないという批判が、環境保護団体からされ続けてきました。

2. 漁業と他の一次産業との比較

生物を直接利用する一次産業は漁業の他にも、農業、林業などがあります。農業はそもそも自然の地形や生物相を改変し、人工的に特定の種を栽培します。養殖とも似ていますが、農業の場合、一般に栽培する種そのものが品種改良され、野生の種をそのまま利用することは滅多にありません。農業では大規模プランテーションによる生態系破壊や低賃金労働問題、あるいは遺伝子組み換え種の利用などが、環境保護団体の活動の対象となってきました。消費者の農産物の購入頻度と購入量は水産物同様に高いですが、野生の野菜や果物の購入機会は極めて低いといえるでしょう。

林業では海外の原生林の乱伐がしばしば環境保護団体の批判の対象になってきました。日本国内では国土面積の67％が森林ですが、その40％が人工林で、特に戦後に大量に植林されたスギが人工林蓄積の半分以上であることが特徴です。「手付かずの自然をありのままに残す」というよりも、むしろどのように継続して適度に間伐等の手入れを行うかが課題となっているといえます。消費者の木材製品の購入頻度を食品と比べてみましょう。家具を買うのはおそらく数年に一度と非常に購入頻度が低く、家に至っては一般の庶民にとっては一生に一度購入できるかどうかとなるでしょう。紙は木質由来の製品で、書籍、コピー紙、ティッシュペーパーといったように消費者が購入する頻度は先に挙げた木材製品より高いですが、食品のように毎日購入する消費者は多くはないでしょう。紙製品の場合、購入頻度と購入量が高いのは一般消費者よりもむしろ企業で、環境保護団体も働きかけの対象として企業を相手にしてきたことが特徴です。

環境保護団体の活動は、漁業分野に比べて林業分野での歴史が長く、活動する環境保護団体の数も多くあります。例えば、環境問題への建設的解決策という観点で「認証制度」があります。環境や社会に配慮した森林を認証することを目的とした森林認証制度のFSC（Forest Stewardship Council: 森林管理協議会）は1993年に世界各国から環境保護団体を含め130人の代表者が集まり設立が合意されたのに対して、持続可能な漁業の認証制度であるMSC（Marine Stewardship Council: 海洋管理協議会）は1997年にWWFと水産物流通の大手企業であったユニリーバによって設立されたように、後者は設立時期が遅く、

また関与したステークホルダーの数が少ないのが特徴です。

　個別の環境保護団体の活動を考えると、林業では例えば「壊滅的な森林伐採の現場」に入ることができれば、その「現場」を写真に収めて「環境破壊」を一般の市民に訴求することができます。一方、漁業の場合、環境保護団体が沿岸の養殖場に近づくことは出来るものの、漁獲が行われている沖合の「現場」まで行くことが難しく、また「現場」に到達できたとしても、魚を一匹ずつ数えたり、「資源量の減少」を映像として収めたりするのが困難で、林業分野でのような方法論をとりにくいといえます。水産資源の資源量の推定には科学的知見が必要で、誰もがそのデータにアクセスし、解析できるわけではありません。漁業の専門家をスタッフとして雇用し関与できる環境保護団体は必然的に限られることも、漁業への環境保護団体の活動が林業に比べて歴史が浅くなった背景にあるのかもしれません。

　いずれにしても、他の一次産業にも環境保護団体が関与してきたわけであり、漁業だけが特別なわけではありません。一方で漁業は天然の生物の直接的利用の度合いが高いことが特徴であるといえます。養殖業の一部では種苗を天然資源に依存しない「完全養殖」というものもありますが、餌を含めて天然生物に依存しない養殖業というのはまずないといっていいでしょう。また、漁業は直接採取した天然生物を多くの消費者が多量に日常的に購入するという特徴があり、潜在的に多くの人の関心をひきやすいともいえます。このようなことも環境保護団体が漁業を活動対象とするようになった背景といえるかもしれません。

3. 環境保護団体のテーマの変遷：「絶滅の回避」から「持続可能性の確保」へ

　漁業分野に限らず、環境保護団体のテーマは1992年リオ・デ・ジャネイロで開催されたUNCED（United Nations Conference on Environment and Development：環境と開発に関する国際連合会議）を受けて、旧来の「絶滅の回避」から「持続可能性（sustainability）の確保」へと発展するようになりました。「野生生物を絶滅から守る」というテーマは「漁業によって『絶滅』が起こることは理論的にありえない」とか、「その生物を守ろうとする理由はその生物が愛くるしいからではないか」、あるいは「一方的に特定の文化的価値観を押しつけているのではないか」というような論争に陥りがちです。一方で、「持続可能性」は「絶滅しなければよいわけでなく、対象生物、それをとりまく生態系、それを利用する産業と人間社会が将来にわたり持続できるか」どうかが重要となります。短期的な絶滅の恐れは低くとも問題になるケースも出て

第18章 漁業と環境問題

くるので産業側としては一見ハードルが上がったようにもみえます。一方で、基本的な考え方として「持続可能な利用」を前提としているために、「一切利用するな」という極論が起こりにくく、産業側の抵抗感も低くなった面もあります。いずれにしても、特定の生物種の保護の問題から、より社会との関わりを重視したテーマへ発展してきたといえます。

　FSC や MSC の発足はこのような流れの延長であると理解することができます。また、2000年以降に MSC 認証を受ける漁業が次々に現れるなど、漁業に関しても環境保護団体のテーマが「持続可能性の確保」へと着実に広がってきたとみることができます。

4. マグロ漁業にみる環境保護団体の関わり

4-1. マグロ漁業に環境保護団体が関わる背景

　環境保護団体が漁業に関わる背景について先述しましたが、その一例として環境保護団体のマグロ漁業への関わりをみてみましょう。マグロ以外にも環境保護団体が関わってきた水産生物には先に挙げたワシントン条約付属書掲載種以外にも、欧米でよく白身魚として食されるタラ、マゼランアイナメ、オレンジラフィーなどや、養殖されるサケやエビ、あるいは中華料理の食材にも利用されるサメ類など多くあります。マグロ類は太平洋や大西洋といった大海原を回遊する「高度回遊性魚類」で、漁獲、加工、取引、消費にいたるまで様々な国や組織、企業、団体、消費者が関与する点が特徴です。また取り扱われる量、

表1　マグロ漁業に関わる5環境保護団体の「マグロ(tuna)」という単語を含むプレスリリースの数（団体別）

	WWFI	WWFJ	GPI	GPJ	BLI	合計
2000				1	1	2
2001	2					2
2002	8					8
2003	3					3
2004	11	3	1		1	16
2005	9	1				10
2006	11	6	12		1	30
2007	10	2	12	2	2	28
2008	17	1	13	1	1	33
2009	29	5	21	3	3	61

※ WWFI は WWF International(http://wwf.panda.org/)、WWFJ は WWF ジャパン (http://www.wwf.or.jp/)、GPI は Greenpeace International(http://www.greenpeace.org/international)、GPJ はグリーンピース・ジャパン (http://www.greenpeace.or.jp/)、BLI は Birdlife International(http://www.birdlife.org/) を指し、それぞれのウェブサイトからプレスリリースを検索しました。なお、BLI について "Press Releases" に加えて "Feature Stories" も検索対象としました。

金額ともに大きく、産業規模が大きく、潜在的に様々な問題が生じやすい側面があるともいえます。また、この国際性のために、ローカルな問題を対象とする地域の環境保護団体の枠を超えた国際的な環境保護団体が活動する理由ともなります。さらにマグロは日本で不可欠な刺身商材として馴染み深いだけでなく、海外でも缶詰などとしてよく消費されており、消費者がもっとも身近に感じることができる魚種のひとつであるということができます。このため、マグロはマスメディアにも取り上げられやすく、これがさらに消費者の関心を高めるという循環ができあがりやすいのです。ただし、マグロを一般に愛くるしいと感じる人は少ないと思いますので、「マグロを守るために寄付を」というような個人に対する環境保護団体への寄付を募るための訴求力は弱いと考えられます。

4-2. 環境保護団体とその活動対象

漁業を対象として活動する環境保護団体自体があまり多くない背景については先に述べましたが、マグロも例外ではありません。2000年以降マグロ漁業に積極的に関わって活動してきた主要な環境保護団体としてWWFインターナショナル、その日本組織であるWWFジャパン、グリンピース・インターナショナル、その日本組織であるグリンピース・ジャパン、バードライフ・インターナショナルなどが挙げられます。それぞれが発表したプレスリリースのうち、「マグロ（tuna）」という単語を含むものについて、年別に集計したものを表1に示します。プレスリリースは環境保護団体がマスコミやそれぞれの団体の会員、あるいは一般の人に向けて見解や情報を発信するもので、その活動の活発さの指標ともいえます。2000年代に入り、まずWWF地中海プログラムオフィスを管轄するWWFインターナショナルからのプレスリリースが増加してきたことが分かります。これは大西洋のクロマグロを主に対象としたものであることが表2、表3から分かります。次に、大西洋のクロマグロの最終消費地として関係の深い日本にあるWWFジャパンのプレスリリースが呼応する形で増加しました。さらに活動船を保有するグリンピース・インターナショナルからのプレスリリースが増えはじめ、2000年代後半になるとその日本組織であるグリンピース・ジャパンからのプレスリリースが増加しました。バードライフ・インターナショナルは絶滅危惧種のアホウドリの保護キャンペーンを継続して行い、マグロ延縄を含む延縄漁業による混獲が海鳥への最大の脅威としてきました。バードライフ・インターナショナルのプレスリリースは若干増

第 18 章　漁業と環境問題

加していますが、2000 年代の 10 年間で必ずしも活発な対外発信があったわけではありません。

　プレスリリースに含まれる種をみると 2000 年代に入ってから大西洋のクロマグロの増加がもっとも著しく、さらに太平洋のクロマグロ、メバチ、キハダへ拡大していったことが分かります（表 2、表 3）。ミナミマグロについては、資源状態は決して豊富とはいえないものの、表面的には国際的な資源管理の枠組みができつつあったことからプレスリリースは少なく推移しました。そして、日本船によるミナミマグロの過剰漁獲が明るみになった 2005 年以降再び取り上げられるようになりました。ビンナガ、カツオ（海外ではカツオを含めてマグロを指すことが一般的ですので、本稿でもカツオについて言及します）については資源が比較的豊富に推移してきたこともあり、2000 年代前半はプレスリリースがなかったのですが、ビンナガ漁業、カツオ漁業それぞれで MSC 認証を受ける漁業が現れた 2007 年、2009 年にいくつかプレスリリースが出るようになりました。

表 2　マグロ漁業に関わる 5 環境保護団体の「マグロ（tuna）」という単語を含むプレスリリースの数（保護対象種別）

年	クロマグロ	ミナミマグロ	メバチ	キハダ	ビンナガ	カツオ	マグロ（種不特定）
2000							1
2001							1
2002	7						
2003	2						
2004	4						6
2005	3						4
2006	19	2	1	1			5
2007	14	1	4	3	2		7
2008	24		5	5			4
2009	36	1	9	9		1	12

年	ウミガメ	海鳥	サメ	鯨類	合計
2000		1			2
2001		1			2
2002				1	8
2003				1	3
2004	4	1		1	16
2005	3				10
2006	1	1	1		31
2007	1	3	1		36
2008		1	1		40
2009		3			71

※：ひとつのプレスリリースで複数の種について言及する場合があるので、本表の合計は各年のプレスリリースの数と必ずしも一致しません。

表3 マグロ漁業に関わる5環境保護団体の「マグロ (tuna)」という
単語を含むプレスリースの数（言及対象海域別）

年	大西洋	太平洋	インド洋	南極海	北海	不特定	合計
2000				1		1	2
2001		1		1			2
2002	7	1					8
2003	2	1					3
2004	6	5				5	16
2005	3	2				5	10
2006	19	4	1	2	1	3	30
2007	11	7		1		9	28
2008	22	7	1			3	33
2009	34	17	1	1		8	61

4-3. 混獲問題

マグロ漁業ではウミガメ、海鳥、サメ、鯨類などの生物の混獲がしばしば問題視されてきました。先の5団体の2000年代の混獲生物について言及したプレスリリースの数をみると、マグロ資源についてのものに比べるとかならずしも多くはなく（表2）、混獲をテーマにしたものは2000年代中頃をピークにむしろ減少してきました（表4）。

2000年以前にはマグロ巻網漁業でイルカが混獲されることが貿易問題にまで発展しましたが、東部太平洋の国際的なマグロ漁業管理機関であるIATTC（Inter-American Tropical Tuna Commission：東部大西洋の全米熱帯マグロ類委員会）でのイルカの混獲削減を目的としたIDCP（International Dolphin Conservation Program：国際イルカ保存プログラム）が進展したことなどにより、2000年以降は目だった環境保護団体からの対外発信はありませんでした。

表4 マグロ漁業に関わる5環境保護団体の「マグロ (tuna)」という
単語を含むプレスリースのうち特定のテーマに関するものの数

年	流通・消費との関連	混獲
2000		1
2001		1
2002		1
2003		1
2004	1	5
2005		5
2006	1	3
2007	4	4
2008	5	2
2009	5	4

第18章　漁業と環境問題

　ウミガメについては、マグロ延縄漁業で混獲を避けるために有効であるとされるサークルフック（従来のものよりも丸味を帯びた形状の釣針）がWWFの強力な推奨のもとで、東部太平洋で積極的に導入されるようになると、2000年代後半にはプレスリリースが減少していきました。

　海鳥の保護については、バードライフ・インターナショナルが最も取り上げてきましたが、先に述べたように必ずしもプレスリリース数は多くありませんでした。とはいえ、環境保護団体の働きかけの結果、国際的な漁業管理機関でマグロ延縄漁業の海鳥混獲回避措置の導入が進められるようになったのです。このように、ウミガメや海鳥の混獲問題では、混獲を行う漁業を根絶することを目標としたいわゆる「反漁業運動」ではなく、国際的な漁業管理機関や漁業者との協力を前提にした混獲の軽減措置に力が注がれてきたのが2000年代の環境保護運動の特徴ともいえます。

　サメ類については、マグロ延縄漁業などで混獲された後、フカヒレ料理用にヒレだけをとって取引し、魚体を海洋投棄する行為が大きく問題視されてきました。これに対し大西洋の国際的なマグロ漁業管理機関であるICCAT（International Commission for the Conservation of Atlantic Tunas：大西洋まぐろ類保存国際委員会）でサメの放流奨励、漁獲したサメの完全利用と保持の促進、胴体重量の5％以上の重量のヒレの保持が禁止され、また同様の措置がインド洋、東部太平洋、中西部太平洋でも導入されるようになりました。一方で、サメ類についてマグロ漁業と必ずしもリンクせずにワシントン条約の付属書掲載を目指す動きも活発化してきました。2010年時点で、サメ類でワシントン条約付属書Ⅰ（取引の原則禁止）に掲載されている種はノコギリエイ科全種（附属書Ⅱに掲げる種を除く）、付属書Ⅱ（輸出の際に輸出国が発行する輸出許可書が必要）に掲載されている種にウバザメ、ホホジロザメ、ジンベイザメ、ラージトゥース・ソーフィッシュノ（コギリエイ科）があります。2010年のワシントン条約第15回締約国会議では、サメ類についてアカシュモクザメ、ヒラシュモクザメ、シロシュモクザメ、メジロザメ（ヤジブカ）、ドタブカ、ヨゴレ、ニシネズミザメ、アブラツノザメの付属書Ⅱへの掲載の提案がありました。いずれも否決されましたが、2007年の第14回締約国会議では、サメ類についてノコギリエイ科全種を付属書Ⅰに掲載する提案（可決）、ニシネズミザメ、アブラツノザメを付属書Ⅱに掲載する提案（ともに否決）があったことと比べると、マグロ漁業との関連性とは別に、サメ類のワシントン条約での規制の動き自体は加速したともいえます。

4-4. 環境保護団体とワシントン条約や地域漁業管理機関との関わり

2000年に入ってからの環境保護団体のマグロに関わる動きは、地中海のクロマグロ資源問題から活発化しました。そもそも地中海を含む大西洋のクロマグロについては、1992年のワシントン条約第8回締約国会議で、西部の系群を付属書Ⅰに、東部の系群を付属書Ⅱに掲載すべきであるとの提案が、スウェーデン政府によりなされています。結果的には、ICCATが適切な資源管理を行うこと、大西洋西部系群のクロマグロの1992年度漁獲量を前年度の50%に削減すること、ICCATが資源データをワシントン条約事務局に提供することなどを条件として、この提案は撤回されました。しかし実際には、大西洋西部系群のクロマグロの漁獲量が1991年に2,450トンだったのに対して、1992年には2,641トンとむしろ増加し、1999年には3,550トンにまで達しました。大西洋東部系群のクロマグロでは、ワシントン条約第8回締約国会議が開催された1992年には漁獲量が約31,000トンでしたが、漁獲割当量の設定の動きにあわせて、各国が漁獲割当量の設定のベースとなる漁獲実績を作るためであるかのように漁獲量は増え続け、2006年には50,000トンを超えました。その後、この「報告漁獲量」は漁獲割当量が設定されると減少し、2000年から2007年までは漁獲割当量の32,000トン前後で推移しました。しかし、環境保護団体はICCATがICCATの調査統計委員会（科学的な調査をする委員会）の勧告を上回る漁獲割当量を設定していること自体が問題である上に、さらにその漁獲割当量さえも上回る50,000トン以上が実際には漁獲されてきたと批判しました。

2000年に入って環境保護団体はワシントン条約からICCATなどの国際的なマグロ漁業管理機関へ活動の場を移してきましたが、その背景には次のような点があったと考えられます。

① 1994年に国連海洋法条約が発効し、国際機関を通じた高度回遊性魚種の保存と利用の協力の義務が明確になったこと。
② 1995年に国連公海漁業協定が採択され、国際機関が主体となった資源管理を推進するという考えが広まったこと。
③ IUU（Illegal, Unreported, Unregulated: 違法、無報告、無規制）漁業を排斥することが、責任ある漁業国と環境保護団体の共通の目標であるという認識が生まれたこと。その目標の達成のために連携を模索する動きや、国際的なマグロ漁業管理機関の実効性を向上させることが必要であるという共通認識が生まれるようになったこと。

第18章　漁業と環境問題

　④ワシントン条約の付属書掲載により国際取引を規制することはできるものの、国内での漁獲を規制するものではないこと。
　⑤ワシントン条約の付属書Ⅰへの掲載は、事実上日本向け輸出で成立する地中海のマグロのまき網漁業と養殖業が潰れることを意味し、環境保護団体の目標が「持続可能な漁業の推進」ではなく、「反漁業運動」ととらえられかねないこと。

　しかし、環境保護団体の再三の働きかけにもかかわらず、ICCATは調査統計委員会の勧告を上回る漁獲割当量を設定し続けました。2009年のICCATの年次会合では、WWFは「ICCATが漁獲割当量を8,000トンに設定したとしても、2023年までに東部大西洋クロマグロの資源が回復する可能性は50％しかない。にも関わらず、漁獲割当量を1万3,500トンと設定した」として、ICCATではクロマグロの適切な資源管理ができないと断定。ワシントン条約での規制を具体化するようになりました。2000年代に入り、環境保護団体がクロマグロについてワシントン条約の付属書掲載に向けて行動する可能性を抑止力として示唆してきたことはありますが、具体的な行動をとるようになったのはこれが初めてといってよいでしょう。この結果、2010年のワシントン条約第15回締約国会議で大西洋のクロマグロを付属書Ⅰに掲載する提案がモナコより出されたのです。結果として、提案は否決されましたが、ICCATがマグロの資源管理に責任を負う機関としての機能を果たしていないと判断される限り、同様の動きは今後も継続してゆくでしょう。

5. 環境保護団体の社会的役割と今後の展望

　環境保護団体がどのように国際的な漁業管理機関に影響を与えるのかを図1を用いて整理してみましょう。環境保護団体の活動の根拠となるのは独自の調査です。団体内または外部の専門家に委託して調査を行い、現状の問題点を明らかにした上で、具体的な解決策の提案を報告書にまとめます。この報告書を用いて国際的な漁業管理機関では各国の政府代表団への働きかけを行います。この報告書は同時にウェブサイトやプレスリリース等の形で広く公開されます。環境保護団体の報告書は欧米のマスコミで取り上げられる機会が多く、報道を通じて多くの市民（消費者）に情報が伝達されます。環境保護に関心の高い市民であれば、自ら環境保護団体のウェブサイトから直接情報を得えたり、環境保護団体が呼びかける方法（例えば電子的な署名活動、不買運動や環境保護団体が推奨する製品の優先的購入など）に賛同します。こう

第3部　合理的な漁業管理の実現に向けて

いったマスコミでの報道や市民の関心は国によっては政府代表団への大きな圧力となります。

近年ではさらに環境保護団が流通企業へ働きかけるケースも増えてきています。例えば、マグロに特定した事例ではありませんが、グリンピースUK（英国）は2005年にイギリスの大手スーパーマーケットの水産物の取扱状況について調査した「A RECIPE FOR DISASTER -SUPERMARKETS' INSATIABLE APPETITE FOR SEAFOOD-：最悪のレシピースーパーマーケットの水産物への飽くなき食欲ー」という報告書を発表しました（表5）。この報告書ではそれぞれのスーパーマーケットについて、持続可能な水産物の調達方針、持続可能性をすすめる運動への支援、持続可能な水産物のラベリングと普及、避けるべき魚種の販売状況という4つの観点から点数をつけ、総合点を計算してスーパーマーケットの順位付けを行いました。この結果、最下位となったスーパーマーケットASDAを対象に改善を促す大々的なキャンペーンを展開したのです。このキャンペーンを受けたASDAは水産物の調達方法について対応を迫られることになりました。この結果ASDAに改善がみられると、ASDAの点数が上がり、相対的な順位も上がることになりました。これはすなわち新たな最下位のスーパーマーケットが出現することになります。すると今度はこの新たな最下位のスーパーマーケットにグリンピースはキャンペーンを展開し、持続可能な水産物を取扱うように小売業へ働きかけ続けたのです。持続可能性の確保はそもそも長期の企業活動にとって不可欠な要素ですが、短期的にも環境保護団体のキャンペーンにさらされブランド価値を低下させたり、消費者からの支持を失うリスクが

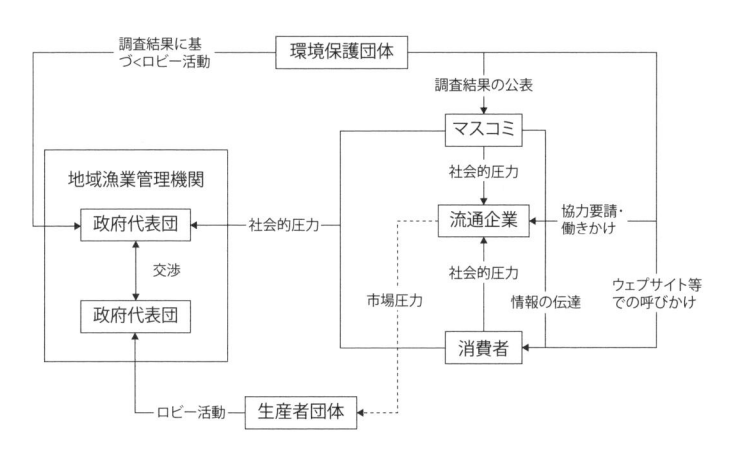

図1　環境保護団体の社会との関わり

第 18 章　漁業と環境問題

大きくなっているといえます。

　大西洋のクロマグロに限定しても、WWF の呼びかけに応じてフランスの Auchan、イタリアの Carrefour や Coop、スイスの Migros、ノルウェーの ICA などのスーパーマーケットなどが不買運動に賛同を表明しています。日本でも WWF の発信したプレスリリースに反応し、イトーヨーカドーが一部の国からのクロマグロの取扱中止を表明した事例もあります。これらは市場圧力を通じて、間接的に生産者に持続可能な方向へ誘導しようとする試みともいえます。環境保護団体のマグロの流通や消費に関する働きかけは、不買運動だけでなく、先に述べたように、ビンナガ漁業、カツオ漁業でそれぞれ MSC 認証を受ける漁業が現れてきています。「悪いもの叩き」だけでは「ではいったいどうしたらいいのか」という問いを生産者、消費者ともに抱かせて終わってしまいます。消費者、生産者に MSC 認証という選択肢を示すことで、持続可能性へ誘導しようと試みているといえます。このような環境保護団体のマグロの流通や消費への関与は、近年増加傾向にあり（表 4）、生産者や国際的な漁業管理機関も無視できなくなってくるかもしれません。

　国際的な漁業管理機関は生産国の調整機関として発足してきた側面があり、加盟国はそれぞれの国の生産者の短期的利益を確保することを優先し、長期的な利益確保の視点にたった資源管理を行うことには限界があるのかもしれません。持続可能性を確保するという環境保護団体の社会的役割は今後益々大きくなってゆくのではないでしょうか。

表 5　Greenpeace UK によるイギリスのスーパーマーケットチェーンの水産物の取扱状況の格付け

スーパーマーケット	1. 持続可能な水産物の調達方法	2. 持続可能性をすすめる運動への支援	3. 持続可能な水産物のラベリングと普及	4. 避けるべき魚種の販売状況	総合点(20点満点)
M&S	5	5	4	3	17
Waitrose	5	3	4	3	15
Sainsbury's	3	4	3	0	10
Co-op	2	2	2	1	7
Somerfield	1	1	2	2	6
Tesco	2	1	1	1	5
Iceland	0	0	0	3	3
Safway/Morrisons	1	1	0	0	2
Asda	0	1	0	0	1

資料：GreenPeace UK(2005) より引用しました。筆者が和訳しました。

参考文献

[1] GreenPeace UK(2005)A *RECIPE FOR DISASTER:SUPERKETS' INSATIABLE APPETITE FOR SEAFOOD*

第19章　責任ある漁業について

－「FAO 責任ある漁業のための行動規範」の経緯と現状－

渡辺　浩幹 [1]

1.「行動規範」策定の経緯

「責任ある漁業のための行動規範（Code of Conduct for Responsible Fisheries）」（以下「行動規範」）とは1995年10月31日第28回 FAO 総会 [2] において「責任ある漁業」の実現のために採択された法的拘束力は持たない自主的な規範です。

「行動規範」策定の直接の契機となったのは、1992年5月メキシコが FAO との協力の下にカンクンで開催した「責任ある漁業に関する国際会議（カンクン会議）」です。この会議は、当時、東部熱帯太平洋においてマグロまき網漁業によるイルカの混獲 [3] が問題になって、米国がイルカを混獲している国からのキハダマグロの輸入を禁止したことに端を発しています。メキシコは、その禁輸対象国となったことから、当時の GATT（関税及び貿易に関する一般協定）に米国を提訴するとともに、米国の貿易措置を批判しつつ、どういう漁業であれば国際的に受け入れられるのか、すなわち、「責任ある漁業」と言えるのか、正々堂々と議論しようと同会議を開催しました。会議の成果として採択された「カンクン宣言」は、環境と調和した持続的な漁業資源の利用、生態系や資源に悪影響を及ぼさない漁獲及び養殖の実施、衛生基準を満たす加工を通じた水産物の付加価値向上、消費者への良質の水産物の供給、の4点を包括する概念としての「責任ある漁業」を目指すよう提案しました。さらに、同会議は、FAO に対し、「責任ある漁業に関する国際行動規範」を策定するよう要請することも合意しました。この会議の直後、同年6月にブラジルのリオ・デ・ジャネイロで開催された「開発と環境に関する国連会議（UNCED）」においても「責任ある漁業」への取り組みと FAO の関与が確認されました。

これらの合意を受けて、FAO は、先ず、現在の「行動規範」第6条となった「一般原則」の策定から着手し、その後、その一般原則をベースとして他の

第 19 章　責任ある漁業について

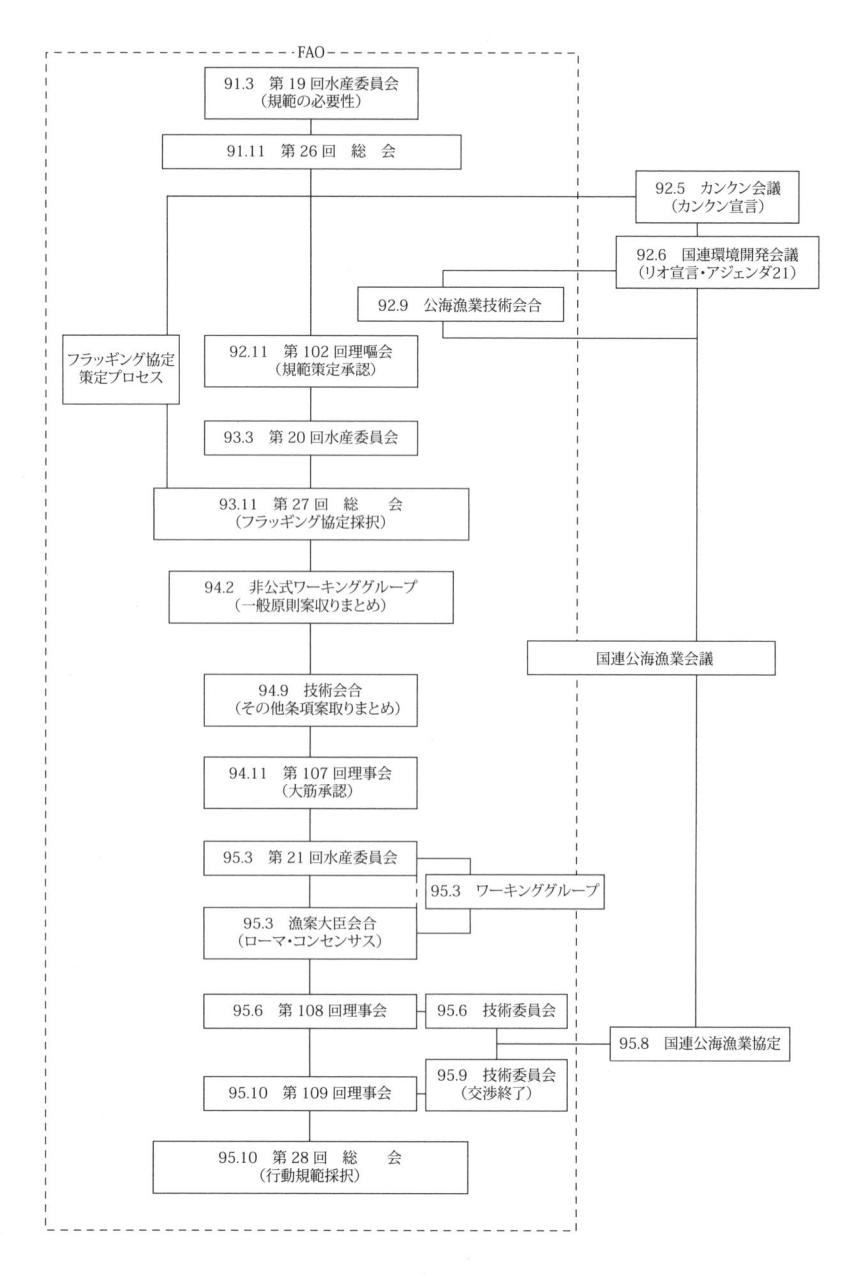

```
┌─────────────────────── FAO ───────────────────────┐
│                                                    │
│         91.3  第 19 回水産委員会                    │
│              （規範の必要性）                       │
│                                                    │
│         91.11  第 26 回 総 会                       │
│                                                    │
│                              92.5  カンクン会議     │
│                                   （カンクン宣言）  │
│                                                    │
│                              92.6  国連環境開発会議 │
│                                  （リオ宣言・       │
│                                   アジェンダ21）    │
│              92.9  公海漁業技術会合                 │
│                                                    │
│  フラッギング協定                                   │
│  策定プロセス                                       │
│         92.11  第 102 回理事会                      │
│              （規範策定承認）                       │
│                                                    │
│         93.3  第 20 回水産委員会                    │
│                                                    │
│         93.11  第 27 回 総 会                       │
│              （フラッギング協定採択）               │
│                                                    │
│         94.2  非公式ワーキンググループ              │
│              （一般原則案取りまとめ）               │
│                                                    │
│                              国連公海漁業会議       │
│         94.9  技術会合                              │
│              （その他条項案取りまとめ）             │
│                                                    │
│         94.11  第 107 回理事会                      │
│              （大筋承認）                           │
│                                                    │
│         95.3  第 21 回水産委員会                    │
│                        95.3  ワーキンググループ     │
│         95.3  漁案大臣会合                          │
│              （ローマ・コンセンサス）               │
│                                                    │
│         95.6  第 108 回理事会   95.6  技術委員会    │
│                                                    │
│                                 95.8  国連公海漁業協定 │
│         95.10  第 109 回理事会  95.9  技術委員会    │
│                                      （交渉終了）   │
│                                                    │
│         95.10  第 28 回 総 会                       │
│              （行動規範採択）                       │
│                                                    │
└────────────────────────────────────────────────────┘
```

図 1 「行動規範」採択までの流れ

より技術的な条項の策定も進めていきました。そして、公海上の漁業に関してはUNCEDを機に国連の場で協議が行われ1995年8月に合意された「国連公海漁業協定」[4]の内容と整合性を取りつつ、1995年10月に第28回FAO総会で「行動規範」が採択されたのです。また、「行動規範」より早期の策定を期していた「公海上の漁船による国際的な保存・管理措置の遵守を促進するための協定（フラッギング協定）」[5]も、1993年11月の第27回FAO総会で一足先に採択され、「行動規範」と不可分一体をなすものと位置付けられました。

このように「行動規範」をめぐる国際的な議論は、イルカの混獲に端を発した貿易問題、公海上でのカツオ・マグロ類やスケトウダラ漁をめぐる問題等の国際漁業問題を背景としつつ、漁業と環境とのかかわりを基本的テーマとし、UNCEDにおいて脚光を浴びた持続的開発や予防的アプローチなどの新しい政策理念を取り込みながら、まるで1つの山から湧き出たいくつかの小さな流れが次第に合流して大河となるようなダイナミックな様相を呈しつつ、最終的に「行動規範」として結実したのです。

2.「行動規範」の基本理念

「責任ある漁業」というのは、いったいどんな漁業でしょうか？

「行動規範」を採択した際のFAO総会決議は、その冒頭において、世界の食料安全保障及び経済・社会開発のための漁業の重要性と水産生物資源の持続性を保持することの重要性を謳っています。「責任ある漁業」の意味をあえて一言でいえば、環境や次世代の人類にも配慮した持続的開発を実現するための漁業であると言えると思います。さらに詳しく見ていきましょう。

「行動規範」は、法的拘束力は持たない自主的な規範ですが、協定や条約と同じく条文の形をとっており、以下の12条からなっています。

　　第1条　行動規範の性質と範囲（Nature and scope of the Code）
　　第2条　行動規範の目的（Objectives of the Code）
　　第3条　他の国際的取決めとの関係
　　　　　（Relationship with other international instruments）
　　第4条　実施、モニタリング、更新
　　　　　（Implementation, monitoring and updating）
　　第5条　発展途上国の特別の要請
　　　　　（Special requirements of developing countries）
　　第6条　一般原則（General principles）

第 19 章　責任ある漁業について

　　第 7 条　漁業管理（Fisheries management）
　　第 8 条　漁業操業（Fishing operations）
　　第 9 条　養殖業開発（Aquaculture development）
　　第 10 条　沿岸域管理への漁業の組み込み
　　　　　　（Integration of fisheries into coastal area management）
　　第 11 条　漁獲後の漁獲物処理と貿易（Post-harvest practices and trade）
　　第 12 条　水産研究（Fisheries research）

　そのうち、特に、中核となる第 6 条「一般原則」は、「責任ある漁業」とはどんな漁業を意味するのかについて、最も基本的な原則理念を示したものであり、これらの条文の中で最初に議論されました。
　その第 6 条第 1 項、原則中の原則に関する条文は以下の通りです（FAO(1995)）。
　　「各国および水生生物資源を利用する人々は、水域の生態系を守りましょう。漁業をする権利は、その水生生物資源の効果的な保存・管理を確実にするため責任ある方法で漁業を行う義務を伴います。」

　それまでも、漁業により水産資源を破壊することは悪いことであるから避けなくてはならないという概念は存在していましたが、漁業の権利と海洋生物資源及び海洋環境の保存管理義務を表裏一体のものとして「責任ある方法」という言葉で直接的に結びつけた公的な規範は、おそらく、これが世界で最初だと思います。それでは、「責任ある方法」とはいったいどういう方法のことを言うのでしょうか。第 6 条第 2 項は、以下を求めています。
　　「漁業の管理は、現在だけでなく将来も見越して食料が確保され、人々が豊かになり、持続的な開発が行われるよう、質がよく種類が豊富で量的に十分な水産資源を維持するように行いましょう。また、その管理は漁獲の対象魚種だけでなく、同じ生態系に属したりその対象魚種と関わりを持っていたりそれに頼って生きている他の種類の生物も保存するようにしましょう。」

　この条文には、実は、2 つのとても重要な基本理念が包含されています。1 つは、UNCED で注目を浴びた持続的開発です。私たちだけでなく、子や孫の代まで豊かな水産資源を残していけるような漁業、これは、「責任ある漁業」の最も基本的な理念の 1 つです。もう 1 つは、漁業の直接の対象となっている水産資源だけでなく、それに関連した他の生物、さらには、生態系全体への配慮が必要であるという理念です。現在、この考え方は「漁業への生態系アプローチ（Ecosystem Approach to Fisheries（EAF））」という形で更なる展開を遂げています。私が、「責任ある漁業」を環境や次世代の人類にも配慮した水

産資源の持続的開発を実現するための漁業であると考えている根拠は、まさにこの条文です。

　第 6 条「一般原則」は、さらに、魚を獲り過ぎたり獲り過ぎてしまうような漁獲能力を持ったりしないこと（第 3 項）、最良の科学的情報に基づき管理を行うこと（第 4 項）、予防的アプローチ[(6)]を適用すること（第 5 項）、小さい魚などは獲らないような選択性のある漁具を使用すること（第 6 項）、獲る時ばかりでなく加工や流通の面でも無駄のない、環境に配慮した方法を心がけること（第 7 項）、魚などの生息地を守ること（第 8 項）、ルール違反の漁業はしっかり監視し、取り締まっていくこと（第 10 項）、安全な漁業を目指していくこと（第 17 項）、小規模で伝統的な漁業を大切にしていくこと（第 18 項）、増養殖も環境に配慮して進めていくこと（第 19 項）など、「責任ある漁業」を実現していくための基本的原則を列挙しています。

　さらに、「行動規範」は、「一般原則」に従い、以降、漁業管理（第 7 条）、漁業操業（第 8 条）、養殖開発（第 9 条）等々、それぞれの分野ごとに、さらに詳しく、「責任ある漁業」の具体的内容を説明しています。これらを満たしていく漁業が「責任ある漁業」ということになるわけですが、「行動規範」に盛られている内容はあくまで原則的な基本理念であり、実際は、個々の漁業の実態に応じて、漁業者や漁業管理者自らが自分たちにとっての「責任ある漁業」を模索していく必要があります。それは他から強制されるものではなく、漁業に関る全ての国や人が協力して、自ら責任を持って実現していかなくてはならないことで、それが、法的拘束力は持たない自主的規範としての「行動規範」の特徴の 1 つでもあり、また、存在価値でもあると考えています。

3.「行動規範」の実施に向けた取り組み

3-1. FAO による取り組み

　どんなに立派な規範であっても、作っただけでは意味がありません。いかにその実施を促進していくかがとても大切なことです。そのためには、まず、「行動規範」に対する国際的な認知度を高めることが必要でした。当時、FAO は、1996 年の開催を目指して「世界食料サミット」へ向けた準備をしていました。この「世界食料サミット」で「行動規範」への認識を世界各国のリーダーたちに高めてもらうために、FAO と日本政府が協力して 1995 年 12 月、京都において、「食料安全保障のための漁業の持続的貢献に関する国際会議」（京都会議）を開催しました。そこで採択された「食料安全保障のための漁業の持続的貢献

第 19 章　責任ある漁業について

に関する京都宣言及び行動計画」（京都宣言及び行動計画）は、環境と共存した漁業の持続的発展とその世界食料安全保障への貢献の必要性を確認し、そのために、採択されたばかりの「行動規範」に基づく責任ある漁業の実施が必要であることを明確にしました（水産庁 (1995)）。その京都会議の結果が報告されたことにより、世界食料サミットにおいても採択した「ローマ宣言」の中で食料安全保障に対する持続的漁業の貢献が明確に位置づけられるとともに、付随する行動計画において、特に「行動規範」を実施することにより責任ある持続的な漁業資源の利用・保存に取り組み、食料安全保障のために漁業資源を長期間持続的に最適利用することの重要性が認識されました（FAO(1996)）。

　さらに、FAO は、「行動規範」の実施を促進するために、その後、「国際行動計画」[7] や「責任ある漁業のための技術指針」を策定していきます。特に、技術指針は、これまでに、「漁業操業」、「予防的アプローチの漁業及び新たな魚種の導入への適用」、「漁業管理」、「責任ある水産物利用」、「責任ある水産貿易」など、2012 年 12 月の時点で計 28 が策定されており、今後も同様の指針の策定が期待されます。また、FAO は、2 年ごとに「行動規範」および関連する国際行動計画の実施状況について進捗状況を調査し、FAO 水産委員会（COFI）に報告しています。さらに、1999 年から 2 年ごとに「行動規範」の実施に貢献した個人や団体に対し「マルガリータ・リザラガ・メダル」[8] を授与して、その功績を称えています。

3-2. 国や地域レベルでの取り組み
米国における取り組み

　国や地域レベルでも「行動規範」実施のための取り組みは行われています。例えば、米国の水産庁にあたる NMFS（National Marine Fisheries Service）は、1997 年、「漁業戦略計画（Fisheries Strategic Plan）」及び「持続的漁業法（Sustainable Fisheries Act）」に基づき、以下の 9 つの横断的課題からなる「行動規範の実施計画（Implementation Plan for the Code of Conduct for Responsible Fisheries）」を策定しました（NMFS(1997)）。

　　①健全な魚類資源の維持（Healthy Fish Stocks）
　　②過剰漁獲された資源の回復（Overfished Stocks）
　　③過剰投資の抑制（Overcapitalization）
　　④混獲の防止（Bycatch）
　　⑤海面養殖の振興（Marine Aquaculture）

⑥魚類生息地の保護（Fish Habitats）
⑦調査研究の推進（Fisheries Sciences）
⑧国連漁業関連協定の遵守（UN Fisheries Agreements）
⑨世界貿易機関（WTO）ルールに従った貿易（Trade）
そして、2012年、米国は、この「行動計画」の改訂版を発表しました。

東南アジアにおける取り組み

　東南アジア漁業開発センター（SEAFDEC）は、「行動規範」に関し、同規範は特に公海漁業等主として先進国の漁業を念頭に策定されたもので、①アジアの文化的状況が十分考慮されていない、②東南アジアの漁業構造の特質が反映されていない、③東南アジアの生態系が考慮されていない、という３つの理由を挙げ、「行動規範」を東南アジア地域に適用させるためには、上記の諸点を考慮した同規範の地域化（Regionalization of the Code of Conduct for Responsible Fisheries for Southeast Asia (RCCRF)）を行う必要があるとしました（SEAFDEC(1999)）。「行動規範」地域化の作業は、まず、フェーズⅠとして第８条の「漁業操業」を対象としてタイにある訓練部局（TD）を中心に開始され、1999年、「東南アジアにおける責任ある漁業のための地域ガイドライン：責任ある漁業操業」（SEAFDEC(1999)）が作成されました。そして、地域化のフェーズⅡとして同規範第９条「養殖開発」が取り上げられ、フィリピンにある養殖部局（AQD）が中心となって、2001年に「責任ある養殖のための地域ガイドライン」が作成されました（SEAFDEC(2001)）。さらに、フェーズⅢとして、同規範第７条の「漁業管理」が取り上げられ、2003年、「責任ある漁業管理に関する地域ガイドライン」が完成し（SEAFDEC(2003)）、2005年には、地域化の最後を飾るフェーズⅣとして「責任ある漁獲後の取り扱いと貿易に関する地域ガイドライン」が策定されました（SEAFDEC(2005)）。そして、最後に、2006年、漁業の共同管理に関する補足的ガイドラインが策定されました（SEAFDEC(2006)）。

3-3. 日本における取り組み

　さて、日本ではどうでしょうか。「行動規範」を採択した当初、日本は、「行動規範」に盛られている原則は、概ね、すでに、日本の漁業管理の中に組み込まれているという認識であったと理解しています。私も、例えば、伝統的に漁業協同組合を中心として自主的な管理を行っている日本の沿岸漁業は、「責任ある漁業」のよいお手本の１つではないかと考えています。また、「行動規範」

第 19 章　責任ある漁業について

の採択後、比較的最近作られた日本の漁業に関する基本的な法律の1つである「水産基本法」も、「行動規範」に盛り込まれた基本理念のほとんどを網羅した内容になっていると思います。

日本の伝統的な漁業管理

　日本の沿岸漁業は、限られた沿岸資源を長年にわたり有効かつ持続的に利用してきました。例えば、愛媛県の遊子漁業協同組合には、「漁村憲法」とも言うべき「運営要綱」があり、指導理念の源となっています（八木(1984)）。同運営要綱によると、まず、「この組合の保有する海は、海域において漁りを生業としてきた住民の共有財産」（第3条）であり「組合員は、共有財産である海の生産力を保持する責務」がある(第4条)としています。まさに行動規範「一般原則」第1項に挙げられた「漁業の権利は海洋生物資源及び海洋環境の保存管理と表裏一体である」という理念ではないでしょうか。同運営要綱はさらに、「生活や生産行為によって海を汚染汚濁するときは原因者負担に基づき、これを清浄しなければならず、清らかで豊かな海を子々孫々に伝える義務を負う」（第4条）としています。前段は海洋環境及び生息地の保護、汚染に責任を求めるくだりは予防的アプローチにつながり、最後は、これもまさに、持続的漁業という理念に言及していると言えるでしょう。全て、「行動規範」でも取り上げられているものばかりです。同運営要綱は、違反取締りの規定にも言及し、漁業者自らが違法な漁業を取り締まる体制が求められています。

　このような漁業協同組合の取り組みは、たとえ文書化されてはいなくても、日本中の浜で一般的に行われており、漁業権制度に基づく日本の責任ある沿岸漁業管理の根幹をなしているものと考えています。

「水産基本法」における「責任ある漁業」理念

　「水産基本法」（以下「基本法」）は、1997～99年の2年間続けられた水産基本政策検討会（以下「検討会」）の議論を踏まえ99年12月に策定された水産基本政策大綱をベースに、2001年6月に制定されました（水産庁(2001)）。「基本法」の中に「責任ある漁業」という言葉は出てきません。しかし、「責任ある漁業」という言葉は使っていなくても、「基本法」には、「行動規範」の第6条「一般原則」に盛られたような基本的理念が内容として組み込まれています。たとえば、「一般原則」第1項は「漁業の権利と資源保存の義務」すなわち、漁業の権利と資源保存の義務が表裏一体で切っても切れないものであるとする点です。「基本法」第6条（水産業者の努力等）第1項は、「水産業者及び水産業に関する団体は、水産業及びこれに関連する活動を行うにあたっては、基

第3部　合理的な漁業管理の実現に向けて

本理念の実現に主体的に取り組むよう努めるものとする。」としています。ここでいう「基本理念」とは、「基本法」第2条に謳われている「水産物の安定供給の確保」と第3条で謳われている「水産業の健全な発展」です。そして、前者には、水産資源の持続的利用を確保するために「水産資源の適切な保存及び管理が行われるともに、環境との調和に配慮しつつ、水産動植物の増殖及び養殖が推進されなければならない」ことが含まれています（第2条第2項）。つまり、漁業をする権利を持つもの（ここでは「水産業者」）は水産資源の適切な保存及び管理の実現にも主体的に取り組む努力をしなければならないということであり、「検討会」の段階では、「水産資源の保存・管理は、資源を利用する立場から、漁業者自ら責任を持って取り組むことが基本である」とより明確に「一般原則」の理念を表現していました。

　「一般原則」第2項は持続的開発の原則です。「基本法」も、第1の理念「水産物の安定供給の確保」の中で「水産資源が生態系の構成要素であり、限りあるものであることにかんがみ、その持続的利用を確保する」（第2条第2項）ことを政策目的のひとつとして明記しています。「一般原則」第2項のほうは、さらに「管理は漁獲の対象魚種だけでなく、同じ生態系に属したりその対象魚種と関わりを持っていたりそれに依存していたりしている他の種類の生物も保存する」ことを求めています。「検討会」報告の中では「水産資源の管理は、科学的根拠に基づき生態系全体の保全・管理を視野に入れて行う必要があり、資源管理施策の実施にあたっては、海産ほ乳動物をも含めた生態系の一括管理の下での水産資源の持続的利用の確立を目指すべきである」とされていることから、上記「基本法」の規定の中の「水産資源が生態系の構成要素であり」という記述は、このような検討会の意見を反映し「生態系アプローチ」的な取り組みを示唆しているのではないでしょうか。

　「行動規範」第6条に盛られている「一般原則」と「基本法」の関連条文を表1にまとめてみました。

　このように、「責任ある漁業」という言葉自体は使われていなくても、「行動規範」第6条「一般原則」に言及されている各基本理念は、概ね、「基本法」でも網羅されていると言えると思います。ただし、「一般原則」第5項、予防的アプローチ、及び、第6項、漁具の選択性については、明確な言及がありません。しかし、これらの原則も、資源管理や漁具開発に関連する技術的課題として「基本法」第15条により、調査研究の一環として包含されていると考えることもできると思います。

第 19 章 責任ある漁業について

表 1　行動規範一般原則と水産基本法の関連条文

行動規範	一 般 原 則	水 産 基 本 法
第 6 条第 1 項	漁業の権利と資源保存の義務	第 2、6、7、13 条
第 6 条第 2 項	持続的開発	第 2 条
第 6 条第 3 項	過剰漁獲と過剰漁獲能力の抑制	第 13 条
第 6 条第 4 項	最良の科学的情報と調査研究の重要性	第 15、27 条
第 6 条第 5 項	予防的アプローチ	（第 15 条？）
第 6 条第 6 項	漁具の選択性	（第 15 条？）
第 6 条第 7 項	漁獲物の取扱・加工・流通	第 25 条
第 6 条第 8 項	生息地の保護	第 17、26 条
第 6 条第 9 項	沿岸域管理への漁業の統合	第 11、30、31、32 条
第 6 条第 10 項	モニタリング・監視・取締	第 14 条
第 6 条第 11 項	旗国責任	第 14 条
第 6 条第 12 項	多国間アプローチ	第 14 条
第 6 条第 13 項	決定過程の迅速性・透明性・参加促進	第 4、11、35、37、38 条
第 6 条第 14 項	水産物貿易	第 19 条
第 6 条第 15 項	紛争解決	第 14 条
第 6 条第 16 項	啓蒙・広報・参加	第 4、23、28、29 条
第 6 条第 17 項	安全基準の充足	第 23 条
第 6 条第 18 項	小規模伝統漁業への配慮	第 30 条
第 6 条第 19 項	増養殖の重要性	第 16 条
第 5 条	開発途上国への配慮	第 20 条

4.「行動規範」の将来展望：FAO における内部評価の結果を踏まえて

　2012 年 11 月、FAO 計画委員会[9]に「行動規範」実施促進のために FAO が行ってきた活動に関する評価の最終報告が行われました（FAO(2012)）。この評価は、計画委員会の要請に基づき、2011 年、外部の専門家によって構成された評価チームにより行われました。

　評価チームは FAO のこれまでの取り組みを評価しつつも、「行動規範」の実施や関連指針等の策定のための戦略とプライオリティの欠如、普及手段の不十分さ、人的能力開発を含む実施プロジェクトとの連携不足、人的側面への配慮不足を指摘し、「行動規範」実施のため、A.「行動規範」関連文書の策定、普及、モニタリングのための戦略的実施計画の策定、B.「行動規範」実施のための広報や他機関への働きかけの強化、C.「行動規範」の原則を FAO の全ての漁業・養殖業プロジェクトに組み込むこと、の 3 要素からなる包括的な枠組みを作ることを提案し、さらに具体的な 16 項目にわたる勧告をしています。

どんなに立派な取り決めでも、人々に十分認知され実施されなければ、意味がありません。絵に描いた餅ではいけないのです。今後とも「行動規範」がFAOのみならず世界の漁業・養殖業政策の基本的原則としての輝きを保つためには、新たな課題に対応しつつ、より多くの人に使ってもらえるような指針でなくてはならないのだと思います。

5. おわりに

「行動規範」は、1995年に採択されてからすでに20年近くを経過していますが、関連する技術指針なども引き続き策定されており、その意味では、いまだに生き続けている規範であり、かつ、「行動規範」に盛られた「責任ある漁業」という政策理念は、国際的にも、また、先進国・途上国を問わず各国の漁業政策にとっても、持続的な漁業・養殖業のために不可欠な政策理念として浸透し、認知されていると思います。

日本の漁業は、沿岸漁業においては伝統的に、また、水産基本法等新たな政策理念の形成においても、「行動規範」に盛られている「責任ある漁業」の基本理念に沿った取り組みがなされてきていると考えています。今後とも、日本は、世界有数の漁業国として、また、水産物消費国として、「責任ある漁業」を目指した取り組みを続けていくべきであり、同時に、その経験を世界の国々、特に、途上国と分かち合っていくべきであると思います。

注
(1) 本稿は著者の個人的見解であり、所属機関を代表する意見ではありません。
(2) FAOとはFood and Agriculture Organization of the United Nationsのことです。食料と漁業も含めた農業を所管する国連専門機関で、イタリア国ローマに本部があります。総会はその最高意思決定機関です。
(3) まき網とは、別名「巾着網」とも呼ばれ、大きな網で魚群を囲み、その後、網の底部を巾着の口を締めるように閉じていって魚を漁獲する漁法です。この網で漁獲対象魚種であるキハダマグロとともに一緒に泳いでいる漁獲対象ではないイルカも獲ってしまうことが、「混獲」として問題にされました。
(4) 正式には「ストラドリング魚類資源及び高度回遊性魚類資源の保存及び管理に関する1982年12月10日の海洋法に関する国際連合条約の規定の実施のための協定」言います。「ストラドリング魚類資源」というのは、その分布範囲が排他的経済水域（EEZ）の内外にまたがって存在するような魚類資源を言い、スケトウダラなどが

の例です。「高度回遊性魚類資源」とは、公海上も含めた広範な海域を泳ぎ回るような魚類資源を言い、カツオ・マグロ類などがその例です。国連海洋法条約だけでは、特に公海上におけるそれらの魚類資源に関する保存管理が十分に担保できないという問題意識から、UNCEDをきっかけにして専ら国連本部を舞台に議論が進められ、本件協定の策定が実現しました。

(5) 漁船の国籍、つまり船籍登録国を変えることによって国際的に合意された漁業に関する保存管理措置を免れようとする行為を抑止するために作られた、こちらは法的束力を有する国際協定です。

(6) UNCEDの成果であるリオ宣言第15原則によれば、「予防的アプローチ（予防的方策）」とは、「環境を保護するため、予防的方策は、各国により、その能力に応じて広く適用されなければならない。深刻な、あるいは不可逆的被害が存在する場合には、完全な科学的確実性の欠如が、環境悪化を防止するための費用対効果の大きい対策を延期する理由として使われてはならない。」（国連事務局監修、環境庁・外務省監訳 (1993)）と定義されています。手遅れになる前に、たとえ科学的情報が十分でなくても、予防的に必要な措置を早め早めにとっていくことが大切ですが、一方で、漁業の場合は、その環境に与える影響が不可逆的であるとは言えず、漁業には漁業なりの現実的な「予防的アプローチ」を模索していく必要があると、私は、考えています。

(7) 1999年に「過剰漁獲能力の管理」、「海鳥の混獲削減」、「サメ類の保存管理」、2001年に「不法、無報告、無規制（IUU）漁業の防止、阻止および根絶」と、これまでに計4つの国際行動計画を策定しています。

(8) 「行動規範」策定に尽力したFAO水産局（当時）職員、故マルガリータ・リザラガ氏に因んで設立された賞で、「行動規範」の適用に優れた功績を挙げた個人あるいは組織に2年ごとにメダルが授与されています。

(9) FAO計画委員会（Programme Committee）は、財政委員会（Finance Committee）とともに、水産委員会（Committee on Fisheries（COFI））等の技術委員会同様、FAOの理事会を支援するために設立されました。各地域グループから選ばれた少数のメンバー国代表からなり、財政委員会と並んでFAOの活動計画に大きな影響を持っています。

参考文献

[1] FAO (1995) "Code of Conduct for Responsible Fisheries".
[2] FAO (1996) "Rome Declaration on World Food Security and World Food Summit Plan

第 3 部　合理的な漁業管理の実現に向けて

of Action" adopted by the World Food Summit, Rome.
[3]　FAO (2012) "Evaluation of FAO's support to the implementation of the Code of Conduct for Responsible Fisheries, Final Report".
[4]　NMFS NOAA, US Department of Commerce (1997) "Implementation Plan for the Code of Conduct for Responsible Fisheries".
[5]　SEAFDEC (1999) "Responsible Fishing Operations", Regional Guidelines for Responsible Fisheries in Southeast Asia.
[6]　SEAFDEC (2001) "Responsible Aquaculture", Regional Guidelines for Responsible Fisheries in Southeast Asia.
[7]　SEAFDEC (2003) "Responsible Fisheries Management", Regional Guidelines for Responsible Fisheries in Southeast Asia.
[8]　SEAFDEC (2005) "Responsible Post-harvest Practices and Trade", Regional Guidelines for Responsible Fisheries in Southeast Asia.
[9]　SEAFDEC (2006) "Supplementary Guidelines on Co-management using Group User Rights, Fishery Statistics, Indicators and Fisheries Refugia", Regional Guidelines for Responsible Fisheries in Southeast Asia.
[10]　国連事務局監修：環境庁・外務省監訳 (1993)『アジェンダ 21：持続的な開発のための人類の行動計画 ('92 年地球サミット採択文書』、(社) 海外環境協力センター。
[11]　水産庁 (1995)「食料安全保障のための漁業の持続的貢献に関する京都宣言及び行動計画」。
[12]　水産庁漁政部企画課監修 (2001)『水産基本法関連法令集』、成山堂書店。
[13]　八木庸夫 (1984)「愛媛県遊子漁協の漁業管理について」、『西日本漁業経済論集』25 pp. 79-89。
[14]　渡辺浩幹・小野征一郎 (2000)「『責任ある漁業』に関する一考察」、『東京水産大学論集』35、pp. 153-176。

［付記］最後になりましたが、小野征一郎先生のご退官記念出版執筆者の末席に加えていただいたことを深く感謝いたします。私が、曲がりなりにも博士号を取得し今日に至っているのは、偏に小野先生、そして、一緒にご指導いただいた妻小波先生、そして、小野先生の後を引き継いで最終的に論文を受け取っていただいた小岩信竹　先生のご指導とご尽力の賜物であります。とくに、小野先生のお力添えでようやく書き上げた「行動規範」に関する共著論文 (渡辺・小野 (2000)) は、私の学究としての原点であり、今回の原稿のベースともなっています。小野先生、本当にどうも ありがとうございます。どうか、これからも引き続きご活躍の上、ご指導、ご鞭撻のほどよろしくお願い申し上げます。

第 20 章　漁業管理制度としての ITQ

八木　信行

1. ITQ とは何か

　この章では、漁業管理制度の一つである ITQ（Individual Transferable Quota：譲渡可能漁獲割当）をどう評価すべきか、各国の事例などを踏まえながら議論をしたいと考えています。

　ヨーロッパでは、主要な魚種は ICES（International Council for the Exploration of the Sea）の科学的助言などに基づいて TAC（Total Allowable Catch：総漁獲可能量）を決定し、これを EU 加盟国と周辺国が国別に配分しています（European Commission (2009)）。

　TAC の配分を受けた各国では、国内の漁業者にこれを配分するわけですが、これには様々な方法が混在しています。まず、漁業者ごとに TAC を配分する IQ（Individual Quota）制度があげられますが、その他、経営体ではなく船ごとに TAC を配分する方式（Vessel Quota）もあります。また、海上で漁獲ができる日数や時間などの努力量を配分する方式 IE（Individual Effort Quota）も多くの国が採用しています（OECD(2006)）。

　そして、IQ を漁業者間で売買できるようにしたものが冒頭で紹介した ITQ です。これを採用している国にはアイスランド、ノルウェー、ポーランドなどがあります（OECD(2006)）。また、IE を漁業者間で売買できる ITE（譲渡可能努力量割当）という制度も存在し、スペインやスエーデンがこれを採用しています（OECD(2006)）。

　日本では、TAC はありますが ITQ はありません。TAC については、「海洋生物資源の保存及び管理に関する法律」によって 7 種類の魚種に対して設定され、それぞれ各都道府県知事が管理する量と、農林水産大臣が管理する量に分けられています。また都道府県知事や農林水産大臣が漁業者（法律では「採捕を行う者」と表記）に対して個別に漁獲量の限度を割り当てることも可能になっています。しかし実際には（2014 年現在）この漁獲枠は個人への配分はなされ

ておらず、よって日本には公式な IQ や ITQ はありません。もっとも、政府主導ではなく業界主導で IQ や ITQ と類似の制度を導入している例は複数存在します。中には、漁業者の間で「ノルマ」などと呼称されているものの、その実態をよく聞いてみると IQ であった、といった例もあります。詳しく調べれば、IQ や ITQ に類似した制度は日本国内でも多く見つかる可能性もあります。

この IQ や ITQ を、日本で公式の制度として導入すべきではないか、との議論が数年前からなされています。

例えば、平成 19 年 3 月に閣議決定された水産基本計画には、「漁獲量の個別割当方式に関して、漁獲競争の抑制や計画的な漁獲活動の促進の面で効果が期待される一方、我が国では多くの魚種を対象として多様な漁業が存在し、漁船・水揚げ港の多さに起因して徹底管理が難しいといった問題があることを踏まえ、その導入について検討する」との記述があります。水産基本計画は 5 年に一度の見直しがなされ、平成 24 年 3 月には新しい計画が閣議決定されました。ここにも「TAC 魚種の拡大について引き続き検討するとともに、地域において実施体制が整った場合には、IQ（個別割当）についても利用を推進する」との記述が見当たります。

2. 理論上 ITQ がもたらすとされるメリットとデメリット

そもそも ITQ 導入が議論され始めた背景には、漁獲枠が船ごとに配分されるため、早獲り競争が抑制され、漁業資源を維持するインセンティブも生じるとの説が存在しています。ここを少し詳しく見ていきましょう。図 1 は、アイスランドの Arnason 教授が作成した理論モデル（Ragnar Arnason (2009)）を筆者が改編したものです。

これに従うと、ITQ を導入することで得られる経済的なメリットは 3 つの要素に分解できます。1 つは、漁獲単価の上昇（図 1 の (a) に示す部分）、2 つめは努力量低下によるレント（収益）の上昇（図 1 の (b) に示す部分）、3 つめは操業コストの低下（図 1 の (c) に示す部分）です。なお、このメリットは ITQ まで導入しなくても IQ だけでもある程度は達成できますが、表記を簡単にするため、ITQ によるメリットと以下では述べることにします。

3 つの要素を総合すれば、次のようになります。すなわち、漁業者が使用できる漁獲枠の上限が設定されているため、漁獲物を丁寧に扱い単価を向上させるインセンティブが生じるとともに、むやみに出漁せず条件の良い時（例えば魚価が高いタイミング）だけ出漁でき、更には早獲り競争をする必要がなくな

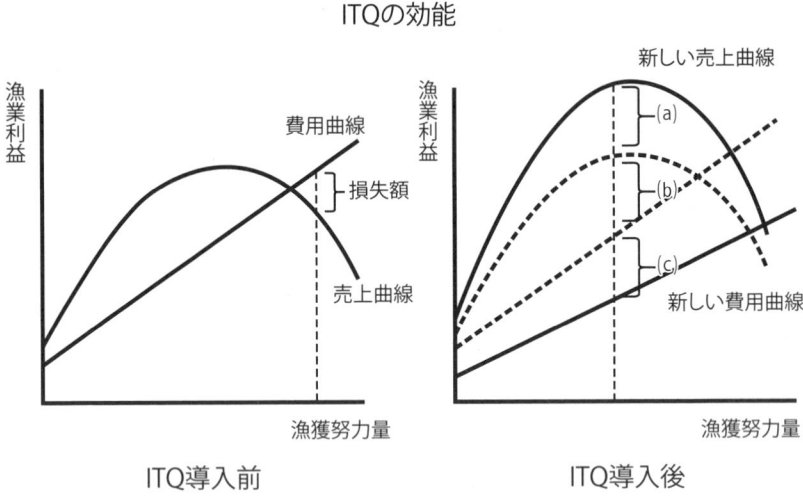

第20章　漁業資源制度としてのITQ

ITQの効能

図1　ITQによる経済的効果の概念図（Ragner Arnason(2009)を筆者が改編）

るためエンジン出力を押さえて航行し、その結果燃油代が節約できる、といった説明になります。合わせて、漁獲枠を厳しく設定して1人あたりの漁獲量を絞るため長期的には資源が守れる効果があるため、少ない努力量で最大の利益を上げることができる、といった説明がこれに加わります。

　従ってITQを導入すれば、利益向上が図れるという説明が成り立ちますが、総計は禁物です。以下に述べる2つの点を考慮する必要があるのです。

　1つめに考慮すべき点は、この説明は机上の議論であって、現実の漁業データを使って検証されたものではないとの点です。ITQを導入していて、かつ経済的に成功している漁業は世界に多い状況はあります。しかし、その成功の要因にITQがどこまで貢献していたのかをデータを使って分析した研究はほとんどありません。例えば、ITQを導入した漁業で魚価の単価が向上したとします。ITQを導入した時期と魚価の単価が向上した時期が重なっているというだけでは、因果関係があるとはいえません。ITQの導入とたまたま同時に景気が良くなって消費者の購買意欲が増したために魚価が向上した強く効いていて、ITQ導入の貢献度は低い可能性もあり得るわけです。またITQを導入した後で漁業資源が回復した場合でも、たまたま同時に海況が変化して漁場に回遊してくる魚の量が増えたというITQ以外の理由が効いている可能性もあり得るわけです。これらは、どの要因が効いているのか実際のデータに基づいて分析を

268

してから議論がなされるべきポイントでしょう。

　２つめに考慮すべき点は、「メリット」の定義が人によって違うという点です。図１の説明では、利益向上を「メリット」として説明を進めていますが、現実世界では、自己の金銭的な利益を最大化することだけがメリットとは考えていない人もいます。

　例えば、日本の漁師に対して、ITQを導入すれば自分のペースで日を選んでゆっくりと操業ができ、これがコスト削減につながり自分の利益になるのでITQは「メリット」がある、と指摘すると、概ね否定的な答えが返ってきます。「条件が良いタイミングだけを選んで出港しようものなら、魚のバイヤーや水産加工場が毎日操業できないので彼らがつぶれてしまう、彼らがつぶれると漁業が成り立たないので、条件が悪いときにも漁師は毎日出港して操業しなければならないのだ。」といった答えです。これは経済面よりも社会面を優先させて漁師が行動していることを示すものでしょう。

　中には「魚価が安いからといって漁を休むと、逆にパチンコ屋で金を浪費してしまう、それに比べれば漁業の赤字の方がましなので、条件が悪い日でも出漁するのだ」といった話も実際に聞きます。これは機会費用を含めて議論する必要があるとの指摘です。

　もう１つ、漁業者からヒアリングをしないまま勝手な推測で議論をしているために的外れな議論が行われている例をあげてみましょう。テレビなどで、漁の解禁日、何隻もの小型漁船が一斉に港を出港し、競争のように漁場に向かう映像が放映されるときがあります。これを見て、「日本ではIQやITQが設定されていないために漁業者間で早獲り競争に陥り、エンジン全開にして人より早く良い漁場に急ぐ必要が生じているのだ、このような漁業でIQを導入すれば問題が解決されるだろう」と（勝手に）推測してしまいがちです。

　しかし、実際に漁村で漁業者からヒアリングをすると、そのような推測は的外れだと分かります。「出港時には競争しているように見えても、実は漁場の割振りは漁協でローテーションを決めてあるため、早い者勝ちではない」であるとか、「一斉に出漁するのは、海上での操業の安全を確保するために僚船と一緒に出漁しているだけだ。利益よりも安全第一だ」であるとか、「一斉に出漁するため相互監視が可能で、抜け駆けで禁漁区に入って操業する漁船が出ないよう監視ができる」などといった話を現地でよく聞くのです。つまり、漁師は短期的な経済的利益の最大化だけでなく、労務上の安全や資源の保全、バイヤーまでを含めた水産加工流通の都合も考慮している現実があるのでしょう。

第 20 章　漁業資源制度としての ITQ

このような行動を行う漁師に対して、個人の金銭的利益の最大化が図れるとして IQ や ITQ を推奨しても、話がかみ合わない場合もあるでしょう。

以上まとめると、ITQ を導入すると漁業にとって良い結果をもたらすとの説明は理論的に可能であり、しかも一見して説得力を有してはいるものの、本当に因果関係まであるのかは計量的に解析をしてみないと分からないということになります。また、当事者にヒアリングをしないで都会人の目で見て経済的側面だけで結論づけることも禁物、ということになります。

それでは、ITQ を導入することで生じるデメリットはあるのでしょうか。実はこちらもメリットと同様に多く議論がなされています。この代表的なものが、ITQ によって漁獲枠が売買された結果、漁業に関係ない資本家が権利を手にし、これを漁業者が代金を支払って借受ける必要が新たに生じるといった議論です[1]。このため、資本力に勝る都会の会社（または外国に在住する人間）に漁獲枠が集中して彼らが不労所得を上げる一方、零細漁民が多い地方の漁村コミュニティーが困窮したり、格差が拡大したりといった社会面のデメリットが生じるとの議論です。

ただし、こちらも実際のデータに基づいて、漁村が困窮したのは天災や金融危機などの外部要因による影響ではなくて、ITQ によってもたらされた影響である点をしっかりと検証する必要がある点は、先ほどと同じです。

3. 世界各国における ITQ の導入状況

それでは、以上を踏まえた上で、各国漁業の実態を見ていくことにしましょう。以下は、筆者が 2011 年 1 月 31 日〜2 月 4 日にローマで開催された第 29 回 FAO 水産委員会の場で各国の水産管理当局から ITQ に関する状況をヒアリングした内容です。

3-1. アイスランド
- 1976 年から ITQ を導入し始めて、1990 年までに全ての TAC 対象魚種に ITQ が導入された。
- アイスランドではＩＴＱによる漁獲枠の集中が社会問題となっている。漁業管理は成功して資源レント（資源から得られる利益）は増加したが、それは適切に配分されていない点は失敗だという議論が高まっている。2008 年にリーマンショックがあり、その直後に成立したアイスランドの現政権は、ITQ のリフォームを公約に掲げている。

- NZとは違い、アイスランドでは漁業が国内経済に占める割合が高く、漁業生産と流通加工セクターを合わせればGDPの9％にもなる。その中で、ITQの漁獲枠を有する会社のオーナーは少数派だ。そして、ITQで漁獲枠を手放した漁業者が多く、困難に直面している地域の関係者は多数派であるため、選挙の際には大きな勢力となる。政権としては無視できない。また、ITQを開始した当初、1980年代には、漁獲枠は政府から無料で配分されたにもかかわらず、これが高値で取引され、売却益が生じた場合もキャピタルゲインに課税できない点も不公平感を助長させている。

3-2. インド
- ITQは導入していない。それ以前に、インドではTACを設定している魚種が全くない。漁獲対象種は450種類存在する。科学的調査に基づいてTACを求めることは無理で、最初から諦めている。
- 漁業者は400万人いる。仮にTACを設定しても取締りは不可能だ。
- 西洋では「混獲」と呼ばれる現象が存在しているようだが、インドでは混獲という概念が存在しない。多くの魚種を一緒に漁獲して利用しているためだ。仮に個別魚種のTACを導入しようとしても、漁業者は個別の魚種を分けて管理する概念が理解できないため、浸透しないだろう。ITQは、魚種の数も少なく、漁船の数が少ないアイスランドやノルウェーだからこそ可能になる措置だと理解している。
- インドの伝統的な資源管理は、必要以上の魚を漁獲するような強欲を慎むことを徹底する手法だ。また、抱卵魚を漁獲しないこと、更に、産卵場を保護することも管理の一貫だ。これはNZのマオリを含めて、太平洋やインド洋地域の伝統的な管理手法だ。

3-3. インドネシア
- ITQは導入していない。ミナミマグロで導入しようか検討中だ。
- TACを設定している魚種はあるが、単一魚種に対するTACではなく、何種類かまとめて大まかなくくりで漁獲の上限を設定している仕組みとなっている。

3-4. カナダ

第 20 章　漁業資源制度としての ITQ

- 1970 年代から徐々に ITQ を導入し、現在では商業的重要種は概ね ITQ または IQ になっている。その中には色々なバリエーションが存在する。漁獲枠の売買を認めない方式（IQ）や、売買が認められるのは 1 年限りの漁獲枠であって永久的な漁獲権の売買は禁止する方式が多いが、永久的な漁獲権の売買を認めている例も少ないながら存在する。
- 漁獲枠の取引は、政府が市場を設営している訳ではなく、漁業者が個人レベルで相対取引を行っている。
- 政府として ITQ を推奨している訳ではなく、漁業者の多数（sufficientmajority）が望んだ場合に ITQ が導入できるようしている。

3-5. チリ
- ITQ は 2001 年から導入しており、現在の対象魚種は 8 種ある。
- 割当の方式は沿岸と沖合で異なる。沿岸は船の数が多いため、漁獲枠は個別割当ではなくグループ割当になっている。沿岸では海域の配分も行われている。沖合漁業は漁船数が 100 隻程度であるため、割当を船別に行い、ITQ になっている。
- 導入前に漁業者とコンサルテーションを持ち、漁業者は ITQ を支持している。

3-6. 中国
- ITQ は導入していない。それ以前の問題として、TAC を導入している魚種はない。
- 禁漁期間を設けることで資源管理を行っている。

3-7. 韓国
- ITQ は導入していない。導入に向けた検討は行政府の内部で行っているが、国会で審議されている段階にまでは至っていない。
- 韓国漁業は、アイスランド等とは違い、多くの種類の魚を漁獲するため、ITQ 導入は難しいとの意見がある。また、韓国の漁村では、経済効率よりも平等性を重視しているため、漁獲枠の一極集中を助長する ITQ がすんなりと受入れられない可能性も指摘されている。

3-8. タイ

- ITQ は導入していない。ITO は東南アジアでは無理だ。漁船数が多すぎるし、陸揚げ港が多すぎる。また、ＴＡＣを決めている魚種もない。
- タイでは、今後とも、ライセンスの数を制限することで漁業資源管理をする手法がもっとも適切と考えられている。

3-9. トルコ
- ITQ はクロマグロに導入している。2000 年代の初めにモロッコが ICCAT に加盟し、国別の漁獲枠を受けてから始まっている。漁船数は約 20 隻で、船別に漁獲枠を割当てし、これを取引可能にしている。
- クロマグロ以外の魚種は TAC を決めていない。ITQ も実施していない。

3-10. ブラジル
- TAC を設定している魚種は多いが、ITQ は導入していない。ITQ を導入するかどうかは政府の検討課題とはなっているが、それほど具体的な動きがある訳ではない。
- そもそもブラジルには 100 万人も漁業者がいるし、陸揚げ港も多い。地域における共同管理と、海洋保護区の設定で何とか資源管理をしているのが現状だ。

3-11. ペルー
- TAC は数種の魚種に設定している。
- ITQ は導入していないが、アンチョビーとヘイクに IQ を導入している。
- 2008-2009 年に初めて IQ（漁業会社への漁獲枠割当）をアンチョビーに導入した結果、大きな成功を収めた。アンチョビーは、海洋環境がラニーチャの年には 800 万トンも漁獲される。1000 隻以上の中型巻き網船でこれを漁獲するが、早獲り競争に陥り、2007 年の場合は 55 日で TAC を消化していた。1 日に 20 万トンも陸揚げされる日があり、それに合わせて漁船は大型になり、フィッシュミールの加工場のキャパシティーも大きくなっていった。それでも漁獲が一時に集中する日は加工場に搬入する際の時間待ちが長くなり、その際に魚が劣化するため、投棄魚も多かった。しかし、IQ を導入した後、2009 年には操業日数が 150 日に延び、漁船数は 24％減少し、投棄は減り、漁業者が受け取る魚価は向上した。IQ 導入の前からアンチョビーを漁獲する漁業会社は

第 20 章　漁業資源制度としての ITQ

　　7 社の大企業に集約されている。
- アンチョビーで IQ のみを導入し、ITQ ではないにもかかわらず漁船数が減少したのは、船主が複数の漁船を有しており、その中で不要な漁船をスクラップしたことによる。政府の規制で IQ を売買することは禁じられている。しかし、会社の株式を取得するなどして資本参加をすれば、合法的に IQ の使用権が生じるため、実質的には漁獲枠の取引は可能という見方もできる。
- ヘイクにも IQ を導入したが、そちらの方はうまく機能していない。
- IQ 導入前には漁業者などを集めて何回もシンポジウムや会合を開催した。

3-12. ニュージーランド
- ほぼ全ての商業漁業対象種で ITQ を導入している。
- アイスランドは船別クオータから徐々に現在の形の ITQ に発展させてきたものだが、NZ は漁業管理制度自体を一から新しくデザインした状況がある。制度の完成度は NZ の方が高いと思う。
- アイスランドのリフォームは承知しているが NZ では今のところリフォームなどは考えていない。これは NZ とアイスランドが 2 つの点で異なっていることによる。

　1 つは、NZ とアイスランドの経済構造の差だ。一般的に ITQ を実施すると、漁獲枠が少数の漁業会社に集中し、その影響で一部の沿岸地域から漁獲割当が消失することがある。その場合、アイスランドでは漁業のみに依存している地域が多く、地域の主力産業が消失することになるため大きな社会問題になる。一方で NZ は、
農業が主体の経済であり、仮に 1 つの町から漁獲枠が一切なくなっても、農業で生きていける。NZ では、ITQ を導入したことで漁獲枠の集中が生じ、そのあおりで漁獲枠が消失した町もあったが、それほど大きな社会問題にはならなかったのはこのような背景があるためだ。
- ITQ を導入する際には、漁業団体の会員のうち 85％以上が賛成すれば導入するということにし、実際に投票も行っているため、合意形成のプロセスは尽くしている。

3-13. ノルウェー

第 3 部　合理的な漁業管理の実現に向けて

- ITQ ではなく IVQ（Individual Vessel Quota）を導入している。すなわち、TAC の配分は漁船ごとに行っているが、この割当は単独では売買できず、例外的に、船そのものを売買する際に割当も付随して売買できるという制度だ。
- 売買に制限をかけている理由は、社会的な理由からで、端的に言えば北極圏の小規模な漁業者が保有する割当が、南部（ベルゲンやオーレスンドなど）の企業に移ることを避けるためだ。北極圏から漁業割当がなくなれば、そこで漁業をする人がいなくなり、ロシアと国境を接している当該地域の基幹産業が消失することにつながるので、これを避ける狙いがある。

3-14. モロッコ
- 2010 年末から 5 種（サバ、イワシ、カタクチイワシなどの沖合浮魚）について ITQ を導入した。ただし TAC は 5 種合わせて 100 万トンとしている。種別の漁獲枠ではなく、一種のバスケットクオータということになる。
- モロッコの操業海域は、地中海、大西洋北部、大西洋中部、大西洋南部とあるが、地域的には大西洋南部のみについて ITQ を導入した。
- 導入前には漁業者と政府が会合などを有してコンセンサスの醸成に努めた。今後も様子を見ながら ITQ の対象海域や魚種を拡大する可能性がある。

3-15. スペイン
- スペインは現在 ITQ 制度を有していないが、IQ は導入している。非公式な枠の売買などは陰で行われていると見ている。
- なお、以前、スペインが EU に加盟する際、EU 域内で操業する漁船数を 460 から 300 に減らすようにとの条件があった。これを達成するために、ITQ を導入したことがある。対象魚種は、ヘイク、タラ、ヒラメ類である。その後、300 隻まで減船が達成されたことから、ITQ は中止した経緯がある。

3-16. EU
- EU は TAC を設定し、これを各国に配分している。各国でそれを ITQ に

275

するかどうかは各国次第だ。
- 国別の配分を含めて漁獲枠を取引可能にすればどうか、との議論を持ち出すものもいるが、国別の配分は政治的に極めてセンシティブな問題なので、議論をすることさえはばかられる状況がある

3-17. FAO
- ITQ にするかどうかは、何を漁業の目的にするかにかかっている。仮に沿岸地域社会の維持に力点を置くのであれば、ITQ は選択肢にはならない。枠の集中などにより問題が生じる。
- しかし、経済効率に置くのであれば ITQ は選択肢になる。
- 漁業操業の目的が何なのかを当事者が合意しておくことが重要。

4. ITQ をどう評価すべきか

それでは漁業管理制度として ITQ をどう評価すべきかについてまとめていきましょう。これに際しては、漁業の優先目標が何かをはっきりさせた上で評価する必要があります。漁業管理を実施する目的は、漁業資源を持続可能な形で維持管理すること（環境的な関心事項）、地域の漁村社会や衡平性を維持すること（社会的な関心事項）、漁業者の個人的な経済リターンを最大化させること（経済的な関心事項）に大まかに分類できると考えられます。この、経済・環境・社会の 3 要素はトリプル・ボトムラインと呼ばれ、全てをバランスよく達成することが持続可能な開発につながるとされている要素です。

3 要素のうち、「経済」を優先事項とする場合は、ITQ は有力な選択肢になるでしょう。先に述べたように、魚価単価の向上と ITQ との相関は不明点が多いものの、ある程度のコストの軽減効果は存在するでしょう。例えば、ITQ を導入することで操業時期の集中が回避できれば、無駄なコストが発生しない可能性はあるといえます。

ただし、操業時期の集中は、魚の回遊によって生じている場合もあります。特に、日本では多くの魚種で海区ごとの管理を行っており、海区をまたいで自由に漁船操業ができる諸外国とは漁業操業の条件が異なります。ITQ が本来有する漁区の分散によるコスト削減効果を日本で発揮させるためには、県別の海域制限や、沿岸と沖合の境界設定などを根本的に見直すことがあわせて必要となるでしょう。

「環境」を優先事項とする場合は、TAC の数量を資源量と比較して適切な水

準に設定することや、漁場環境や海洋生態系の保持に努めることが重要であり、TAC をどのように配分するのか（IQ とするのか、または今のままグループ枠とするのか）は副次的な課題に過ぎないといえるでしょう。

たしかに諸外国においては、ITQ を導入したことで、先取り競争がなくなり、更には減船効果が生じ、漁獲努力量のコントロールに成功し、結果的に資源の保全に繋がったとする事例報告は多く存在します。ところが諸外国で ITQ を導入した後に減船効果が生じたのは、それ以前の状態において漁船数の管理を十分行っていなかったからであって、以前から補助金を支払って減船を行い免許数を絞っていた日本の漁業とは前提条件が異なるとの見方も可能です。

また、先取り競争が生じていたのは、ゲーム理論で言う「囚人のジレンマ」という状況（つまり各プレーヤーが他人と連絡を取り合わずに自分の利益を独断で追求している状況）が存在していたからであって、日本のように業界団体で頻繁に相談をしながら各船が TAC を融通し合う場合には「囚人のジレンマ」のような状況は発生しません。ただし、逆に言えば、日本でも、業界内の調整が不十分などの理由で「囚人のジレンマ」が発生している漁業については IQ・ITQ を導入することで先取り競争が解消できるメリットがあるともいえます。

なお、環境面で言えば、管理対象を魚そのものとして配分の対象を漁獲枠とする IQ・ITQ 方式よりも、管理対象を漁場として配分の対象を漁場の使用権とする日本の漁業権制度の方が、海洋保護区との親和性が高いとのメリットも指摘されています（Yagi *et al.* (2012)）。

「社会」を漁業政策の優先事項とする場合は、選択と集中によって生じる社会格差はかえってマイナスです。IQ は別として、選択と集中をもたらす可能性がある ITQ はよい選択肢ではないでしょう。先に述べたヒアリング結果でも、これは示唆されています。

また、従来から、日本の漁業者や漁村社会では、漁業管理を実施するためのコスト負担をある程度自前でしてきています。例えば、密漁の監視は漁業者相互や漁村の住民が一端を担っていますし、更に操業ルールを策定するための会議費用なども漁業者の自己負担です。漁村社会がしっかりしているために漁業の多面的機能が保持されている点にも注意する必要があります。

最後に結論めいたことを述べれば、これら漁業の目的は、政府が全国一律に決定するものと言うよりも、個別の実態に合わせて漁業当事者が相談し合って議論すべき筋のものといえます。その意味で、ITQ は、日本でも民間で既に導入しているところはそのようにしているわけですから、政府がわざわざトップ

第 20 章　漁業資源制度としての ITQ

ダウンで改めて号令をかける意義はあまりないように思えます。この点で、当事者の 85％が賛成すれば ITQ を導入できるとのニュージーランドの制度（つまり関係者主導型）は日本も見習うべきでしょう。

なお、東日本大震災からの復興過程においては、漁業はトータルシステムであることが再認識されました。漁船だけを復旧させても、流通加工や小売業などの周辺も回復しなければ漁業が成り立たない点が改めて浮き彫りになりました。ITQ についても、流通加工や小売などと絡めて、その導入の是非を議論すべき問題です。この側面については、引き続き将来の検討課題になると考えています。

注

(1)　例えば Ola Flaaten (2010)。

参考文献

[1]　European Commission (2009) The Common Fisheries Policy – A user's guide,. Luxembourg.pp.36
[2]　OECD (2006) Using market mechanisms to manage fisheries, OECD, Paris. 　p.325
[3]　Ola Flaaten (2010) "Fisheries rent creation and distribution – the imaginary case of codland", *Marine Policy*, 34, pp.1268-1272.
[4]　Ragnar Arnason (2009) Building on ITQs: A view to the Future. Presentation material for Conference on Efficient Fisheries Management. eykjavik. 27-8 August 2009.
[5]　Yagi N., Clark M. L., Andersonc L. G., Arnasond R.,Rebecca M. (2012) "Applicability of Individual Transferable Quotas (ITQs) in Japanese fisheries: A comparison of rights-based fisheries management in Iceland, Japan, and 　United States.", *Marine Policy,* 36, pp. 241-246.

第21章 効率性分析から考える漁業管理の方向性

阪井　裕太郎

1. はじめに

　日本漁業は、過去20年以上に渡って漁獲量の減少や収益性の低迷などに直面しています。このような状態にある原因としては、魚価の低迷、燃油代の高騰、伝統的な流通構造が昨今の市場の変化に対応できていないなど、様々なものが指摘されています。このうち魚価や燃油価格については基本的に市場で決定されるものであり、個別の漁業者にコントロールできるものではないでしょう。また、流通構造についても短期的に変化させることは難しいと思われます。一方で、免許された操業の条件や自然環境の条件下において、可能な技術を用いて操業プランを立てることは、一定程度漁業者のコントロール下にあるものと思われます。仮に現状よりも操業効率を高めることができるのであれば、操業にかかる費用の削減を通して経営状態を改善することが可能であると考えられます。そのため、漁業の操業効率に関する分析は非常に重要であり、世界中の漁業に関して分析が行われています。

　しかしながら、日本漁業の効率性に関わる分析を行った研究はこれまでにわずか2例しかありません（八木・馬奈木 (2010)、Yagi and Managi (2011)）。これらの研究は、修正 Johansen モデルを基にして日本漁業全体の生産性分析を行った上で漁獲枠の適切な配分を通じた産業の効率化の余地を検討しています。分析の結果、現在の漁業の効率性は 0.1 程度であること、大幅な効率化と費用削減の余地があることが示唆されました。しかし、この効率性の値は同様の分析を行った他の研究と比較して極めて低いものです。そもそも日本漁業は漁具や漁法が多岐にわたり、また漁獲される魚種は系群レベルの違いまで考慮すると極めて多様性に富んでいます。それゆえ、産業全体をサンプルとして使用した場合、漁法や魚種をある程度分類するだけでは考慮しきれない多様性が残り、効率性を低く計測してしまう可能性があります。

　このような事情を踏まえると、漁業の効率化に関しては産業全体での再構築

を議論するというアプローチとは別に、現状の漁業構造を前提として各漁業単位で効率化の余地を検討するというアプローチもやはり有用であると考えられます。個別漁業を対象とすれば詳細な漁船レベルのデータや資源量データの利用が可能になり、分析の精度を高めることが可能だからです。以上の背景を踏まえ、本稿では北海道沖合底曳網漁業を対象として漁船レベルデータを用いて技術効率性を計測し、実際に効率化の余地がどの程度あるのかを検討するとともに、漁業管理への示唆を得ることを目的とします。

2. 技術効率性の概念と分析手法

ある産業の効率性を測る場合、何をもって効率性と呼ぶかは必ずしも自明ではありません。本稿では、技術効率性という概念を採用することにします。技術効率性とは、現在の技術水準で漁獲できるはずの最大量と比較して、実際の漁獲量がどの程度であるかを測ったものです。最大量を達成している場合は技術効率性が1となり、漁獲量が低いほど技術効率性は0に近づきます。このようにして各漁船の技術効率性を計算し、全ての漁船の平均を取ると、産業全体としての平均技術効率性を算出することができます。産業全体での技術効率性が高いほど、操業している漁船が既存の技術をフルに生かした操業をしており、「効率が良い」産業であるという結論になります。

技術効率性を測定する手法はいくつか存在しますが、本稿ではBattese and Coelli (1992) が提示した以下のパネルデータ確率的フロンティア生産関数を用います。この分析では、まず既存の漁船の中で最も効率よく操業しているものを抽出し、そこから確率的な誤差を加味した上で現在の技術水準で漁獲できる最大量(フロンティア)を推定します。次に、フロンティアからの距離をもとに各船の効率性を推定します。モデルは以下のように表されます。

$$Y_{it} = f(x_{it}, \beta)\exp(\varepsilon_{it}) \tag{1}$$
$$\varepsilon_{it} = v_{it} - u_{it}$$
$$u_{it} = \eta_{it}u_i = \{\exp[-\eta(t-T)]\}u_i$$

ここで、Y_{it} はサンプル i の期間 t における産出量、x_{it} は企業 i の期間 t における投入量、β はパラメータです。攪乱項 v は正規分布 N $(0, \sigma_v^2)$ に従い、非効率項 u は攪乱項と独立な切断正規分布 N (μ, σ_u^2) に従うと仮定します。T はパネルデータの最終年であり、η はパラメータです。サンプル i の t 期における技術効率性値は最尤法によって次式で推定することができます。

$$E[\exp(-u_{it})|\varepsilon_t] = \left\{\frac{1-\Phi[\eta_{it}\sigma_t-(\mu_t/\sigma_t)]}{1-\Phi(-\mu_t/\sigma_t)}\right\}\exp\left[-\eta_{it}\mu_t+\frac{1}{2}\eta_{it}^2\sigma_t^2\right] \quad (2)$$

$$\mu_t = \frac{\mu\sigma_v^2 - \eta_t'\varepsilon_t\sigma_u^2}{\sigma_v^2+\eta_t'\eta_t\sigma_u^2} \quad (3)$$

$$\sigma_t^2 = \frac{\sigma_v^2\sigma_u^2}{\sigma_v^2+\eta_t'\eta_t\sigma_u^2} \quad (4)$$

$\Phi(.)$ は標準正規分布の分布関数です。また、ε_t とは ε_{it} を要素とするＴ×１ベクトル、μ_t とは u_{it} を要素とするＴ×１ベクトルです。t 期における技術効率性のサンプル平均は次式で表されることになります。

$$TE_t = \left\{\frac{1-\Phi[\eta_t\sigma-(\mu/\sigma)]}{[1-\Phi(-\mu/\sigma)]}\right\}\exp\left[-\eta_t\mu+\frac{1}{2}\eta_t^2\sigma^2\right] \quad (5)$$

3．北海道沖合底曳網漁業

　本稿の分析対象は、北海道の沖合底曳網漁業です。当該漁業は沖合漁業の中で大中型巻網に次ぐ規模を誇り、日本を代表する漁業の一つです。また、その主要な漁獲対象魚種であるスケトウダラやスルメイカは TAC 指定魚種であり、現在の日本型漁業管理の枠組みの中で漁業の効率がどの程度であるかを分析するのに適しています。2012 年現在、北海道には室蘭、日高、広尾、釧路、網走、紋別、枝幸、稚内、小樽の 9 基地に合計 42 隻の沖合底曳網漁船が所属しています。

　現存する沖底船は、いずれの地域でもスケトウダラを主要な漁獲対象としています。しかし、漁獲するスケトウダラは全道で同一の系群ではありません。北海道を取り巻く海域には、太平洋、オホーツク海南部、根室海峡、日本海北部という 4 つの評価群が存在し、それぞれの資源動態は異なっています。精度の高い効率性分析を行うためにはできるだけ均質なサンプルを分析に使用する必要があり、同じスケトウダラといっても異なる系群を漁獲対象としていることが明らかな漁船をまとめて分析に使用することは望ましくありません。そこで、本研究では太平洋系群を漁獲している太平洋側の 4 基地（室蘭、日高、広尾、釧路）の沖底船 26 隻にサンプルを限定します[1]。

4．データと計測モデル

本研究で用いたデータは、北海道沖合底曳網漁船のうちで太平洋側の基地（室蘭、日高、広尾、釧路）に所属する26隻の2004年から2008年までの月次の漁獲データ及び同期間の年次の資源量データです。周年操業ではなく、さらに地区や漁船によって出漁期間が異なることから、データは45カ月間の不備パネルデータです。漁獲量や努力量及び漁船特性データは沖合底びき網漁業漁獲成績報告書より、また資源推定量は北海道区水産研究所（以下、北水研）の平成23年度スケトウダラ太平洋系群資源評価より得ました。

漁業における生産関数は、産出量Qを労働投入量L、資本投入量K、及び資源量Sによって説明するものが一般的です。以下では分析対象漁業の特性を踏まえながら、使用した変数について述べます。まず、産出量Qとして本研究では各漁船の全魚種合計の漁獲量を採用しました。当該漁業ではスケトウダラの漁獲比率が数量で85％以上を占めており、多魚種漁業ではありながらも実質的にはスケトウダラの単一漁業に近似できるからです。

労働投入量Lとしては曳網回数及び操業人日を採用します。曳網回数は沖合底曳網漁業において最も基本的な努力量変数であり、一網当たりの漁獲量が一定であれば直接的に漁獲量を決定する変数となります。一方で、一網当たりの漁獲量は実際に網に入る魚の量と水揚作業中に発生するロスの量に依存します。これらはさらに操業日数や乗組員数の多寡に影響を受けると考えられます。このような現場の状況を踏まえると、曳網回数と操業人日を別々に労働投入量として加えることが妥当と考えられます。

資本投入量Kとしては漁船のトン数や馬力を用いるのが一般的です。しかし表1に示されているように、本研究の分析対象である北海道沖合底曳網漁業ではトン数や馬力にほとんどばらつきが存在しません。これは、大半の漁船が上限トン数及び上限馬力で操業を行っているためです。このような点を踏ま

表1 記述統計

	平均	標準偏差	最小	最大
漁獲量[1]（トン/月）	402.43	323.10	0.26	2403.61
曳網回数[1]（回/月）	77.84	38.50	1.00	214.00
操業人日[1]（人日/月）	210.67	77.68	14.00	656.00
資源推定量[2]（千トン）	594.03	59.06	520.84	700.42
トン数[1]（トン）	161.41	13.53	124.00	182.00
馬力[1]（HP）	608.77	52.15	440.00	640.00
オッターダミー	0.33	0.47	0.00	1.00
小型船ダミー	0.18	0.39	0.00	1.00

資料：阪井ら（2012）より転載。
　　データソース：1）漁獲成績報告書、2）資源評価報告書。

え、資本投入量変数として旧 124 トン型の相対的に小型の漁船に対するダミー変数を採用します。なお、トン数と馬力の間に高い相関が検出されたため、馬力は分析から除外します。また、漁具の違いを加味するためにオッタートロール網に対するダミー変数を加えます。

資源量変数 S としては北水研によるスケトウダラ太平洋系群の資源推定量を使用します。当該漁業では資源管理協定によって体長 30 センチまたは全長 34 センチ未満の未成魚保護を目的とする漁場移動等の措置が定められています。漁業者への聞き取り調査によれば、この規定によって漁獲の主体が 3 歳以上の魚となっていることを考慮し、分析には 3 歳以上の推定資源重量を使用することとします[2]。

計測モデルは以下のようなコブダグラス型として特定化しました。本来であれば、コブダグラス型を特殊なケースとして含むより一般的なトランスログ型に特定化した上で、コブダグラス型を帰無仮説とした検定を行う方が望ましいと考えられます。しかし、本研究では用いる資源量データが年次データであり、表 1 に見られるように月次データとしてみた場合には極めてばらつきが小さいため、トランスログ型で推定を行うと深刻な多重共線性を引き起こすことが初期の推定によって明らかとなりました。それゆえ、関数形としての制約は強いものの、より推定精度が高いと考えられるコブダグラス型を採用することとしました。ここで、Q は漁獲量、E は曳網回数、PD は操業人日、S は資源推定量、Trawl はオッタートロールダミー、Small は小型船ダミー、Region は地域ダミー、Month は月ダミーを表しています。

$$\ln Q_{it} = \beta_0 + \beta_1 \ln E_{it} + \beta_2 \ln PD_{it} + \beta_3 \ln S_t + \beta_4 Trawl_i + \beta_5 Small_i + \sum_6^8 \beta_k Region\_k_i + \sum_9^{16} \beta_k Month\_k_t + v_{it} - u_{it} \quad (6)$$

5. 計測結果

FRONTIER4.1（Coelli (1996)）を用いた計測結果を表 2 に示しました。別途行った特定化テストの結果をもとに、非効率項が時間一定でかつその分布を半正規分布と仮定したものを採用しました。

曳網回数及び操業人日のパラメータは共に正で有意であり、符号条件を満たしています。曳網回数の係数がほぼ 1 という数値をとっており、曳網回数を 1% 増やすと漁獲量が 1% 増えるという結果となっています。資源量のパラメー

タは 0.77 であり、1% の資源量増加は 0.77% の漁獲量の増加をもたらすという結果となっています。小型漁船の方が漁獲能力は低く、またオッタートロールの方が漁獲能力は高いと予想されますが、計測結果の符合はこのような予想と整合的です。ただし、オッタートロールはかけまわし網とは漁場自体が異なり、またその結果として漁獲対象についてもかけまわし網と比べるとスケトウダラの比重が大きくなっています。そのため、この差は漁場の生産性や漁獲対象が違うことの影響を表している可能性もあります。地域ダミーの符号を見ると、釧路と比較して広尾の漁獲量は有意に少なく、日高の漁獲量は有意に多いという結果となっています。月ダミーは、1月と比較して漁が解禁される9月のみ有意に漁獲量が多く、また2月以降は時間とともに漁獲量が減少してい

表2　計測結果

Parameter	Estimete	Standard Error	t-statistics
定数項	-4.51 **	1.97	-2.28
lnE	1.01 ***	0.07	13.77
lnPD	0.53 ***	0.07	7.12
lnS	0.75 ***	0.15	5.11
小型船	-0.25 ***	0.09	-2.92
オッター	0.79 ***	0.06	14.18
広尾	-0.85 ***	0.13	-6.47
日高	0.85 ***	0.08	10.40
室蘭	-0.05	0.07	-0.63
2月	-0.14 **	0.06	-2.23
3月	-0.63 ***	0.06	-10.23
4月	-0.79 ***	0.06	-12.29
5月	-0.86 ***	0.07	-12.46
9月	0.53 ***	0.20	2.66
10月	-0.09	0.07	-1.31
11月	0.06	0.78	0.07
12月	0.14	0.61	0.24
σ^2	0.27 ***	0.02	17.39
γ	0.08 **	0.04	2.01

Number of obs　1139
Log Likelihood　-821.08

注：***，**，*は、それぞれ有意水準1％、5％、10％で有意であることを表す。
資料：阪井ら(2012)より転載。

くという極めて直感的な結果を示しています。

　推定された技術効率性値の平均値は 0.892 となりました。標準偏差が 0.061 と小さく、サンプルに含めた漁船が全体として極めて高い技術効率性をもって

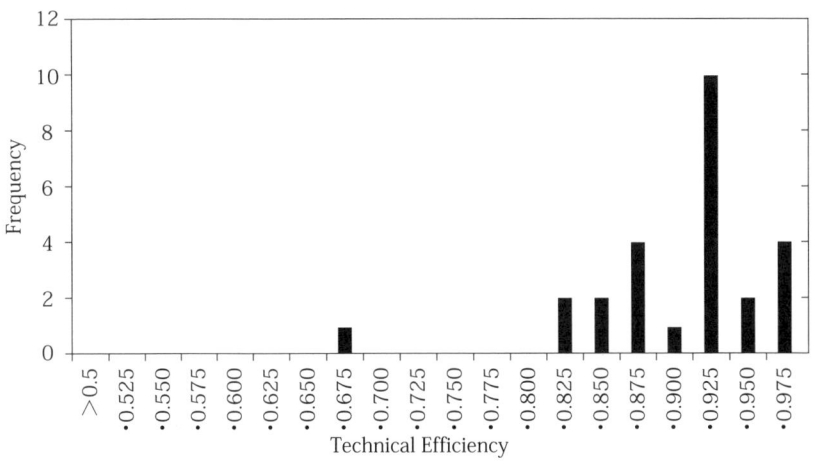

図1 技術効率性の分布

資料：阪井ら (2012) より転載

いることが分かります。図1の分布をみると、0.9 - 0.925 という範囲に半数近い10隻の漁船が集中しています。また26隻中16隻は効率性値が0.9を超えています。

6. 考察

本研究は、日本において漁船レベルデータを用いて技術効率性を計測した初めての研究です。所与の投入量に対して産出量を最大化することは利潤最大化を達成する上で必要条件であり、技術効率性はその達成度合いを測る指標です。分析の結果、当該漁業における技術効率性は0.9程度と極めて高いことが示されました。これは、しばしばなされる日本漁業が非効率であるという指摘に対し、それが必ずしも正しいとは限らないことを示唆しています。

本研究と関連する分析を行った八木・馬奈木 (2010) 及び Yagi and Managi (2011) では、日本のスケトウダラ漁業の効率性として0.1程度という結果を得ています。この結果は本研究とは大きく異なるものですが、必ずしも矛盾するものではありません。分析の視点、手法、データ、さらには効率性の定義自体も異なっているためです。むしろ、八木・馬奈木の研究と本研究を合わせて考えれば、日本漁業は、同じ魚種を対象とした似通った条件下では各船とも効率が良い操業をしているにもかかわらず、産業全体としてみると効率が低いという状況にあることがうかがえます。これは、漁業種類や地域によって操業の

条件に大きな差があることを示している可能性もあります。

　操業条件が異なる要素が、自然環境に起因するものである場合は、政策的にこれを改善させることは困難です。例えば、魚種によっては漁港から至近の場所で漁獲できるものもある一方で、遠くの漁場まで出かける必要があるものも存在します。魚の来遊経路や分布の地理的な偏りが、産業全体としての日本漁業の効率低下の一つの原因となることもありえますが、この要素を産業政策で克服することは難しいといえます。

　また、各魚種によって漁獲規制の強弱も異なっている点にも考慮が必要です。日本の漁業管理においては、漁業免許制度による漁船のサイズや馬力の規制、漁業者間の調整などによる操業海域や漁期などのインプット管理、更にTAC制度によるアウトプット管理など、重層的な規制が存在します。これらの規制の中には、資源管理のために操業効率をあえて低下させる仕組みになっているものもあると考えられます。しかし、このような漁業管理制度は資源保護とのバランスを考慮しつつ決定すべき課題であり、資源の持続可能性を無視して漁業の効率だけを向上させる議論には現実味がありません。

　可能な政策オプションとしては、所与の条件下で各漁船が利潤最大化を達成できるように、技術効率性の他に配分効率性を高めることが重要でしょう。配分効率性とは投入要素の相対価格に照らしてどの程度適切な投入要素の組み合わせを選択できているかという効率性の指標であり、技術効率性を補完する概念です。本研究により、当該漁業において技術効率性は十分に高いことが明らかになったため、次に検討すべきことは配分効率性に改善の余地があるかどうかであるといえます。但し、配分効率性の分析にはコストデータが必要であり、今後のデータの整備が望まれます。また合わせて、中長期的には魚価の上昇のためのブランド化や品質改善、より燃費の良い漁具の開発、流通構造の効率化などを進めていくことが漁業の経営改善を期する上で重要であると考えられます。

注

[1] 日高地区は、正確には「浦河」と「様似」に分かれていいますが、利用する漁場が共通であることを踏まえて本分析では一つの地区として扱います。

[2] 漁業者からの聞き取り結果を踏まえて3歳以上を分析対象としましたが、2歳以上の資源推定量を使用しても分析結果に大きな変化はありません。

参考文献

[1] Battese G. E. and Coelli T. J. (1992) "Frontier production functions, technical efficiency and panel data: With application to paddy farmers in India," *Journal of Productivity Analysis*, 3(1-2), pp153-169.

[2] Coelli T. J. (1996) "A guide to FRONTIER 4.1: a computer program for stochastic frontier production functions and cost function estimation," CEPA working paper 96/07. Armidale: CEPA, University of New England, NSW.

[3] Yagi M. and Managi S. (2011) "Catch limits, capacity utilization and cost reduction in Japanese fishery management," *Agricultural Economics*, 42(5), 577-592.

[4] 阪井裕太郎・森賢・八木信行 (2012)「日本漁業の効率性に関する経済分析－北海道沖合底曳網漁業を事例に－」、『国際漁業研究』11、pp.101-119。

[5] 森賢・船本鉄一郎・山下夕帆・千村昌之 (2012)『平成23年度スケトウダラ太平洋系群の資源評価』、『平成23年度我が国周辺水域の漁業資源評価』、水産庁。

[6] 八木迪幸、馬奈木俊介 (2010)「日本の漁業における費用削減の可能性」、寶田康弘・馬奈木俊介編著『資源経済学への招待－ケーススタディとしての水産業』、ミネルヴァ書房、pp.79-94。

[付記] 本研究は、阪井裕太郎が日本学術振興会特別研究員（平成23年度、受入教員：東京大学大学院農学生命科学研究科 黒倉壽教授）として行った調査・研究活動の成果の一部です。また、平成21年度～23年度農林水産政策科学研究委託事業「我が国水産業へのITQの適用可能性に関する法学的・経済学的分析」（研究総括者：東京大学八木信行）の成果の一部です。なお、本稿は、阪井ら (2012) の内容を加筆・修正したものである。

[謝辞] 本稿を作成するにあたり、北海道機船漁業協同組合連合会の柳川延之専務、釧路機船漁業協同組合の西田達雄専務、株式会社本間漁業の本間新吉社長に北海道の沖合底曳網漁業の歴史や現状について詳しく教えていただきました。また東京大学大学院八木信行准教授と北海道区水産研究所森賢博士にはデータの扱いや分析結果の解釈についてご教授いただきました。ここに記し、深謝すします。

第22章 「小間問題」と漁業権管理

原田　幸子・日高　健・婁　小波

1. はじめに

　日本のノリ養殖業は、1949年のノリ糸状体の発見を契機とした人工採苗技術の確立や冷凍（冷蔵）網保存技術、浮流し養殖法の開発、系統共販体制の構築といったイノベーションにより[1]、1950年代以降飛躍的な発展を遂げ、佐賀、福岡、兵庫、愛知、千葉などに主産地が形成されました。

　本稿で取り上げる福岡県のノリ養殖業は、1960年代に入ってから有明海区を中心に発展し、全国有数の産地となりましたが、その発展過程においてノリ養殖漁場の「小間」を有料で賃貸借する問題が発生し（内海(1979)）、大きな影を落としてきました[2]。

　ノリ養殖を行うためには、漁業法で定められる漁業権のうちの区画漁業権を取得する必要があります。一般的に漁業協同組合に優先的に免許され、漁業者は組合から当該区画漁業権の行使権を取得し養殖を営むこととなります。従って、ノリ養殖を行うための区画漁業権は、他の漁業権と同様に属人的ではなく属地的な側面を強くもつものとして行使・管理されてきました（青塚(2004)）。

　しかし、福岡県有明海区では、区画漁業権が実質的に属人的に行使され、小間の有料賃貸が常態化してきたのです。小間の賃貸借は、漁場の行使権を取引するブラックマーケットを形成し、多くの問題を引き起こしてきました[3]。

　もっとも、この「小間問題」は関係者の努力によって解決されましたが、同海区のノリ養殖区画漁業権の行使実態を検証することは、漁協組織の合併再編が進み、漁業競争力向上のための漁業制度改革や漁業権管理のあり方が問われるなかで、漁業権の行使と管理のあり方を考える上で有意義であると考えられます。

2. 福岡県有明海区におけるノリ養殖業の展開[4]

　福岡県有明海区は有明海の湾奥部に位置し、ノリ養殖に好適な漁場環境を形

表1　福岡県有明地区におけるノリ養殖業の展開

年	主な出来事
1900	大牟田地先にて試験養殖が開始される
1919	大牟田にてノリ養殖事業化
1939	戦時下、ノリ養殖一時廃止
1947	ノリ養殖再開
1953	筑後川の氾濫による大水害、貝類養殖からノリ養殖への転換年
1950年代後半	人工採苗技術普及
1960年代中頃	冷凍網技術の開発、普及
1967・1968	疑似白ぐされ症による大凶作
1973	生産枚数が10億枚を突破
1970年代後半	大型全自動機の導入
1984	水産庁次長通達により正式に酸処理（活性処理法）を開始
1991	生産枚数は15億枚に達する
2000	色落ちによる大凶作

出所：有明海漁連資料および福岡県水産試験場（1999）より作成。

成しています。ノリ養殖業を束ねる組織としては、福岡県有明海漁業協同組合連合会（以下、有明海漁連）があり、その傘下に19の漁協[5]があります。

　福岡県有明海区のノリ養殖は、1899年に福岡県水試が大牟田地先において試験養殖を行ったことに始まり、1919年には大牟田漁協が約33haの区画漁業権の免許を受けて事業化に成功しました。戦後、1947年に養殖が再開し、有明海漁連は1952年に250haの区画漁業権を免許され、経営体数は315、生産枚数は1,616万枚、生産金額は7,735万円となりました。翌年には枚数、金額ともに急増し、その後も生産規模は拡大しつづけています。このような生産規模拡大の背景には、1953年に北部九州を襲った大水害からの災害復興策としてのノリ養殖業の振興[6]や、人工採苗技術の確立・普及、加工過程の機械化などがあります。

　その後は、表1に示すような展開を辿り、養殖技術の革新を経て、1973年には養殖ノリ生産枚数が10億枚を突破しました。また、養殖漁場の拡張も行われ、1960年代中頃になるとには沿岸の共同漁業権海域に目一杯養殖漁場が設定されました。さらに、拡大するノリ市場に応えるために、湾奥の中央部に農林水産大臣管轄海域として新たに区画漁業権が設定され、佐賀県との共有漁場が設置されました（図2）。「天領」ともいわれるこの共有漁場は「農区」と呼ばれ、海岸線沿いの福岡県の区画漁業権漁場である「有区」とは区別して呼ばれています。

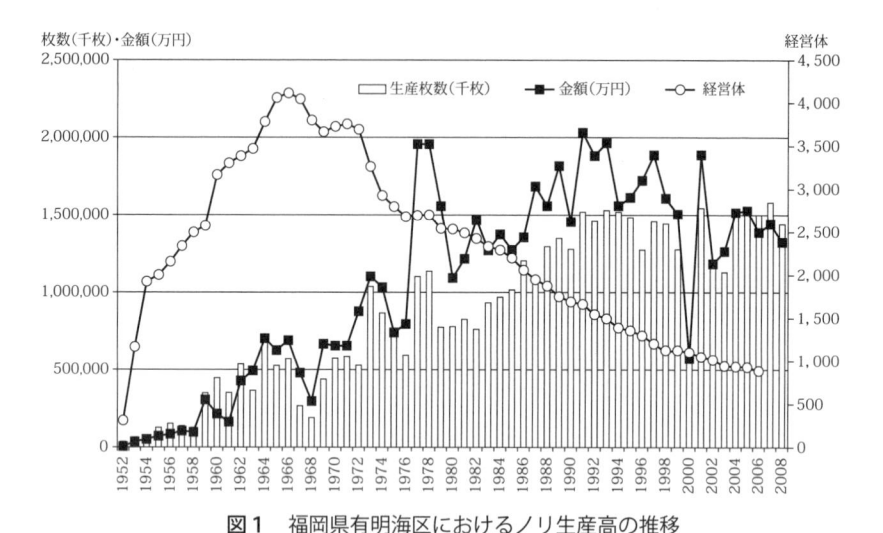

第 22 章 「小間問題」と漁業権管理

図 1 福岡県有明海区におけるノリ生産高の推移

資料：生産枚数および金額は、福岡県水産試験場 (1999)、有明海漁連資料、福岡県『福岡県水産業の動向－平成 21 年度 水産白書－』、経営体数は、福岡県水産試験場 (1999)、福岡県『福岡県農林水産統計年報』により作成。

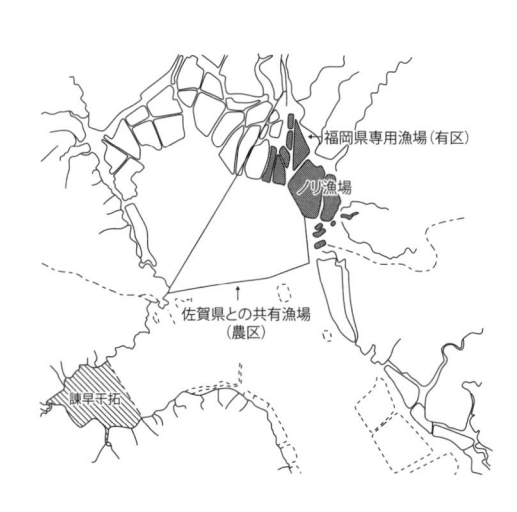

図2 有明海区におけるノリ養殖漁場「有区」「農区」の位置

資料：福岡県水産海洋技術センター有明海研究所 (2003) より引用。

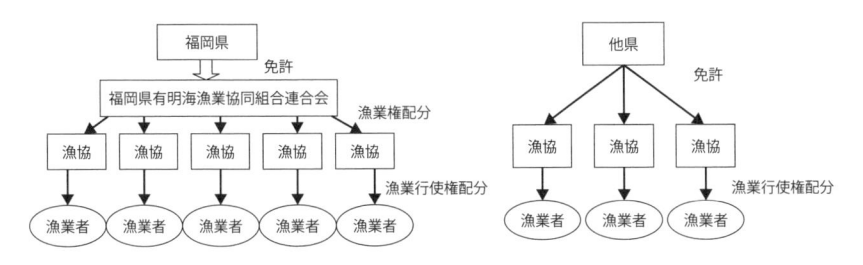

第 3 部　合理的な漁業管理の実現に向けて

図3　ノリ養殖区画漁業権の配分構造の比較
資料：聞き取り調査により作成。

　もっとも、ノリ養殖経営体数は 1966 年の 4,108 経営体をピークに減少に転じていますが、それとは裏腹に、80 年代以降のノリ生産は増加を続けており、90 年代には生産枚数が 15 億枚に到達しました。2000 年は、色落ちが発生し、長期間にわたったため、大凶作の年となりました（小谷ら (2002)）。

　いまなお経営体は減少していますが、1 経営体当たりの生産量は増加しており、養殖業者は生産規模の拡大により生き残ってきたと言えます。その生産規模の拡大を支えてきたのがノリ養殖漁場面積の拡大です。そしてこの養殖面積の拡大の背後には、「小間」を有料で賃貸借する市場の存在があります。次節では、ノリ小間の配分と、賃貸借の実態について確認してみます。

3. ノリ養殖区画漁業権の配分と「小間」の賃貸借

3-1. ノリ養殖区画漁業権の管理構造

　先述したように、福岡県有明海区のノリ養殖漁場には、福岡県専用漁場の有区と農林水産大臣管轄の農区があり、前者は福岡県知事から、後者は農水大臣から有明海漁連に免許されます。同海区では狭小な漁場に多くの漁協が密集しているので、漁場の線引きが難しく、結果としてノリ養殖漁業権は有明海漁連に一旦免許され、有明漁連からその行使権をさらに傘下の各漁協に配分するという、全国にも例をみない仕組みがとられています。そして、配分を受けた各漁協は、組合員の持ち小間数に応じて養殖漁場を振り分けています（図 3）。後述するように、この漁業権管理の構造が「小間問題」を引き起こす制度的要因となっています。

3-2. 小間の配分および賃貸借の実態

　1996 年時点のノリ養殖業者世帯数は 2,461 世帯、そのうち現業者が 1,167、

休業者が 1,294 となっており、休業者数が現業者数を上回っています。配分小間数は計 22,622 小間で、そのうち現業者、休業者への配分がそれぞれ 14,092 小間、8,531 小間となっています。表2によると、柳川大川地区および大和高田地区の現業者世帯および現業者への配分小間数は、同水準で、1世帯当たり平均配分小間数は両者とも 11.8 小間です。一方、大牟田地区は前2地区より世帯・配分小間数ともに少ないですが、1世帯当たりの平均配分小間数は 14.7 小間と多くなっています。地区別の配分小間数は漁場形成の歴史に由来しており、最も早く着手し、好漁場を持つ大牟田地区が多くの配分を受けています（日高 (2011)）。

表2　現業者・休業者別の世帯数、配分小間数、小間貸借の方向（1996 年度）

	世帯数			配分小間数			小間貸借の方向		
	現業者	休業者	合計	現業者	休業者	合計	漁協内貸借	漁協外貸し	漁協外借り
柳川大川地区	522	553	1,075	6,150	2,615	8,765	2,371	244	1,105
大和高田地区	527	370	897	6,202	2,246	8,448	2,246	0	2,590
大牟田地区	118	371	489	1,740	3,670	5,410	681	2,989	0
合計	1,167	1,294	2,461	14,092	8,531	22,622	5,298	3,233	3,695

また、萩野・婁 (1999) のアンケート調査によると、平均借り小間数は 8.3 小間であり、同アンケート調査では、1小間当たりの平均貸借料が 21.7 万円であることが判明しています。この小間貸借料は、総経費の2割近くを占め[7]、ノリ養殖漁家の経営を大きく圧迫していることがわかります。

3-3. 小間賃貸借の動機

小間の貸借には、何らかのインセンティブがあると考えられます。そこで、借りる側と貸す側の小間貸借の動機をそれぞれ整理してみます。

まず借りる側、つまり現業者が小間を借りる動機には、以下の2つが考えられます。第1は、ノリ養殖の規模を拡大することで経営を存続させることです。萩野・婁 (1999) によれば、当海区のノリ養殖漁家は養殖小間数が多いほど借り小間数も多いという結果が出ており、規模拡大が借り小間によって進められてきたことが伺えます。第2は、経営的な考慮による養殖漁場の調整です。作業の効率性を高めるために自宅や加工場の近くに漁場を集約したり、生産性が高いノリ養殖小間を確保するという目的があります。条件の良い小間

は賃貸料が高くなるため、それらの小間を確保しようとすれば、経済的負担は増しますが、経営的判断により仕方なく貸借市場から小間を調達せざるを得ないのです。

次に休業者が小間を貸す動機について検討してみると、何よりも経済的な動機付けを挙げなければなりません。当海区では、毎年多くの廃業者（休業者）が出ています。退出のパターンは、きわめて多様ですが、ほとんどの休業者に共通しているのは、退出後にノリ養殖小間の行使権を現業者に賃貸するということです。その背景には、これまで機械設備などに投下してきた資本や経費を、回収しようという思惑もあれば、退職金代わりの収入を得ようという意図もみられ、休業者による小間の賃貸の最大の動機は経済的な収益にほかなりません。

以上のような動機がいわば小間貸借という取引市場を生み出し、維持させてきたわけですが、それでは小間賃貸借市場はどのような背後要因の下で、如何なるメカニズムにより形作られたのでしょうか。

4.「小間問題」の発生メカニズム

4-1. 小間問題発生の契機

小間の賃貸借行為は1960年代半ばから顕在化し始めたといわれています。その大きなきっかけとなったものが2つあります。すなわち、第1は、農林水産大臣管轄である「農区」の拡張です。福岡県と佐賀県の地先に面積124km^2（ノリ漁場は39.3km^2）の共有漁場が設定されましたが、共有漁場であるため、両県は漁場の使用権をめぐって競合しました。その際、地域漁協は、実績を装うために、農業者などの地域住民も漁業者として申告させて免許申請をしました。その結果、実際に漁業を営まない者までも漁場の配分を受けることになり、漁場を確保した彼らに、漁業者が代金を支払って漁場を借りるというケースが続出しました。第2のきっかけは、1967、68年の疑似白ぐされ症による大凶作です。大きな損害を被ったノリ養殖業者は次々と撤退し、撤退した者はそれまでの慣習に倣い、小間の権利を現業者に貸し始めるようになりました。

4-2. 小間問題形成の背後条件

以上のような直接的なきっかけとは別に、次のような地域的な背後条件も小間の貸借を後押ししています。第1に、当海区はノリ養殖業者が多いわりに漁場が狭く、作業の自動化・省力化が進むにつれ配分された漁場だけでは採算

が取れなくなり、さらに漁場を確保しなければならなくなったということです。

　第２に、ノリ養殖が開始された当初の養殖業者は、そのほとんどが半農半漁であったので、地主としての自作農的感覚（楠本 (1994)）のままで、ノリ養殖漁場を使用していったのではないか、ということです。つまり、農耕と性格が類似しているノリ養殖をはじめたときに、養殖漁場を物権である農地と同じ感覚で捉えてしまったことが背景にあると考えられます。

　第３は、休業者の数が多く、彼らが漁業組織内において一大勢力となったことです。漁協や漁連の役員が休業者で構成され、慣習的に正当な権益とみなされてきた権限を自ら手放すような改革が実施されることはありませんでした。現に楠本 (1994)、p.123 は、「同じ漁業協同組合内部でのやり取りの場合、漁業者がもつ村落共同体意識（相互扶助意識）が、この習慣を批判しにくくしており、そのことがなお問題を複雑にしている」と指摘しています。

4-3.「小間問題」の形成要因

　ここでは、当海区において「小間問題」を現出させた要因として以下の二つを抽出しました。すなわち、一つは、独特な漁業権の二重管理構造であり、いま一つは関係する経済主体にとっての一定の経済的合理性の存在です。

(1) 漁業権の二重管理構造

　先述した、当海区における区画漁業権の二重的な管理構造は、「小間問題」を現出させてきた大きな要因であると考えられます。市川 (1999).p.22 は、この免許方式が養殖漁場の配分をめぐる矛盾とそれが経営問題に影響を及ぼしていることは間違いない事実であるとして、「個別組合員への実質的な漁場配分は地区漁協に委ねられているが、『漁連』から各地区漁協に配分される漁場の場所・面積等は既得権としてほぼ固定化している。地区漁協へ配分された漁場は、さらに各漁場で一定に定められた方式で個別組合員へ再配分を行うが、これも基本的には既得権をもつ『養殖漁家』を優先している」と指摘しています。つまり、この二重管理構造は、上から下への硬直した漁業権の配分構造を固定化して既得権益化させてしまっているのです。

　一般的に、漁業権が漁協によって管理される場合には、休業者が出ても、地域コミュニティの原理が作用して、休業者の漁業権は組合に返還され、残存漁業者（現業者）に再配分されます。ところが、漁連によって管理される場合、地域コミュニティ的な原理が作用しにくくなっていたのです。そこには、関係者が享受しうる経済的メリットが存在し、個別最適的な合理性を見出すことが

できます。つまり、小間貸借という一見「非合理」な市場が存続してきたのは、各経済主体の目的に合致する「合理性」が存在してのことだと考えられます。

(2) 小間貸借市場における経済主体の合理性

そこで、各経済主体にとっての「合理性」について改めて検証してみます。

まず、休業者にとっては、小間を貸すことで安定した収入が得られるというメリットがあります。これまで投下した投資の一部でも回収できることや退職金的な感覚をもつ休業者にとっては、この安定した経済的な利益が、闇取引市場を根付かせた最も根源的な「合理性」として捉えられます。

次に、現業者にとっては、規模を自由に拡大できるということが挙げられます。現業者は、小間を借りることで経済的負担は強いられますが、金銭的な折り合いさえつけば、自由かつ柔軟に養殖規模の拡大が可能になります。現状の制度的仕組みの下では、行為権としての漁業権を自由に手にいれることは難しいですが、当海区では、ある意味、市場メカニズムを通じた最適な経営規模を手に入れることができるのです。また、この小間賃貸市場の存在は逆に、漁業者をノリ養殖経営から退出させやすくする側面ももっています。これは現業者にも一種のセーフティネット的な役割を果たすことが潜在的に期待されていることを意味しています。

そして、各漁協にとっては、組合員がノリ養殖から退出して休業者となっても、過去の実績に基づいて、半ば自動的に同じ配分枠を受けることができるということです。つまり、漁協は休業者の貸し小間から得られた利益の一部を賦課金や漁場行使料として徴収し、漁協収入の主な財源としてきました。また、組合員数が多ければ出資金も増え、漁協経営にかかわる負担の軽減という意味で、現業者にとっても間接的にプラスになってきました。

最後に、有明海漁連にとっては、ノリ養殖区画漁業権全体の面積規模の変更による経営への影響がない限り、獲得してきた区画漁業権の行使のあり方まで指導する動機付けはなく、是正すること自体合理的な行為とはなりませんでした。つまり、漁連自身の経営活動には一切影響を及ぼさないので、それを敢えて問題視し、正面から是正するモチベーションはなかったのです。

5. おわりに

小間を賃貸する取引市場を形成せしめた根本的な要因として、有明海漁連とその傘下漁協による二重的な漁業権の管理構造、および当該市場取引システムを利用する経済主体に見出される一定の経済的合理性の存在を抽出することが

第 22 章 「小間問題」と漁業権管理

できました。しかし、このような一定の経済的「合理性」を見出せたからといって、小間取引市場自体も合理的であるかというと、そうとは言えません。そもそも、その譲渡や賃貸借が厳格に禁止されている漁業権たるノリ養殖区画漁業権の賃貸借が違法状態にあるといわざるを得ず、賃貸借によって発生する「小間代」それ自体が不法レント的な性格を有さざるを得ません。また、各経済主体にとっての経済的「合理性」も、あくまでも地域において形成された慣習を前提とした条件付きの合理性であり、仮に漁業法の精神に則って行使権の移動がスムーズに行えるならば、現業者が賃貸料は払わなくて済むのであり、ノリ養殖主産地としての産地競争力は向上することになります。当然ながら、ノリ養殖産地としての展開の仕方も大きく変わっていたはずでしょう。

それゆえ、福岡県はノリ養殖漁場行使適正化のために、1990年代後半から問題の解決に積極的に取り組み、2007年に正常化プランが作成され、実施されるようになりました。その結果、いわゆる「小間問題」に関しては完全な解決をみることになりました。解決に至るまでの行政の強い意志と担当者たちの努力には頭の下がる思いですが、果たして所轄官庁としての福岡県がこの問題をどのようにして解決し、それが今後産地の競争力向上に如何なるインパクトをもたらすかなどへの検証は今後の課題として残されています。

さらに、今日、日本漁業の競争力低下が問題視され、効率的・持続的漁業経営を構築するための漁業権経営や漁業権行使のあり方が問われているなかで、この「小間問題」が投げかけているものは決して無視できないように思われます。漁業権問題に関しては、漁業権の開放、あるいは漁業への参入資格が注目されがちですが、現実の問題としては退出経営体が如何にして漁業権を手放して、如何にして残存漁業者や新規就業者に再配分するか、などの漁業権の利用管理ルールの構築が、漁業経営の競争力向上や漁業の持続性を考える上で重要な課題であることを、この「小間問題」は問題提起していると言えるでしょう。

注
(1) 宮下 (1970)、宮下 (2003)、片田 (1989)、大房 (2001) などを参照ください。
(2) 「小間」とはノリ養殖区画の単位を意味しています。通常1小間は長さ20間 (36m)、幅10間 (18m) です。
(3) 漁業権行使規則上の問題、後継者確保への障害問題 (片岡 (1994))、ノリの価格低迷等を背景としたノリ養殖業の収益性低下問題 (島 (2002))、漁場賃貸料による漁家経営の圧迫と産地競争力の低下 (婁 (2000)) などがあります。

(4) ノリ養殖業の展開は、有明海漁連資料、福岡県水産試験場 (1999)、および海苔タイムス「有明海 (福岡県地区) のノリ養殖をふり返って…藤田孟男」(1989 年 1 月 1 日から 1989 年 4 月 11 日の期間に連載) に基づき整理しています。
(5) 2011 年 5 月末現在 (福岡県 (2011))。
(6) 当海区のノリ養殖は、1953 年の大水害による干潟貝類の大被害と同年から数年間続いた農薬公害の発生による魚貝類の斃死等、沿岸漁業の不振が農漁民のノリ養殖業への転換の契機となり、技術開発と国庫助成、県当局の積極的な奨励策も相まってすさまじい勢いで拡大していきました (内海 (1979))。
(7) 萩野・婁 (1999) によると、総経費は約 965 万円と算出されています。

参考文献

[1] 青塚繁志 (2004)『漁協役職員のための漁業権制度入門』、漁協経営センター。
[2] 市川英雄 (1999)「III 福岡有明海苔養殖の地域特性」、西日本水産研究会『福岡県海面養殖業高度化推進対策事業に係わる海苔養殖経営調査報告書』、pp.17-32。
[3] 内海修一 (1979)「福岡有明漁村の場合」、陣内義人編著『のり養殖業の経済分析』第 4 章第 1 節、佐賀大学農学部農業経営経済学教室、pp.173-188。
[4] 大房剛 (2001)『図説 海苔産業の現状と将来』、成山堂。
[5] 片田寶 (1989)『浅草海苔盛衰記－海苔の五百年』、成山堂。
[6] 楠本勝英 (1994)「福岡有明地区のノリ生産の概況」、財団法人九州経済調査協会『ノリ養殖再編計画策定調査報告書』第 3 章第 1・2・3 節、pp.88-137。
[7] 小谷正幸・福永剛・尾田成幸・渕上哲 (2002)「2000 年度ノリ漁期における色落ちの発生状況」、『福岡水技セ研報』12、pp.117-122。
[8] 財団法人九州経済調査協会 (1994)『ノリ養殖再編計画策定調査報告書』。
[9] 島秀典 (2002)「有明海ノリ養殖業と協業化」、『漁業経営 (組織・管理方式) のあり方－最終報告－』、東京水産振興会。
[10] 萩野誠・婁小波 (1999)「IV 福岡県海苔養殖業の経営分析」、西日本水産研究会『福岡県海面養殖業高度化推進対策事業に係わる海苔養殖経営調査報告書』、pp.33-86。
[11] 日高健 (2011)「ノリ養殖漁場の賃貸借問題が提起する漁業管理の現代的課題」、『漁業経済研究』55(1)、pp.63-75。
[12] 福岡県 (2011)『福岡県水産業の動向－平成 22 年度水産白書－』。
[13] 福岡県水産海洋技術センター有明海研究所 (2003)『福岡県有明海区のノリ養殖』。
[14] 福岡県水産試験場 (1999)『福岡県水産業の動向－平成 22 年度水産白書－』。
[15] 宮下章 (1970)『海苔の歴史』、全国海苔問屋協同組合。

第 22 章 「小間問題」と漁業権管理

[16] 宮下章 (2003)『海苔』、法政大学出版局。
[17] 婁小波 (2000)「海苔養殖業の展開構造と産地対応」、『漁業経済研究』45(2)、pp.43-72。

第3部　合理的な漁業管理の実現に向けて

第23章　日本型漁業管理の意義と可能性
－プール制における水揚量調整に注目して－

松井　隆宏

1．はじめに

　近年、水産資源の管理は、わが国のみならず国際的にも重要な課題となっています。こうしたなか、魚種ごとに漁期全体での漁獲量の上限を定めて規制する総漁獲可能量（TAC；Total Allowable Catch）制度が、わが国を含む多くの国で採用されています。このTACの運用、すなわち漁獲枠を配分するための制度としては、個々の漁業者にあらかじめ漁獲枠を配分する個別漁獲割当（IQ；Individual Quota）制度、その漁獲割当の取引を認める譲渡可能個別漁獲割当（ITQ；Individual Transferable Quota）制度、そして、競争的に漁獲させ総量が上限に達した時点で漁期を打ち切るオリンピック方式などがあります。現在、わが国の多くのTAC対象魚種ではオリンピック方式をベースとする制度が採用されていますが、従来から、早獲り競争に伴う過剰投資や、水揚げの集中に伴う値崩れ等の問題が指摘されています。また、IQ・ITQ制度についても、漁業の現場からの反発が強いことなどから、積極的な導入は、まだ難しい状況にあると考えられます。

　そこで本稿では、プール制における水揚量調整に注目して、"community based management"として国際的にも注目を集める、自主管理を中心とするわが国の地域的な漁業管理について分析し、TAC制度とのつながりを意識しながら、その意義と可能性について検討します。

2．水揚量調整の定量分析－駿河湾サクラエビ漁業を事例に－

　本節では、静岡県の駿河湾サクラエビ漁業を事例として、水揚量調整の意義・効果に関する定量的な分析をおこないます[1]。

2-1．プール制と水揚量の調整
　駿河湾サクラエビ漁業は知事許可漁業に指定され、2艘式の船曳き網により

第23章　日本型漁業管理の意義と可能性

おこなわれます。そして、漁業許可を持つ60統120隻の船は全て由比港漁協もしくは大井川港漁協に所属し、全船が加入する「静岡県桜えび漁業組合」が主体となり、全船による共同操業の下で、水揚代金の総プール制を採用しています[2]。

操業に際しては、漁期中毎日開催される、由比・蒲原・大井川の各地区の代表者からなる「出漁対策委員会」において、当日の出漁の可否と出漁時刻にくわえ、操業海域や、水揚量の目標等について協議がおこなわれます。水揚量の目標は、前日までの水揚量や価格、漁期の残りの長さ、資源状況、ならびに翌日の天候等を考慮して総合的に判断されます。

操業時には、60統全体を統括する「指令船」が無線で各船に指示を出し、集団で漁をおこないます。実際に漁獲をおこなうグループ以外にも、魚群探索をおこなうグループや、水揚げを手伝うグループ等も存在します。漁獲をおこなう船は指令船の指示に従って網を曳き、揚網を終えると指令船に結果を報告します。指令船は各船の結果を集計し、魚群の位置等を踏まえて次に網を曳く船を決定し、再び各船に指示を送ります。このような工程を繰り返し、最終的に、指令船が（目標の達成等により）当日の水揚げとして適当であると判断した時点で操業を終えます。

このように、駿河湾サクラエビ漁業では、単純に総水揚量を管理しているのではなく、きめ細かな日々の水揚量の調整をおこなっていることがわかります。

2-2. 水揚量調整の定量分析

ここでは、サクラエビの価格形成メカニズムについて分析したうえで、それにもとづき、利潤を大きくするには日々の水揚げをどのようにおこなうべきであるかを明らかにし、水揚量調整の意義について検討します。

(1)　価格形成メカニズム

従来の水産物の需要・価格分析では主に年次データが用いられてきましたが、実際には年間の総供給量によって平均価格が決まるのではなく、需給関係によって日々価格が決まっていきます。上述のように、サクラエビ漁業においては、日々の水揚量の調整がおこなわれています。オリンピック方式によるTACの運用においても、例えばサンマ漁業では、「全国さんま漁業協会」が主体となり自主的な生産調整がおこなわれ、その協定では月別の水揚量にくわえ、日別の水揚量や累積水揚量などについても細かく規定が設けられています。これらのことは、総供給量だけでなく、日々の水揚げのあり方も平均価格に影響

第 3 部　合理的な漁業管理の実現に向けて

を与えると考えられているということをあらわしています。

　日々の水揚げのあり方が平均価格に影響を与えるメカニズムは、「年間の水揚量がどのような形で達成されていくか（つまり累積水揚量の推移）、また、価格がそれにどのように追随し過去の価格を修正していくか」（多屋(1991)、p.51）について分析することにより、明らかにすることができると考えられます。そこでここでは、現地での観察にもとづき、日々の価格は「当日の水揚量」にくわえ、「過去の価格」、ならびに「累積水揚量を基にした漁期の総水揚量の予想」に規定されると考え、表記法を Q_t：水揚量、P_t：価格、t：漁期に入って何回目の出漁か、n：漁期に入って何日目か、s：漁期の日数、g：出漁できる確率、t+(s-n)g：予想出漁回数（d_i^- とおく）、D_i：需要関数のシフトに対応するダミー変数とし、次の価格の関数を推計します[3]。

$$P_t = \alpha_0 + \sum D_i \alpha_i + \beta_1 Q_t + \beta_2 P_{t-1} + \beta_3 \{t + (s-n)g\} \frac{\sum_{k=1}^{t} Q_k}{t} \quad (1)$$

　推計には、由比港漁協の水揚台帳から得た 1978 〜 2005 年の駿河湾サクラエビ漁業春漁のデータを、2000 年を基準に食料品消費者物価指数によってデフレートして用います。このとき、需要関数のシフトのあった期間として、2002 〜 2004 年を期間 1（D_1=1）、2005 年を期間 2（D_2=1）とし、また、S および g を過去の実績値より、s=83、g=641/1932 として OLS により推計した結果を、表 1 に示します。以下、単位は全て kg、および円/kg です。

　推計結果は、全てのパラメータが 10% 以下の水準で有意となっています。β_2 が正で有意であることは、日々の価格形成において「過去の価格」の影響があること、つまり、漁期初期の価格が漁期全体へ影響を与えることや、一度

表 1　価格の関数推計結果

parameter	estimate	t-statistic	p-statistic
α_0	459.2	4.659	0.000
α_1	142.6	3.728	0.000
α_2	211.1	2.083	0.038
β_1	-2.119×10^{-3}	-6.843	0.000
β_2	0.8461	24.91	0.000
β_3	-6.967×10^{-5}	-1.962	0.050

R^2：0.8967
Durbin's h-statistic:-1.356

注：不均一分散の疑いが強いため、White の方法により修正しました。

の暴騰・暴落が残りの漁期へ強く影響することを示唆します。β_3が負で有意であることは、日々の価格形成において「累積水揚量を基にした漁期の総水揚量の予想」の上昇が価格の低下を招くこと、つまり、漁期の消化具合に対して累積水揚量が多いと、漁期全体での総水揚量が多くなることが予想され、その時点から価格が下がることを示唆します。

これらの結果からは、Gordon(1954)等により従来から唱えられているような、先取り競争による過剰投資や漁場利用の不均一化等を考慮せずとも、競争的な漁獲により、総水揚量一定のなかで水揚金額自体が下がり得ることがわかります。つまり、漁業管理としては総水揚量を管理するだけでは必ずしも十分でなく、更なる細かな対応が求められるということです。

(2) 水揚げのあり方

こうした価格形成のメカニズムを踏まえ、ここでは、利潤を大きくするには日々の水揚げをどのようにおこなうべきであるかを明らかにします。具体的には、(1)式の推計結果を用いて、漁期全体での利潤を目的関数とする利潤最大化問題を考えます。表記法はQ_t^*：最適水揚量、Q_{max}：最大水揚量、Q_{min}：最小水揚量、d：漁期を通しての出漁回数、C：一回あたり総費用（一定）、$\overline{Z_1}$：初期条件とします。また、$\alpha = \alpha_0 + \Sigma \alpha_i$とします。

k回目の出漁における一回あたりの水揚金額は$P_k Q_k$であらわされるので、漁期全体での利潤を目的関数とする利潤最大化問題は、次の(2)式であらわされます。

$$\max_{Q} \sum_{k=1}^{d} (P_k Q_k - C) \tag{2}$$

この問題の解が、漁期全体での利潤が最大となるような日々の水揚量となりますが、価格が過去の価格と累積水揚量の影響を受け、日々の価格が逐次的に決定されていくため、この問題は動学問題となります。そこでここでは、前回の出漁時の価格、およびそれまでの累積水揚量を状態変数（ベクトル）

$$Z_k = \left(P_{k-1} \quad \sum_{j=1}^{k-1} Q_j \right)' \tag{3}$$

とみなし、遷移式を、(1)式等を用いて(3)式の階差をとることにより

$$F(k, Q_k, Z_k) = \begin{pmatrix} \alpha \\ 0 \end{pmatrix} + Q_k \begin{pmatrix} \beta_1 + \beta_3 \dfrac{d_k^-}{k} \\ 1 \end{pmatrix} + \begin{pmatrix} \beta_2 - 1 & \beta_3 \dfrac{d_k^-}{k} \\ 0 & 0 \end{pmatrix} Z_k \tag{4}$$

として、最大値原理を用いて次の動学的最大化問題を解くことにします。

第３部　合理的な漁業管理の実現に向けて

$$\max_Q \sum_{k=1}^{d}(P_k Q_k - C)$$
$$s.t. \quad Z_{k+1} - Z_k = F(k, Q_k, Z_k)$$
$$Z_1 = \bar{Z}_1$$
$$Q_{\min} \leq Q_k \leq Q_{\max}$$

このとき、α = α₀とし、また、過去の実績値をもとに、s=83、$Q_{\min}$=9トン、$Q_{\max}$=∞、そして、単純化のために、出漁の可否が×○××○×…の規則で漁期末まで続いていくとみなしてd_t^-を求めるものとして、日々の最適な水揚量を計算した結果の一部を、表２に示します。表２のt,定数項、係数は、Q_t^* =（定数項）+（係数）× P_0という関係を表しています。また、最大化問題を解く過程で、必要条件として次の(5)式が得られます。

表２　最適水揚量（一部）

t	2051≦P_0≦2515 定数項	係数	2516≦P_0≦2999 定数項	係数	3000≦P_0≦3669 定数項	係数
7	6279	23.90	34950	12.50	69100	1.118
8	42480	10.95	64280	2.291	89420	-6.094
9	64110	2.751	80020	-3.574	97790	-9.499
10	76000	-2.023	87320	-6.525	99530	-10.59

$$Q_k^* = -\frac{\alpha + \left(\beta_2 \quad \beta_3 \dfrac{d_k^-}{k}\right) Z_k + \lambda'_{k+1} \begin{pmatrix} \beta_1 + \beta_3 \dfrac{d_k^-}{k} \\ 1 \end{pmatrix}}{2\left(\beta_1 + \beta_3 \dfrac{d_k^-}{k}\right)} \quad (5)$$

表２では、いずれの価格帯においても、漁期の途中にP_0の係数が正から負に転じています[4]。係数が正であることは、P_0の増加に伴い（その日の）最適な水揚量が増加することを意味し、係数が負であることは、P_0の増加に伴い（その日の）最適な水揚量が減少することを意味します。つまり、最適な水揚げパターンとしては、P_0が高位にあるほど後半の水揚げが前半に回るということです。また、全ての価格帯において、P_0の係数をt=1から28（漁期末）まで足し合わせると正になり、これは、P_0の増加に伴い、最適な水揚量の和（総水揚量）が増加することを意味します。

(5)式は日々の最適な水揚量をあらわしており、αは需要関数のシフトに対応して変化します。つまり、需要の増加に伴い全ての日の最適な水揚量が増加し、最適な総水揚量も増加します。

つづいて、実際の水揚げパターンと対応させるために、2004年と2005年を例として、実際のP_0（前期末価格）や漁期の長さなどを用いて上記の最大化問題を解き直した解（最適な水揚げパターン）を、図1に太線（黒、灰）で示します。ここでは、漁期末の価格が翌期へ影響を及ぼす可能性に鑑み、漁期末の価格に制約（下限）を設けるケースを想定し、実際の漁期末の価格を端点条件として制約に追加しています。

この結果からは、ひとまず、漁期末の価格に特に制約を設けない場合と比較して、漁期前半から中盤にかけての基本的な変化はみられないものの、終盤の水揚量が著しく減少することがわかります[5]。

以上の結果から、次のような「利潤を大きくする水揚げのあり方」がわかります。まず、水揚量は多ければ多いほどよい訳ではありません。その適正な日々の水揚量、および総水揚量は、α が大きいほど（需要関数が上方にあるほど）、そしてP_0 が高いほど（一時的な価格条件がよいほど）多くなります。漁期内における日々の水揚げのあり方は、漁期前半の水揚げを抑え、中盤以降の水揚げを多くするのがよく、翌期への影響に鑑み漁期末の価格の下落を防ぐには、終盤の水揚げを抑える必要があります。

(3) 水揚量調整の意義

図1に細い折れ線（実線、破線）で示した値は、2004年と2005年の実際

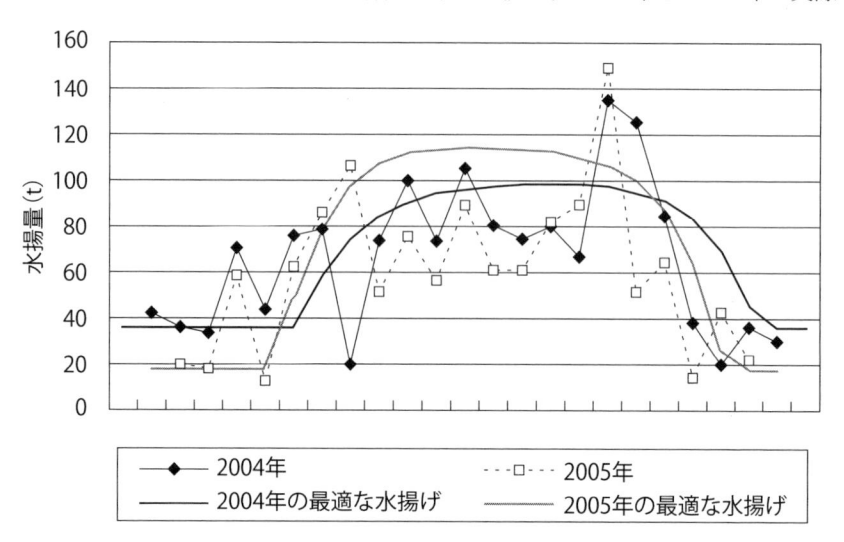

図1 最適な水揚げと実際の水揚げ

の日々の水揚量です。実際の水揚げが、概ね理想的な形でおこなわれていることがわかります[6]。このように、プール制においては、自らの価格形成力を念頭に、価格の動学的な推移を考慮に入れながら日々の水揚量を調整することにより、利潤の増大が可能となると考えられます。

　資源量に制約のある場合には、価格の動学的な推移を考慮に入れ、その資源を振り分けることで、資源保護の下での利潤を最大化できます。資源量に制約のない場合には、ひとまず資源の再生産関係を考慮の外におき、価格の動学的な推移を考慮に入れた水揚げをおこなうことにより、その資源の持つ経済価値の最大化が達成され、同時に、資源管理上の好影響という「副産物」がもたらされます。これこそが、プール制の下だからこそ可能となるきめ細かな水揚量調整の最大のメリットであり、総水揚量の制限のみでは決して達成できない、経済的側面をも含めた資源の有効利用といえると考えられます。

3. TAC 制度と水揚量調整－室蘭地区スケソウダラ漁業を事例に－

　本節では、北海道の室蘭地区スケソウダラ漁業に注目して、TAC 制度の下でのプール制による水揚量調整の事例について確認するとともに、プール制がもたらす実際の水揚げパターンへの影響についての検証をおこないます。

3-1. TAC の運用と水揚量の調整

　スケソウダラは TAC 魚種に指定され、TAC の約 6 割が国に、約 4 割が道県に割り当てられ、大臣管理分、知事管理分ともに、そのほとんどが北海道に水揚げされます。かつては「資源的には乱獲の兆候がみられないので、予想される漁獲量が TAC として設定」（多屋 (2005)、p.108）される、つまり、各船の判断で自由に漁獲をおこなえる状況でしたが、近年では、表 3 に示すように、TAC がその値の減少に伴い実質的な制約となってきたことから、大臣管理分の水揚げの主力である北海道の沖合底曳き網（沖底）漁業では、「北海道機船漁業協同組合連合会が事務局となり、北海道枠をさらに地区ごとに再配分」（阪井ら (2012)、p.107）し、地区ごとに管理をおこなっています。

　配分された TAC の管理は地区ごとに任意の方法でおこなわれますが、室蘭地区の沖底漁業では、均等配分による水揚代金の総プール制の下で水揚量の管理がおこなわれています。プール制自体は、漁場の混雑の回避や魚群の探索費用の節約を目的として以前からおこなわれているものですが、これにより、水揚げパターンのコントロールが可能となっています。

第23章 日本型漁業管理の意義と可能性

表3 TACと漁獲量（沖底太平洋海域）

	1999	2000	2001	2002	2003	2004	2005
ＴＡＣ	136	145	145	131	112	115	100
採捕実績	121	118	72	81	96	103	88

出所：水産庁『漁獲可能量（TAC）と採捕実績の推移』（単位：千トン）

3-2. 水揚げパターンの変化

通常、沖合で漁獲されたスケソウダラからはほとんどタラコを採取することができませんが、噴火湾周辺で産卵がおこなわれることから、室蘭地区の沖底漁業により水揚げされたスケソウダラからは、タラコを採取することができます。タラコの価格は身に比べて高いため、ここに、水揚げパターンをコントロールする必要性が生じます。すなわち、完全競争的な市場においてTACの値が実質的な制約となっていないならば、抱卵期はもとより、抱卵期以外も獲れば獲るほど単価が安いなりにも水揚金額を増やすことができたものの、TACの値が実質的な制約となったことで、抱卵期以外の漁獲が抱卵期の漁獲量を抑制してしまうことになったということです。

一方、室蘭地区（胆振管内）の沿岸でおこなわれるスケソウダラ刺し網漁業では、一定の効果が期待されるにもかかわらず、こうした水揚量の調整はさほどおこなわれてきませんでした[7]。そこで、こうした水揚げパターンの変化の違いを確認するために、室蘭地区の沖底漁業と沿岸漁業のそれぞれによるスケソウダラの水揚げについて、総水揚量に占める各月の水揚量の比率を、TACの値が前年度の採捕実績を下回った（実質的な制約となったと考えられる）2005年の前後に分けて、実質平均価格とともに図2に示します[8]。

沖底漁業では2005年以降、価格の低い時期、なかでも10月の水揚げを抑制し、価格の高い時期に集中的に水揚げをおこなっていることがわかります。一方、沿岸漁業も、水揚げのピークを最も価格の高い12月に合わせることはできているものの、価格の低い10月の水揚げが多く、価格の比較的高い2・3月の水揚げがほとんどない状態になっています。これは、年によっては早々にTACを使い切ってしまい、まだ価格が比較的高い状態にあるにもかかわらず、シーズンの途中で漁期を打ち切らざるを得ないケースがあることを反映していると考えられます。

このように、室蘭地区の沖底漁業では、プール制の下で、TACの総量を管

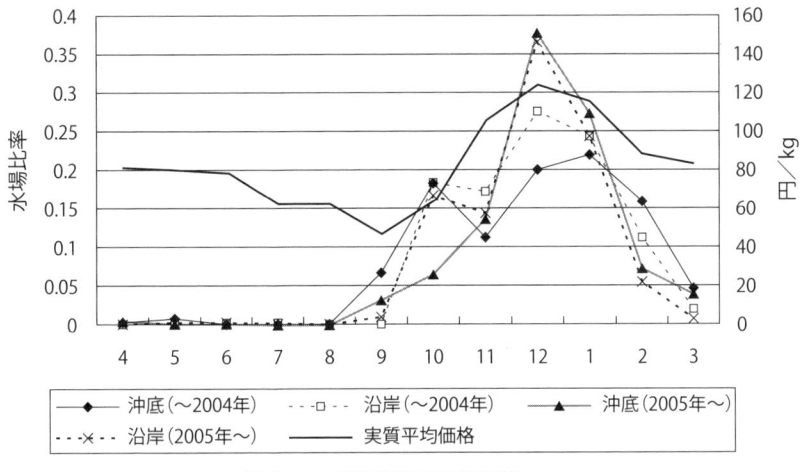

図2　水揚比率と平均価格

理するだけでなく、状況の変化に応じた、経済的側面からみて適切な水揚げをおこなっていることがわかります。

4. 日本型漁業管理の意義と可能性

本節では、これまでの分析を踏まえ、TAC制度とのつながりを意識しながら、わが国の漁業管理の意義と可能性についての検討をおこないます。

まず、サクラエビ漁業の事例では、プール制の下で、価格の推移を考慮に入れた合理的な水揚げがおこなわれていることが示されました。水揚代金のプール制の本質は、生産と所得（配分）のデカップリングにあると考えられ、プール制をはじめとする自主管理を中心とする日本型の漁業管理は、集団的・共同体的な振る舞いにより、単独所有（sole ownership）の場合と類似の漁業管理効果を発揮する可能性があると考えられます。

つづいて、スケソウダラの事例では、プール制の下で、TACの総量を管理するなかで、状況の変化に応じた水揚げをおこなっていることが示されました。日本型の漁業管理は、TAC制度の枠組みの一部として用いることにより、IQ・ITQ制度に伴う漁獲枠の配分の問題の回避（調整費用の削減）を可能にすると同時に、オリンピック方式に伴う非合理（非効率）な漁獲を防ぐことにもつながる可能性があると考えられます。

一方、こうした日本型の漁業管理は、効率性の改善を促すものではありませ

第23章 日本型漁業管理の意義と可能性

ん。TACの運用において、漁獲枠をIQとして配分するのか、自主的な管理に任せるのかというのは単なる内部的な管理手法の違いに過ぎず、(後者でも非合理な漁獲が防げているならば) 本質的な違いはありません[9]。しかし、ITQは効率的な漁業者に多くの漁獲枠を獲得させる、つまり、競争的に効率性の改善を促す手法です。また、自主管理による (資源保護のメリットを上回るような) 過度の水揚量の抑制は、消費者の余剰を減少させます。

漁業の管理をおこなう際には、それぞれの手法のメリット・デメリットを考えながら、それらの組み合わせも含む多様な管理方式について、可能性を限定することなく、その利用を広く検討していく必要があると考えられます。

注

(1) 本節の内容は、松井 (2008) での分析について、必要な部分のみを平易にまとめたものです。詳細は、同論文、ならびに松井 (2007) を参照して下さい。

(2) 水揚代金のプール制とは、全ての漁業者の水揚代金をプールし、それを一定の基準にもとづいて個々の漁業者に再配分するシステムのことで、駿河湾サクラエビ漁業では、水揚代金の全てをプール (総プール) したうえで、全ての船に均等に再配分をおこないます。費用に関するプール制の場合は、支払代金をプールし、それを分割して負担することになります。

(3) 右辺の第5項は、「漁期の残りの日数 (s-n) に出漁できる見込みの確率 (g) をかけ、それに当日までに出漁した日数 (t) を足し合わせることにより、漁期全体での出漁日数を予想 ($d_t^\sim$) し、さらに、漁期全体での一日あたりの平均水揚量が今までの一日あたりの平均水揚量 ($\Sigma Q/t$) と同程度になると想定し、これと予想出漁日数 ($d_t^\sim$) を掛け合わせることにより、$\{t+(s-n)g\} \Sigma Q/t$ によって漁期の総水揚量を予想する」ということをあらわしています。

(4) 紙幅の都合上、結果は一部を示すにとどめていますが、以下の指摘は、全ての価格・期間について成立するものです。

(5) 表2に示される結果を省略されている部分も含めてグラフにあらわすと、前半・中盤は概ね図1と同様で、終盤に水揚量が増加する形を示します。

(6) ただし、ここからだけでは、こうした水揚パターンが偶然得られる (漁期の序盤と終盤に魚群が形成されにくくなる) 可能性について否定できません。この点を検証するには、プール制導入の前後 (もしくは、制度の異なる地域間) での比較が必要ですが、サクラエビ漁業ではこうしたデータが存在しないため、次節にて、スケソウダラ漁業を事例として検討をおこないます。

(7) 渡島・胆振管内では、数年前から、月別の水揚量に上限を定めるなど、水揚げパターンをよりコントロールするための取り組みを始めています。
(8) 沖底漁業の水揚量は室蘭漁協の資料から得、また、沿岸漁業の水揚量は、『北海道水産現勢』の胆振管内のスケソウダラの総水揚量から沖底漁業の水揚量を引くことにより求めました。総水揚量が1994年まではタラ類の合計で記載されていることから、データは1995〜2009年度のものを用いました。なお、水揚量の比率は、年度ごとに各月の水揚比率を求めたのち、その値を月ごとに単純平均しています。実質平均価格も、年度ごとの値の単純平均です。
(9) ただし、はしりの時期の価格が高く、かつ価格が動学的に形成されるような場合には、IQ制度の下でも、最適な水揚げが達成されない（漁期初期に水揚げが集中し、漁期全体として値崩れを起こす）可能性があると考えられます。

参考文献

[1] Gordon, H. S. (1954) "The Economic Theory of a Common Property Resource: The Fishery", *Journal of Political Economy*, 62, pp.124-142.
[2] 阪井裕太郎・森賢・八木信行 (2012)「日本漁業の効率性に関する経済分析－北海道沖合底曳網漁業を事例に－」、『国際漁業研究』11(2)、pp.101-119。
[3] 多屋勝雄 (1991)『国際化時代の水産物市場－水産物需給と価格形成－』、北斗書房。
[4] 多屋勝雄 (2005)「スケトウダラ」、小野征一郎編著『TAC制度下の漁業管理』第3章、農林統計協会、pp.77-109。
[5] 松井隆宏 (2007)「水産物の価格形成分析－累積水揚量と価格の推移に注目して－」、『漁業経済研究』51(3)、pp.25-39。
[6] 松井隆宏 (2008)「プール制における水揚量調整の意義－駿河湾サクラエビ漁業を事例に－」、『漁業経済研究』52(3)、pp.1-19。

総　括－日本漁業の持続性を求めて

婁　小波・多田　稔・松井　隆宏

　本書では、変わりゆく日本漁業の可能性と持続性を探ることを共通の課題として設定しました。各章において、執筆者はそれぞれ興味を持ったテーマを一つ取り上げて、それぞれの視角からこの共通課題について検討を加え、自由に意見を開陳してきました。したがって、総括をおこなうことは屋上屋を架しかねませんので、以下ではまずは各章において得られる結論を簡単に要約してみることにし、その上で日本漁業の持続性をめぐるいくつかの論点を提示してみることにします。

１．日本漁業と地域経済をめぐって

　「第１部　日本の漁業と地域経済」は９章から構成され、多くの課題を抱える日本の漁業・漁村地域経済の実像解明と、その持続可能性の究明に焦点を当てています。

　山下東子「海外まき網漁業の現状と展望」では、カツオ・マグロを主な漁獲対象とする世界のまき網漁業の生産構造を踏まえた上で、日本の海外まき網漁業（海まき）の漁獲、漁場、操業、労働形態、海外漁場確保などの実情を分析し、まき網漁業と漁獲物の市場が変貌するなかで直面する課題を抽出しています。効率的な操業と漁獲能力の向上、労働力問題の克服、生食市場への対応、海外漁場の確保、国際的な漁業管理への積極的な対応などが漁業経営の改善にとって重要な方向性であることを明らかにしています。

　小野征一郎「漁業・養殖業の現状と新経営政策の意義－資源管理・漁業経営安定対策を中心に－」では、各階層にわたる漁船漁業・養殖業の構造変化の実態が分析され、日本漁業の抱える構造的問題に対処するための新しい経営政策の位置づけが検討されています。新経営安定対策が「構造不況業種」となってしまっている漁業・養殖業の持続性を確保するための、新たな投資を呼び込む漁業構造改革総合対策事業としての意義を有すると評価し、今後は、フィッシュビジネスをめざすトータル産業としての水産業を再認識し、水産業を狭義の漁業に囚われることなく、漁業の産業領域・漁家経営の事業ドメインを拡げつつ、持続的漁業を支える収益基盤を確立すべきことを論じています。

　中原尚知「国内におけるマグロ養殖業と組織形態」では、衰退をつづける日

中原尚知「国内におけるマグロ養殖業と組織形態」では、衰退をつづける日本漁業のなかで、この20数年間において唯一といってよい成長分野であるマグロ養殖業に分析の焦点を当てています。近年における生産動向を把握したうえで、国内マグロ養殖業の展開過程と担い手の多様化の実像を描き、フィールド調査にもとづき経営組織の特徴を整理しています。伸びつづけてきた生産量に一定のブレーキがかかりはじめたこと、大手水産会社や養殖会社が依然として、マグロ養殖経営の中核をなしていますが、近年外部大手資本による参入や漁協系統による進出がみられ、養殖経営の担い手が多様化していること、競争力を向上させるための垂直的統合や分権的・有機的なネットワークの構築や連携などが進んでいることなどが明らかにされ、資源と市場のダイナミックな変化のなか、今後事業の持続性を左右するのは、養成技術の向上を代表とする技術革新とブランド化や連携・協力関係などの経営革新であると指摘しています。
　望月政志「海洋環境変化に伴う定置網漁業の漁獲組成の変動と経営問題－京都府大型定置網漁業の事例から－」では、京都府大型定置網漁業の漁獲組成が大きく変化し、経営依存魚種としては、近年ではかつてのマイワシ、カマス、トビウオに、サワラ類が加わるようになり、逆にカタクチイワシが経営依存魚種から外れるようになったこと、ブリなどの単一魚種に大きく依存する経営体の収益構造が不安定であることなどが分析されています。漁獲魚種組成の変化は、海洋環境変化によって引き起こされるものであることから、付加価値の向上など海洋環境変化に臨機応変に対応できる収益構造の確立が必要であることが提言されています。
　李銀姫「『由比桜えび』ブランド化戦略の実態と課題－静岡県由比地区を事例に－」では、近年漁獲物の付加価値を高め、非価格競争戦略としてのブランド化戦略に分析の焦点を当てています。静岡県由比港漁協によって確立されている地域団体商標である「由比桜えび」をケースとして取り上げて、行政の支援や商工業者との連携体制の構築などがブランドの確立にとって重要であり、それによって観光客の増加、漁協直売所、魚食レストランの売上高の向上に寄与し、相乗効果が得られていることが明らかとなりました。今後、セリ・入札を基本とする産地市場流通における価格形成限界の克服、ブランド・コンセプトの明確化、市場ポジショニングの明確化といったブランディング戦略の課題解決が必要であることが提言されています。
　前潟光弘「魚類養殖業の新たな販売戦略－養殖魚種の多様化から6次産業化へ向けた愛媛県の取組－」では、複合養殖を展開している養殖経営体による

加工・販売などの新たな販売戦略の特質と課題を検証しています。養殖生産量が低迷し、魚価が下落している状況のなかで、愛媛県においていわゆる「6次産業化」への取り組みとしての個別経営体や個別地域によるブランド化戦略および加工販売戦略の展開課題を分析し、そうした取組に向けた地域ぐるみあるいは横断的な組織対応の必要性を提起しています。

宮田勉「水産業を基軸とした6次産業化の意義と課題」では、国民の水産物消費ニーズの高度化と漁家経営の収益低下とのギャップを架橋する6次産業化に分析の焦点を当てています。漁業の6次産業化への取組においては、漁協あるいは女性部が主役を演じ、朝市やインターネット販売を含む直売と加工が主内容となり、さまざまな主体との連携を図ったり、低利用魚の価値向上を図ったりするなどの特徴を有していて、十分な成果が上がっていることが分析されています。今後、より消費者の視点に立ち、外食部門やレジャー部門への進出と、それとの連携をすすめ、経営力の向上や経営リスクの削減などの経営管理問題を克服することが必要であると提言しています。

浪川珠乃「沿岸域のレクリエーション管理における漁業者の適性」では、海洋性レクリエーションニーズの向上を背景とした沿岸域利用の多様化・重層化が進むなかで、いわゆる「コモンズ」としての性格を有する沿岸域資源の管理問題に着目し、漁業サイドが沿岸域管理者として十分な適格性を有していることが説かれています。そのためには、ステークホルダ間における協力関係を前提とした管理ルールづくりと、歴史性や当事者性を背景とした正当性の獲得と同時に、経済的インセンティブの保持が必要不可欠な前提条件であることが分析されています。

婁小波「地域経済の発展と地域資源の利用－沖縄県八重山圏域のケーススタディー」では、沿岸漁村地域再生において、最も重要な地域資源となる海が過少利用されがちな状況の下で、その価値創造の重要性が論じられています。石垣市を中核都市とする沖縄県八重山圏域の地域経済の伸長は、まさに海の「自由」な利用を背景にその価値がいかんなく発揮されることによって支えられていることが明らかにされています。また、今後、「みんなのもの」ともなっている海という地域資源に対して、「コモンズの悲劇」を回避し、その持続的な利用をめざすための新たな利用管理の仕組みが必要であることを提言しています。

2．漁業のグローバル化と日本の水産物市場をめぐって

　「第2部　漁業のグローバル化と日本の水産物市場」は6章より構成されています。我が国の水産物市場の国際化と企業活動のグローバル化によって、日本の水産物自給率が低下をつづけるとともに、水産物価格も低下してきました。このような傾向を前提とすると、漁業の生産者サイドとしては、低迷する漁業所得を引き上げ、地域の活性化を図るためには、加工度や安全性の向上による高付加価値化をめざす、流通コストを引き下げる、あるいは、需要の伸びる海外市場向けに輸出を伸ばすことが有効な戦略となります。

　まず、有路昌彦「国内市場の縮小と国際戦略」は、家計調査年報のデータを用いた需要体系分析をおこなった結果、我が国の水産物家計消費量の減少は、長引く景気低迷と所得の減少によって消費が相対的に支出弾力性の低いより安価な豚肉や鶏肉にシフトした結果であり、「食の欧米化」という要因は小さいという実態を実証しています。

　次に、東村玲子「世界の水産貿易と日本－ズワイガニを事例として－」は、高級品の代表としてズワイガニを取り上げ、国内需要が減少したといっても日本は同じ品質または同じ用途の水産物で「買い負け」しているわけではないということ、最高級品は日本に輸出され、見た目は劣るが実入りの良いものが中国での再加工を経て日本に流入し、見た目の良い中級品が米国市場に仕向けられているというように棲み分けがなされていることを述べ、国内需要が減少したといえども国際市場における日本のポジションは依然として高いことを述べています。

　産地の対応として、まず津國実「水産物需要増大に向けた取組の方向性－『鱧料理』用食材ハモの事例－」は、日本の食文化を代表するハモを例として、需要が減少しているものの韓国産と中国産のハモはそれぞれ京都と大阪の需要に適合していること、一方、国内の産地は東京市場や地元消費など従来の「鱧料理」とは異なる評価基準の市場に適応した商品を創出し、新たな販売経路の確立を図ることが重要と述べています。

　次いで、日高健「漁協と大手量販店の直接取引が水産物流通に何を問いかけているか」は、イオンと漁協の直接取引に関する実態を調査し、直接取引は基本的には卸売市場流通システムに代替するのではなく、それを補完する機能を持つものであるが、既存の流通に対する新たな流通経路の登場は流通全体を活性化させる可能性があると評価しています。

さらに、大南絢一「国内水産業における HACCP 普及の可能性」は、水産物の安全性を切り口として HACCP と呼ばれる衛生管理方法を取り上げ、その普及の可能性を検討しています。その結果、フードチェーンのより川上に位置して魚を漁獲する漁船や養殖場、また魚の水揚げをおこなう市場など、フードチェーンの川上を含めたフードチェーン全体を通じた HACCP による衛生管理がおこなわれることによって、はじめてその有効性が発揮されると結論付けています。

最後に輸出戦略として、多田稔「我が国のクロマグロ需給動向と国際競争力」は、アメリカをはじめとする海外市場では健康志向や日本食ブームによってマグロ類の需要が増加しており、輸出に向けての好機であると考えられるが、我が国の生産コストは非常に高いという問題点を指摘し、クロマグロを「本マグロ」としてそれなりの価格を支払える消費者をターゲットとするマーケット・セグメンテーション・アプローチや日本文化と一体化した輸出が必要と述べています。

3．合理的な漁業管理の実現をめぐって

「第3部　合理的な漁業管理の実現に向けて」は8章より構成されています。第1部、第2部を通して、日本、および海外の漁業や地域経済、水産物市場について論じてきましたが、こうした漁業・水産業をとりまく活動が、水産資源の適正な維持・管理のうえに立つものであることは、言を俟ちません。そして、ここでいう適正な維持・管理には、経済的な側面だけでなく、環境や生態系への配慮も含まれています。第3部では、こうした多くの視点から、漁業管理・資源管理における課題を整理し、新たな制度的あるいは自発的な取り組みについて、今後のあるべき姿や議論の方向性を論じています。

大石太郎「漁業資源の推定における余剰生産モデルとその応用」は、もっとも代表的なシェーファー型のモデルを例にして余剰生産モデルについて説明し、仮想的な数値を用いたシュミレーションや先行研究の整理から、その可能性について論じています。

牧野光琢「生態系保全と漁業に関する一考察」は、生態系保全の考え方やその必要性についてまとめた後、海洋環境のなかの全ての食用可能な構成要素を、生態系を構成する種の下位から上位まで、一つの種のなかでも小型個体から大型個体までをバランスよく利用することにより、生態系の生産能力を最大限に活用する「バランスのとれた漁獲」という概念を用いて、生態系保全と両立す

る漁業操業について解説し、最後に、知床世界自然遺産海域の漁業が地球温暖化に適応していくための考え方を紹介しています。

伊沢あらた「漁業と環境問題」は、天然の生物の直接的利用の度合いが高いという漁業の特徴について述べたうえで、環境保護団体に焦点を当て、その活動テーマの変遷や、マグロ漁業を事例とした環境保護団体と国際条約・国際機関との関係性、およびその社会的な影響について整理し、環境保護団体の社会的役割が今後益々大きくなっていく可能性を指摘しています。

渡邊浩幹「責任ある漁業について－『FAO責任ある漁業のための行動規範』の経緯と現状－」は、「責任ある漁業」という政策理念に関し、その根拠となる「FAO責任ある漁業のための行動規範」の設立経緯や、内容・理念、現状（各国や地域での取り組み）について解説し、その将来展望について述べ、最終的に、「行動規範」はいまだに生きつづけている規範であり、「責任ある漁業」は、国際的にも各国の漁業政策にとっても持続的な漁業・養殖業のために不可欠な政策理念として浸透し、認知されており、また、日本の漁業について、「責任ある漁業」の基本理念に沿った取り組みがなされていると評価しています。

八木信行「漁業管理制度としてのITQ」は、ITQがもたらすメリット、デメリットについて整理したうえで、各国の水産管理当局からのヒアリング内容をまとめ、経済・環境・社会の3要素のうち、「経済」を優先する場合ITQは有力な選択肢になるが、「環境」を優先する場合はTACの数量を適切な水準に設定することや、漁場環境や海洋生態系の保持に努めることが重要であること、また、「社会」を優先する場合は選択と集中によって生じる社会格差はかえってマイナスであることを指摘し、最終的に、個別の実態に合わせて漁業当事者が相談し合って議論すべきであると結論付けています。

阪井裕太郎「効率性分析から考える漁業管理の方向性」は、北海道沖合底曳網漁業を対象とし、漁船レベルのマイクロデータを用いて確率的フロンティア生産関数により技術効率性を計測し、技術効率性が約0.9程度であることを明らかにしたうえで、先行研究との比較などから、日本漁業は産業全体では非効率であるものの、特定の条件の下では各船とも効率的な操業をしており、非効率性が自然環境に起因するものである場合や、資源管理のために操業効率をあえて低下させる仕組みになっている場合などは、効率性の向上のみを目的とする議論には現実味がなく、可能な政策オプションとしては、配分効率性を高めることが重要であると述べています。

原田幸子ら「『小間問題』と漁業権管理」は、有明海区を中心とする福岡県

のノリ養殖業の発展過程において発生した、ノリ養殖漁場の「小間」の有料での賃貸借が常態化してきた問題に焦点を当て、漁業権問題に関し、漁業権の取得、あるいは漁業への参入資格が注目されがちではあるものの、現実の問題としては、退出経営体が如何にして漁業権を手放し、如何にして残存漁業者や新規就業者に再配分するかなどの漁業権の利用管理ルールの構築が、漁業経営の競争力向上や漁業の持続性を考える上で重要な課題であると指摘しています。

松井隆宏「日本型漁業管理の意義と可能性－プール制における水揚量調整に注目して－」は、サクラエビ漁業の事例において、価格の動学的な推移を考慮に入れた合理的な水揚げがおこなわれていることを、また、スケソウダラ漁業の事例において、総量を管理するなかで状況の変化に応じた水揚げをおこなっていることをそれぞれ示し、TAC制度との繋がりや、IQ・ITQのメリット・デメリットについても意識しながら、それらの組み合わせも含む多様な管理方式について、可能性を限定することなく、その利用を広く検討していく必要があるとまとめています。

4．日本漁業の持続性をめぐって

持続性とは何か。本書の共通テーマともなるこの概念について触れずにきましたが、最後にこの点について考えてみたいと思います。これまでの分析を踏まえれば、日本漁業の持続性は少なくとも以下の三つの再生産への追求を通じて実現されうるものと考えられます。すなわち、①地域資源の再生産、②漁業経営の再生産、③地域社会の再生産、の三つのレベルでの再生産の確保が日本漁業の持続性を支える基本的な要素として捉えられます。

地域資源の再生産とは、魚介類ともいわれる水産物資源、美しい海中景観や漁村景観や砂浜などの海洋性レクリエーション資源、さらには地域の伝統や歴史文化といった沿岸漁村の地域資源が人為的・自然的に破壊されずに、維持・再生されることを意味しています。そのためには、こうした地域資源を如何に管理しながら利用するかが重要なテーマとなりましょう。

漁業経営の再生産とは、その中身を構成する漁家経営や企業経営などが経営体として再生産されることを意味しています。後継者不足・労働力不足問題や高齢化問題を解消することが、漁業経営を経営体として再生産させる必要不可欠な条件となります。そのためには、漁業に従事するための就労条件の確保、家族経営体全体としての一定の所得水準の維持などを図ることが重要であり、経営体としての競争力の向上が求められますが、その際、価格競争力の向上を

支える効率性向上のみならず、6次産業化やブランド化等々の非価格競争力の強化も重要な戦略として挙げられます。

　地域社会の再生産とは、地域経済とともに地域社会が健全に機能しつづけ、地域に暮らす人々の幸せ、生きがいや誇りなどが保証されつづけることを意味します。言い換えれば、高齢化や空洞化あるいは限界集落化といったような地域社会の抱える現代的な諸問題を回避しつつ、地域で「豊か」に生活しつづけることができることであります。漁協組織が漁村地域社会を支える中核的な主体としての機能を果たしてきましたので、漁協の組織規模の維持や経営の健全化を図ることが必要不可欠な条件となります。また、地域全体の所得水準を維持するための地域ビジネスの拡張や、「生活の原理」によって支えられてきた地域社会への視座が求められます。

　日本漁業の持続性がこうした三つのレベルにおける再生産の確保を通じて実現されうることが本書に通底する問題意識ともなっています。それゆえに、本書では、地域資源の再生産に向けてはとくに漁業資源管理問題に焦点を当てた第3部が、漁業経営の再生産に向けては第1部や海外市場をも視野に入れた第2部が、地域社会の再生産に向けては第1部が、それぞれ用意されています。もちろん、われわれは本書においてこの三つの再生産のすべての側面に対応し、すべての課題を網羅的に取り上げたわけではありません。限られた紙幅という限界はさることながら、日本漁業の抱える課題があまりにも広く、あまりにも深刻化しているゆえに、本書において取り上げたテーマはごく一部にならざるをえないことにはやや歯がゆい思いもしますが、こうした課題への追及は今後ともつづけることをお約束して本書を締めくくりたいと思います。本書の内容が読者諸氏への問題提起的な役割を些かでも果たせば望外の喜びです。

小野征一郎先生の近畿大学での研究業績

榎　彰徳（消費者支援機構関西　理事長）

　小野征一郎先生は、平成13（2001）年4月に近畿大学農学部水産学科教授として着任され、倉田亨先生（平成26年4月ご逝去）のご後任として水産経済学研究室を運営された。前任の東京水産大学（現東京海洋大学）の定年ご退官を待たずして、無理やり転任していただいたものと伺っている。平成18（2006）年4月から平成25（2013）年3月までは、近畿大学水産研究所の特任教授として、同研究所が世界に誇るマグロ研究即ち21世紀COEプログラム及びグローバルCOEプログラムに、流通・経済・政策分野から携わられた。

　東京水産大学も含めた先生の全研究業績をお手を煩わせて目録として整理していただいた。近畿大学での研究・教育生活は2001年から2013年までの13年間であるが、その間の研究業績は論文34報、著書2冊、編著書7冊の実に計43編を数える。毎年着実に3編以上のペースという高い生産力である。それも、生活の拠点である藤沢から離れ、奈良・富雄での単身生活というご不自由な中での研究成果である。本当に頭が下がる。研究の内容も、漁業管理から、漁業政策、フィッシュビジネス論、フードシステム論など多面的な内容を示す学部教授時代から、マグロの経済学的研究に焦点を当てて取り組まれた研究所教授時代へと確実に深化されていることも、今さらながら先生のすごさを再認識させられた次第である。

　小野先生のすごさは、研究業績の多さだけではなく、若い研究者を確実に育て、大学や研究所や行政などの水産業関連分野で独り立ち出来るようにプロデュースしていることにもある。失礼を顧みずご紹介すれば、岡本大輔（広島県庁）、松木晋介（全国広域漁船保険組合大阪支所）、山本尚俊（長崎大学）、鳥居享司（鹿児島大学）、中原尚知（東京海洋大学）、北野慎一（京都大学）、久賀みず保（鹿児島大学）、松井隆宏（三重大学）、原田幸子（株式会社地域資源経済研究所）の各氏がその人たちである。岡村と松木の両氏は、修士論文の指導を通して行政機関へ、ほかの方はCOE博士研究員

として先生が招聘され、共同研究で鍛え、指導されることによって世に送り出しているのである。これだけ多くの人材を研究者として育て輩出されたという業績は高く評価されなければならない。

　近畿大学水産経済学研究室は毎年30名近くの専攻生を擁していた。小野先生の一種独特のキャラクター・パーソナリティーも、女子学生も含め若い学生には人気があったのである。ゼミでの学生の発表中には、時々「コックリ、コックリ」もされておられたが、質問を受けると瞬時に的を外さず返答される特技も披露され、学生を驚かせていた。ゼミコンパ、飲み会は皆勤賞で、どうも小野先生から「飲み会やろうよ！」と学生をけしかけていた節もある。先生は知る人ぞ知る、根っからの阪神タイガースファンである。ご出身が岡山であり、若い頃からのトラファンであると聞く。前夜の阪神タイガースの戦績次第で、先生の翌日のご機嫌が微妙に変化すると学生の間ではまことしやかに噂されていた。その噂の真偽はともかくとして、ゼミコンパは阪神タイガースの応援歌「六甲おろし」の大合唱なくしてはお開きにならなかったこと、そして大合唱の輪の真ん中では、いつも小野征一郎先生が拳を振り上げておられていたことは、紛れもない事実である。

■小野　征一郎（おの　せいいちろう）先生略歴

昭和 14 年 9 月 4 日、岡山県生まれ。

学　歴
　昭和 34 年 3 月　　岡山県倉敷青陵高等学校卒業
　昭和 38 年 3 月　　東京大学経済学部卒業
　昭和 40 年 3 月　　東京大学大学院経済学研究科修士課程修了
　昭和 43 年 7 月　　東京大学大学院経済学研究科博士課程単位取得退学

職　歴
　昭和 43 年 7 月　　東京水産大学（現東京海洋大学）水産学部専任講師
　昭和 52 年 2 月　　東京水産大学水産学部助教授
　昭和 61 年 7 月　　東京水産大学水産学部教授
　平成 13 年 4 月　　近畿大学農学部教授
　平成 18 年 4 月　　近畿大学水産研究所特任教授（平成 25 年 3 月まで）

学　位
　水産学博士（北海道大学）

受　賞
　平成 11 年 6 月　　漁業経済学会賞
　平成 20 年 3 月　　日本水産学会功績賞
　平成 23 年 6 月　　日本フードシステム学会フロンティア賞
　平成 25 年 10 月　　地域漁業学会功労賞（柿本賞）

学会・社会活動
　昭和 44 年 5 月　　漁業経済学会理事（現在に至る）
　昭和 59 年 11 月　政治経済学・経済史学会評議員
　　　　　　　　　　　　　　　　　（平成 24 年 10 月まで）
　平成 9 年 5 月　　　漁業経済学会代表理事（平成 13 年 5 月まで）
　平成 11 年 6 月　　フードシステム学会常任理事（平成 12 年 6 月まで）
　平成 11 年 1 月　　沿岸漁業等振興審議会会長（平成 13 年 7 月まで）
　平成 13 年 7 月　　水産政策審議会会長（平成 21 年 6 月まで）
　平成 17 年 4 月　　独立行政法人評価委員会水産部会会長
　　　　　　　　　　　　　　　　　（平成 21 年 6 月まで）

■小野征一郎先生　著作目録

I. 学術論文

1. 小野征一郎 (1971)「水産金融機関設立の構想」、『東京水産大学論集』6。
2. 小野征一郎 (1973)「水産教育（近世・明治期）」、国立教育研究所『日本近代教育百年史　第10巻　産業教育（2）』。
3. 小野征一郎 (1973)「水産教育（大正・昭和戦前期）」、国立教育研究所『日本近代教育百年史　第9巻　産業教育（1）』。
4. 小野征一郎 (1976)「昭和恐慌と農村救済政策」、安藤良雄編『日本経済政策史論 下』、東京大学出版会。
5. 小野征一郎 (1977)「漁業経済研究の課題」、『漁業経済研究』23(3・4)。
6. 小野征一郎 (1978)「ビルブローカーの成立」、逆井孝仁ほか編『日本資本主義　展開と理論』、東京大学出版会。
7. 小野征一郎 (1979)「製糸独占資本の成立過程」、安藤良雄編『両大戦間の日本資本主義』、東京大学出版会。
8. 小野征一郎 (1979)「経済調査」、農林水産省『水産統計調査史』、農林統計協会。
9. 小野征一郎 (1981)「序論」、長谷川彰ほか監修『日本漁業の構造』、農林統計協会。
10. 小野征一郎 (1981)「大規模漁業」、長谷川彰監修『日本漁業の構造』、農林統計協会。
11. 小野征一郎 (1981)「200海里体制の経済的諸問題」、田中昌一・川崎健編『200カイリ体制と日本の水産』、恒星社厚生閣。
12. 小野征一郎 (1982)「水産金融論」、大海原宏ほか編著『現代水産経済論』、北斗書房。
13. 小野征一郎 (1983)「京浜大都市圏の水産物消費」、神奈川県『神奈川県史各論編2』。
14. 小野征一郎 (1984)「最近における水産物の消費動向」、食料・農業政策研究センター『食料白書〈魚〉』。

15. 小野征一郎 (1985)「米穀販売」、大石嘉一郎編著『近代日本における地主経営の展開』、御茶の水書房。
16. 小野征一郎 (1986)「水産物消費・需要論の分析視角―研究史の検討による接近」、『漁業経済研究』31(1)。
17. 小野征一郎 (1986)「低成長下におけるサケ・マスの消費・需要」、『北日本漁業』16。
18. 小野征一郎 (1989)「日本漁業の国際化」、『漁業経済研究』34(1・2)。
19. 小野征一郎 (1989)「イワシの生産・流通・消費」、外山健三編著『イワシとその利用』、成山堂書店。
20. 小野征一郎 (1990)「ボリビア漁業管見」、『海外漁業協力』39。
21. 小野征一郎 (1991)「韓国の漁業生産と貿易」、益田庄三編著『日韓漁村の比較研究』、行路社。
22. Seiichiro Ono(1991) "Notes on the Japanese Fisheries under the Regulation of 200 Nautical Miles", Proceedings of International Symposium on the World Fisheries, Pusan Korea.
23. 小野征一郎 (1991)「200海里体制下の日本漁業覚書」廣吉勝治・加瀬和俊責任編集『漁業管理研究』、成山堂書店。
24. 小野征一郎 (1992)「飽食時代における水産物の消費・需要」『北日本漁業』21。
25. 小野征一郎 (1994)「公海漁場の現状と課題」、『漁業経済研究』、39(2)。
26. 小野征一郎 (1994)「海洋レクリエーションと漁業」、『漁業経済論集』、35(1)。
27. 小野征一郎 (1994)「さかな消費」、東京水産大学第8回公開講座編集委員会編『新訂　暮らしとさかな』、成山堂書店。
28. 小野征一郎 (1994)「経済」、日本水産学会出版委員会編『現代の水産学』、恒星社厚生閣。
29. 小野征一郎 (1994)「1980年代以降における鯨類資源の管理」、国際漁業研究会編著『世界の漁業管理　上』、海外漁業協力財団。
30. 小野征一郎 (1995)「水産食料問題」、『協同組合経営研究月報』507。
31. 小野征一郎 (1995)「海洋法条約と日本の対応」、『水産経営学論集』(韓

国）36(2)。

32. 小野征一郎 (1996)「企業型養殖経営の展開方向」、『漁業経済研究』41(2)。
33. 小野征一郎 (1996)「インドネシア・冷凍マグロ漁業の現状」、『東京水産大学論集』31。
34. 小野征一郎 (1996)「水産業の会社史」、経営史学会編『日本会社史研究総覧　経営史学会創立 30 周年記念』、文真堂。
35. 小野征一郎（1996）「公海漁業の現状と問題点」、北原武編著『クジラに学ぶ』、成山堂書店。
36. Armado Alcazar Vivado・小野征一郎・山田作太郎 (1997)「ラパス市における魚の消費調査と考察」、『東京水産大学研究報告』83(1・2)。
37. 王連臣・小野征一郎 (1997)「中国黒竜江省における地域経済開発の現状,問題点と今後の開発重点に関する研究」、『東京水産大学論集』32。
38. 王連臣・小野征一郎 (1997)「中国地域間経済格差の現状・原因およびその対策」、『東京水産大学論集』32。
39. 三村一郎・小野征一郎 (1997)「ブリ養殖経営における経営格差問題」、『地域漁業研究』37(3)。
40. 小野征一郎 (1997)「TAC 制度と沖合漁業管理」、『漁業経済研究』42(2)。
41. 小野征一郎 (1997)「水産業の論点と課題」、『公庫月報』45(9)。
42. 小野征一郎 (1998)「200 カイリ体制」、地域漁業学会編『漁業考現学』、農林統計協会。
43. 池ノ上宏・小野征一郎 (1998)「ODA による水産研究開発型技術協力についての考察」、『東京水産大学研究報告』85(2)。
44. 王連臣・隋東晨・小野征一郎 (1999)「中国における食糧流通制度の展開と改革方向」、『東京水産大学論集』34。
45. 小野征一郎 (1999)「経済構造の変動と水産業」、『漁業経済研究』44(2)。
46. 池ノ上宏・小野征一郎 (1999)「バリ島におけるサバヒー小規模ふ化場の普及－ODA 水産技術協力とその成果の普及に関する考察―」、『東

京水産大学研究報告』86(2)。
47. 小野征一郎 (1999)「水産資源の利用と負担」、『公庫月報』47(8)。
48. 小野征一郎・宗政憲 (2000)「魚類養殖業の現状と課題－マダイ養殖を中心として－」、水産庁企画課『水産経済研究』57。
49. Seiichiro Ono (2000) "Fisheries Management in Japan"、『地域漁業研究』特別号。
50. 小野征一郎 (2000)「水産業」、天川晃ほか編『GHQ日本占領史第42巻』、日本図書センター。
51. 渡辺浩幹・小野征一郎 (2000)「『責任ある漁業』に関する一考察」、『東京水産大学論集』35。
52. 本多秀臣・小野征一郎 (2000)「アジ干物後発産地・大洗の台頭」、『地域漁業研究』40(2)。
53. 小野征一郎 (2000)「海面養殖業の現状と展望」、『漁業経済研究』45(2)。
54. 婁小波・小野征一郎 (2001)「沿岸漁業における漁業管理と管理組織」、『東京水産大学論集』36。
55. 小野征一郎 (2001)「水産基本法の意義と課題」、『都道府県展望』514。
56. 小野征一郎 (2001)「水産業の国際化とフードシステム」、斎藤修・土井時久編著『フードシステムの構造変化と農漁業』、農林統計協会。
57. 小野征一郎 (2001)「水産基本法の成立とフィッシュビジネスの展望」、『公庫月報』49(8)。
58. 小野征一郎 (2002)「水産基本法と水産研究」、『日本水産学会誌』68(2)。
59. 小野征一郎 (2002)「序言」、『長谷川彰著作集第1巻　漁業管理』、成山堂書店。
60. 池ノ上宏・小野征一郎 (2002)「ODA水産技術協力の評価に関する一考察－タイ人水産研究者に対する意識調査－」、『地域漁業研究』42(3)。
61. 小野征一郎 (2002)「水産基本法をめぐって」、『水産海洋研究』66(3)。
62. 小野征一郎 (2002)「水産基本法の成立」、『国際漁業研究』5(1)。

63. 小野征一郎・山本尚俊・中原尚知 (2004)「遠洋マグロ延縄漁業の経営分析」、『近畿大学農学部紀要』37。
64. Seiichiro Ono (2004) "Development on the Japanese Tuna Fisheries: After the "Reduction in the Number of Fishing Vessels (Gensen) in1998", *IIFET 2004 Japan Proceedings*, Tokyo Japan.
65. 小野征一郎 (2004)「今日の捕鯨問題」『日本沿岸域学会誌』17(1)。
66. 有路昌彦・小野征一郎 (2004)「漁業の国際的調整」、嘉田良平編著『海と人間』、多賀出版。
67. 小野征一郎 (2004)「水産業・漁村の多面的な機能の意義」、『学術の動向』9(9)。
68. 小野征一郎・尾崎裕士 (2005)「鮮魚移動販売の実態分析」、『近畿大学農学部紀要』38。
69. 小野征一郎 (2005)「水産経済政策」、漁業経済学会編『漁業経済研究の成果と課題』、成山堂書店。
70. 松木晋介・小野征一郎 (2006)「大都市近郊における漁協の販売活動－兵庫県明石浦漁協を事例として－」、『近畿大学農学部紀要』39。
71. 小野征一郎 (2006)「水産政策の転換」、倉田亨編著『日本の水産業を考える』、成山堂書店。
72. 小野征一郎・榎彰徳 (2006)「倉田亨先生の学問と業績」、倉田亨編著『日本の水産業を考える』、成山堂書店。
73. 小野征一郎・婁小波 (2006)「マグロ漁業の現状と課題」、『地域漁業研究』46(3)。
74. 小野征一郎 (2007)「TAC制度の現状と課題」、『漁業経済研究』52(2)。
75. 北野慎一・山本尚俊・中原尚知・小野征一郎 (2008)「生産マグロ商品に対する消費者の認知構造」、『漁業経済研究』53(1)。
76. 小野征一郎 (2009)「日本の水産物自給率－需給変動に伴う政策課題－」、『近畿大学農学部紀要』42。
77. 小野征一郎・中原尚知 (2009)「魚類養殖業の現状と課題」、『水産増殖』57(1)。
78. 小野征一郎 (2009)「知床の漁業管理」、『日本水産学会誌』75(1)。
79. 小野征一郎 (2009)「転機を迎える遠洋マグロ延縄漁業」、『AFCフォー

ラム』57(5)。
80. 小野征一郎 (2009)「小売主導下における生鮮食品の SC」、『フードシステム研究』16(2)。
81. 小野征一郎・李銀姫・原田幸子 (2009)「沿岸域のワイズユースとルール化」、『沿岸域学会誌』22(3)。
82. 小野征一郎 (2010)「マグロ類漁業、流通の現状」、今野久仁彦ほか編『生鮮マグロ類の高品質管理』、恒星社厚生閣。
83. 小野征一郎 (2010)「世界の水産事情と日本水産業の課題」、日本農学会編『世界の食料・日本の食料』、養賢堂。
84. 小野征一郎 (2010)「魚類養殖業―ブリおよびマダイ―の経営分析」、『近畿大学水産研究所報告』12。
85. 小野征一郎 (2013)「続・魚類養殖業―ブリおよびマダイ―の経営分析」、『近畿大学水産研究所報告』13。
86. 小野征一郎 (2014)「2010 年代初頭における日本のマグロ養殖業」、『近畿大学水産研究所報告』14。

Ⅱ. 著書

1. 三島康雄・小野征一郎 (1976)『水産業界』、教育社。
2. 小野征一郎 (1980)『水産業界』、教育社。
3. 小野征一郎・大海原宏 (1985)『かつお・まぐろ漁業の発展と金融・保証』、かつお・まぐろ漁業信用基金協会。
4. 小野征一郎 (1990)『〈食〉の昭和史 3 魚・鯨』、日本経済評論社。
5. 小野征一郎 (1999)『200 海里体制下の漁業経済』、農林統計協会。
6. 小野征一郎 (2007)『水産経済学―政策的接近―』、成山堂書店。
7. 小野征一郎 (2013)『魚類養殖業の経済分析』、農林統計出版。

Ⅲ. 編著書

1. 小野征一郎・堀口健治 (1992)『日本漁業の経済分析 縮小と再編の論理』、農林統計協会。(第 1 章第 1 節 水産物需要)

2. 小野征一郎 (1998)『マグロの生産から消費まで』、成山堂書店。
   (第 5 章 転機に立つマグロ漁業)
3. 小野征一郎 (1999)『水産物のフードシステム』、農林統計協会。
   (序章 水産物のフードシステム)
4. 小野征一郎 (2004)『マグロの科学』、成山堂書店。
   (第 5 章 マグロ漁業の展開と日かつ連の活動—「98 年減船」以降—)
5. 小野征一郎 (2005)『TAC 制度下の漁業管理』、農林統計協会。
   (序章 本書の課題と内容・構成、第 1 章 サバ類・マアジ・マイワシ、終章 総括と残された課題、補章 21 世紀初頭の TAC 管理)
6. 小野征一郎（2006）『マグロのフードシステム』、農林統計協会。
   (序章 マグロのフードシステム—問題提起—)
7. 小野征一郎 (2008)『養殖マグロビジネスの経済分析—フードシステム論によるアプローチ—』、成山堂書店。
   (序章 本書の目的と構成・内容、終章 マグロ養殖業の課題と展望)
8. 熊井英水・宮下盛・小野征一郎（2010）『近畿大学プロジェクトクロマグロ完全養殖』、成山堂書店。
   (終章 マグロ養殖業の課題)
9. 熊井英水・有元操・小野征一郎（2011）『クロマグロ養殖業—技術開発と事業展開—』、恒星社厚生閣。
   (第 10 章 クロマグロ養殖業の現状と課題)
10. Kumai Hidemi、Miyashita Shigeru、Sakamoto Wataru、OnoSeiichiro (ed)"Full ‒ Life Cycle Aquaculture of the Pacific Bluefin Tuna"、農林統計協会。
    (Final ChapterTheCurrentState of the Bluefin Tua AquacultureIndustry, Including Challenges and Prospects)

〔カッコ内は小野執筆〕

■著者紹介　　　　　　　　　　　　　　　　（五十音順）（所属、研究分野）

有路　昌彦（ありじ　まさひこ）
近畿大学農学部　准教授
水産経済学、マーケティング、計量経済学、食品リスクコミュニケーション

伊澤　あらた（いざわ　あらた）
ヤンマー株式会社マリン事業部　所長
持続可能な水産業のためのマネジメントとソリューション

大石　太郎（おおいし　たろう）
福岡工業大学社会環境学部社会環境学科　助教
環境経済学、食品経済学、消費者行動論

大南　絢一（おおみなみ　じゅんいち）
京都大学大学院地球環境学舎 博士課程（株式会社自然産業研究所　研究員）
消費者行動学、マーケティング論、水産経営学、食品安全学

阪井　裕太郎（さかい　ゆうたろう）
カルガリー大学大学院経済学研究科博士課程（東京大学大学院 休学中）
水産経済学、資源経済学、計量経済学

多田　稔（ただ　みのる）
近畿大学農学部　教授
水産経済学、開発経済学、計量経済学

津國　実（つのくに　みのる）
合同会社 La．vieson
水産物流通論

中原　尚知（なかはら　なおとも）
東京海洋大学大学院海洋科学技術研究科　准教授
水産経済学、マーケティング論

329

浪川　珠乃（なみかわ　たまの）
　　一般財団法人漁港漁場漁村総合研究所　主任研究員
　　沿岸域管理論、水産経済学

原田　幸子（はらだ　さちこ）
　　株式会社地域資源経済研究所　代表取締役
　　沿岸域管理論、水産経済学

東村　玲子（ひがしむら　れいこ）
　　福井県立大学海洋生物資源学部海洋生物資源学科　准教授
　　漁業経済学

日高　健（ひだか　たけし）
　　近畿大学産業理工学部　教授
　　水産経営学、地域ビジネス論

前潟　光弘（まえがた　みつひろ）
　　近畿大学農学部　准教授
　　水産経済学

牧野　光琢（まきの　みつたく）
　　独立行政法人水産総合研究センター中央水産研究所　漁業管理グループ長
　　漁業管理論、海洋政策論

松井　隆宏（まつい　たかひろ）
　　三重大学大学院生物資源学研究科　准教授
　　水産経済学、漁業管理論、フードシステム論

宮田　勉（みやた　つとむ）
　　独立行政法人水産総合研究センター中央水産研究所漁村振興グループ長
　　（岩手県立大学　客員教授）
　　マーケティング論、漁家経営論

望月　政志（もちづき　まさし）
　京都府農林水産技術センター海洋センター海洋調査部　技士（任期付研究員）
　水産経済学、漁家経営論、地域資源経済学

八木　信行（やぎ　のぶゆき）
　東京大学大学院農学生命科学研究科　准教授
　漁業経済学、開発経済学

山下　東子（やました　はるこ）
　大東文化大学経済学部　教授
　水産経済学

李　銀姫（り　ぎんき）
　東海大学海洋学部　講師
　沿岸域管理論、水産経済学

婁　小波（ろう　しょうは）
　東京海洋大学大学院海洋科学技術研究科　教授
　水産経済学、地域経済論

渡邊　浩幹（わたなべ　ひろもと）
　FAO（国際連合食糧農業機関）水産養殖局　上席水産専門官
　水産政策学

■小野征一郎先生退職記念出版委員

多田　稔（ただ　みのる）
　略歴：徳島県生まれ　京都大学農学部卒業　農学博士
　主な著書：『変貌する東アジア農業・漁業』（国際農林水産業研究センター、2008 年）、『海と人間』（序章、多賀出版、2004 年）、『クロマグロ養殖業』（第 2 章、恒星社厚生閣、2011 年）

婁　小波（ろう　しょうは）
　略歴：中国生まれ　京都大学大学院農学研究科博士課程修了　農学博士
　主な著書：『水産物産地流通の経済学』（学陽書房、1994 年）、『水産物ブランド化戦略の理論と実践』（共編著、北斗書房、2010 年）、『海業の時代』（農山漁村文化協会、2013 年）

有路　昌彦（ありじ　まさひこ）
　略歴：福岡県生まれ　京都大学大学院農学研究科博士課程修了　農学博士
　主な著書：『日本漁業の持続性に関する経済分析』（多賀出版、2004 年）、『水産経済の定量分析』（成山堂、2006 年）、『水産業者のための会計・経営技術』（緑書房、2012 年）

松井　隆宏（まつい　たかひろ）
　略歴：東京都生まれ　東京大学大学院農学生命科学研究科博士課程修了　博士（農学）
　主な著書：『改革時代の農業政策』（第 6 章、農林統計出版、2009 年）、「プール制における水揚量調整の意義－駿河湾サクラエビ漁業を事例に－」（単著、『漁業経済研究』52（3）、2008 年）、「漁業における自主管理の成立条件」（単著、『国際漁業研究』10、2011 年）

原田　幸子（はらだ　さちこ）
　略歴：岡山県生まれ　東京海洋大学大学院海洋科学技術研究科博士課程修了　博士（海洋科学）
　主な著書：『水産物ブランド化戦略の理論と実践』（第 10 章、北斗書房、2010 年）、「沿岸域の多面的利用管理ルールに関する研究」（共著、『沿岸域学会誌』22（2）、2009 年）

変わりゆく日本漁業
その可能性と持続性を求めて

多田　稔／婁　小波／有路　昌彦
松井　隆宏／原田　幸子　編著

2014年8月3日　初版発行

発行者　　山本　義樹
発行所　　北 斗 書 房
　　　　〒132-0024 東京都江戸川区一之江8－3－2
　　　　電話 03-3674-5241　FAX 03-3674-5244
　　　　URL http://www.gyokyo.co.jp

印刷・製本　　モリモト印刷　　　　カバーデザイン　石川　勝一
ISDN 978-4-89290-028-0 C3063

本書の内容の一部又は全部を無断で複写複製（コピー）することは、法律で認められた場合を除き、著者及び出版社の権利障害となりますので、コピーの必要がある場合は、予め当社宛許諾を求めて下さい。

北斗書房の本

水産物ブランド化戦略の理論と実践
地域資源を価値創造するマーケティング

妻 小波・波積真理・日高 健 編著
ISBN978-4-89290-021-1 　2,800円＋税

海女、このすばらしき人たち
　　川口祐二 著　　　　　　　　　　　1,600円＋税
　　ISBN978-4-89290-025-9　　　　四六判 227 頁

『コモンズの悲劇』から脱皮せよ
　　日本型漁業に学ぶ　経済成長主義の危うさ
　　佐藤力生 著　　　　　　　　　　　1,600円＋税
　　ISBN978-4-89290-026-6　　　　四六判 254 頁

漁協経営センターの本

月刊 漁業と漁協
● 毎月1回1日発行　● 年間予約購読料　12,336円（税・送料込）
● 定価1冊につき 1,028円（税・送料込）
　経営管理の問題にタイムリーな記事を特集／実務の入門から研究まで。関係法令入門、税務・会計入門、経営改善／水協組監査士受験資料／経営事例、営漁指導

水協法・漁業法の解説（20訂版）
　　漁協組織研究会 著　　　　　　　　7,000円＋税
　　ISBN978-4-897409-048-0　　　A5判 792 頁